日本が直面「する」
ミリタリーOR

小宮 享 Toru komiya

まえがき

　第2次世界大戦中にイギリス・アメリカ等を中心に軍事作戦を効率的に遂行するための科学的な研究活動オペレーションズ・リサーチ (OR) が始められた．保有する兵力数や武器・弾薬量などの軍事資源のほか，地形や地理的な位置関係，気象海象，電波伝搬や水中音響伝搬などの物理的な条件，その他の様々な定量的な要素も含めて数理的な検討を行い，軍事資源の運用方法や配置などに関して，総合的な観点から，最善策を探ることを目的に実施された活動である．数理的なモデルを用いて社会的な現象を分析する研究は，第2次世界大戦以前にも，例えば，電話交換機の混雑具合の分析評価や，交戦する2つの軍団双方の兵力損耗過程の研究などがある．しかしながら，軍事における作戦 (オペレーション) の分析 (リサーチ) という方向性で，正式な研究が開始されたのは第2次世界大戦でのイギリスがスタートといって良い．当時，イギリスで最新防空システムとして採用された対空レーダーの配備の問題や，ドイツのUボートが企図する通商破壊攻撃に対抗するための防御の問題の検討などが顕著な例である．その手法は，海を渡ってアメリカ軍でも採用され，日本の神風特攻に対する艦艇の防御態勢のあり方の検討などにも活用された．その結果，第2次世界大戦の期間を通じて，英米軍の様々な運用場面で問題が提起され，その時々で最善と思われる答えを短期間で回答してきたのである．そうした軍事運用での成功例の数々は，戦争終結後にアメリカのP.M. モース氏及びG.E. キンボール氏により「オペレーションズ・リサーチの方法」という書物 [34] にまとめられ，オペレーションズ・リサーチという言葉が広く知れ渡ることになった．同時に，それまでに軍事問題に対して数理モデルを用いて分析されてきた活動は，社会現象や政治的な問題の解決にも拡張され始めた．様々な産業や経済分野で用いられた問題の設定方法や数理的な分析手法が整理されて，OR は第2次大戦直後に飛躍的な発展を遂げた．手法でいえば，線形計画法や動的計画法など，OR の礎となる重要な分析手法が戦後の短期間で確立され，それらの理論面・応用面での研究が，現在まで継続的に進められてきている．第2次大戦から70年以上が経過した現在のOR では，ミリタリーに関する研究よりも，むしろ民間の様々な分野での実務への利用が大多数を占めるような状況となっている．また，OR という言葉さえほとんど使われることなく，社会や産業での効率化や最適化という業務の中に埋没してしまっている．したがって，現在におけるOR 研究では，ミリタリー関連分析の比重は相対的にかなり低いものとなっており，日本においては特にその傾向が顕著である．

　日本においてミリタリーOR 研究が低迷してきた要因は，戦後の反戦思想の風潮や教育により，軍事に関するあらゆる問題が世間から敬遠されてきたことが挙げられるであろう．また，防衛政策面においてもそうした分析事例や結果に光が当てられてこなかったことも事実だろう．日本においてはミリタリーOR が下火だったとはいえ，戦後70年の間，例えば防衛予算の獲得のために，あるいは，作戦計画・運用場面での問題解決や訓練計画の立案や演習結果の再構成作業でミリタリーOR は使われてきた．もちろん，突発的な事案が生じた際にも活用されてきたことだろう．そうした各案件ごとの分析結果が反映された諸政策（決定

された運用方針や装備品取得計画，訓練支援の計画や演習結果の総括など）のみが国民の目に触れることとなってきた．

　第2次大戦終結後，45年もの長い期間，資本主義国家と共産主義国家との対立構造が続き，この間，それぞれのイデオロギーを標榜する国家連合間で軍拡競争が続き，いわゆる冷戦構造が世界の秩序を築き上げてきた．1990年代に入り，旧ソ連を頂点とする共産主義体制の崩壊が始まると，それまで考えられていた両陣営間の，世界中の国々を巻き込むような大規模戦争が生起する蓋然性が低減し，代わって，隣接する国家間での軍拡や領土に起因する対立，さらには国家間のみならず，国家内での複数民族間の対立や宗教対立などが顕在化するようになってきた．こうした小規模な衝突が頻発するようになった情勢変化が，軍事的な対応案や訓練計画の策定に変化をもたらすようになってきているのは当然の推移である．

　本書は，そうした国家間の関係や軍事的対応の変革期に際し，従来よりも低烈度で小規模な軍事的衝突事案に着目して，我が国が関連するであろう，想定される様々なシナリオをもとに，対処すべきオペレーションを設定して，分析を試みるものである．日本はこれまで，アメリカと安全保障上の協力体制を維持してきたが，生起しうる事案が小規模な衝突事案へと変化していくならば，そうした事案に即応できるような環境整備も必要であろう．こうした小規模事案に関しては，一般的に日米間での周到な準備態勢のもとでの対応というよりも，むしろ，我が国独自での初動態勢・対応が重要であると考えられ，そうした対応計画や訓練の準備をしておかねばならない．本書は現代日本が直面している，あるいは直面しそうな軍事・安全保障に関する諸問題に関し，実際に生起しうる状況を想い描き，そのような状況下で，既存の装備品を用いて，より良い運用を目指すにはどのような行動方針に沿って行動すれば良いか？　どうしたら，より安全な軍事運用が実現できるか？　という問いに対し，数理的なモデルを構築して，数理的な手法を駆使して定量的な解を導くことを目指した書籍である．また，既存の装備品を他の方法に応用したり，防衛問題の枠を超えて，今後問題となるようなテーマをも扱うことを考えている．政治家や評論家が軽々にぶちあげるような個人的な信念をまとめたポリシー集のような内容の記述をめざすものではなく，もっぱら具現性のある前提から出発し，数理モデルによる運用方針の検討・評価を行い，ミリタリーオペレーションのあるべき姿を定量的な尺度をもって提示する，現代ミリタリーORの実例集のようなものをめざす．「防衛」や「国際情勢」といった大雑把で抽象的な話題について論究するものでもなく，どちらかといえば運用レベルでの数理的な根拠に根差した「ウラ技」のような情報提供を目指すものである．

　また，この本は多くのORテキストにあるような，モデルの解説や正当性の証明など数学的な議論に重点を置くものでもなく，運用面からの問題提起と解決までのプロセスを感じてもらうことに主眼を置いて記述する．本のタイトルにあるように，今の日本が直面している，と思われるミリタリーORの問題を実践「する」ことに主眼を置き，提示されている状況で，実務をよりよく動かすには，どのような活動を行うべきか，どのような資源や訓練が必要か，どのような技術課題をクリアーすべきか，など実効性のあるプロセスを示すことに重点を置いて記していく．従来からの学問的なORのテキストという視点ではなく，実践的なミリタリー運用の道筋を描いた事例集という観点で本書を読み進めていただければ幸いである．一方，タイトルに示す，「日本」が直面する，という，かなり大上段に構えた視点からの問題設定ではない．大規模な問題を対象とするモデルで定量的な分析を行うと，検討すべき項目が増大して入力すべきパラメータ数が大規模になりすぎたり，答えを導き出すまでのモデルの組み立てがあまりにも複雑になりすぎるために，収拾が付かないぼやけた分析となってし

まう危惧がある．したがって，もっぱら，冷戦体制崩壊後の日本及び周辺地域で問題となった（なりうる）事案の，戦術レベルの運用について，ありえそうな場面を独断で想像して，より良い行動方針を探り，実行「する」ことを意識したモデル作りと分析・考察に限って提示する．

　モース＆キンボールの書籍「OR の方法」でも定義されているように，OR とは，本来は組織の意思決定者 (指揮官) に意思決定のための判断材料を提示することが目的であり，意思決定者の意に沿わないようであれば，一蹴されても構わない答えを提供するものである．本書では，あえて個人的な視点で，現代の防衛・安全保障に関する運用上の想定問題を提起し，最適な回答を提示する．個人的な問題提起となっているために，世間ずれした視点での問題提起や，おかしな方向への数理的な展開となっているかもしれない．その受け止めは皆さんにお任せする．この書籍に取り上げた問題について，検討する価値があると思っていただけたり，自分ならばもっとよいモデル化や解決手法を採用する，といった思考を抱いていただけるならば，私はこの本を書いた意義があると考える．

目 次

第1章　序論

1.1　東西冷戦構造崩壊後の日本を取り巻く国際情勢の変化

　1990年代初頭に，旧ソ連を頂点とする共産主義体制のヒエラルキーが崩壊するとともに，東西冷戦構造が終焉を迎える．この時期を境として，イデオロギー間の対立構造が崩壊し，それに伴い東西陣営間の大規模軍事衝突発生の可能性が大幅に低減し，代わって地域国家間の，あるいは近隣国家間の，さらには多民族国家内での民族対立抗争が発生する可能性が相対的に増大した．人間は，日々の活動の中で接する人々との間で互いに多少の違和感を覚え，これがストレスとなりフラストレーションを蓄積させて，対立感情を芽吹かせる．年月の経過とともに，地政学的に広がった地域・民族・人種間でこうした感情が蓄積され，嫌悪感が醸成されていく．国家間の結びつきや国家の権力が強いうちは，国家という全体主義の枠の中で嫌悪感はある程度抑制され続けるが，国家間の結びつき，あるいは国による統制力が弱まるにつれ，個々人の意思が表面化し，個人主義的な傾向が前面に押し出されるようになり，地域・民族・人種間の対立構造が顕在化する状況になっていく．

　わが国を取り巻く東アジア地域においても同様の緊張関係が存在する．防衛・安全保障上の問題点を抽出する目的で，冷戦体制が崩壊した1990年以降の国際的な問題，特に，日本が関係する東アジア周辺諸国の安全保障・防衛関連の事案について，主なものを筆者の主観に基づき，平成28年度版防衛白書[7]から抜粋し，以下の表にまとめる．

　日本の防衛白書ゆえに，取り上げられている事案のほとんどは，東アジアの国々と我が国との間の事案であり，なかでも，ロシア，中国(中華人民共和国)，北朝鮮(朝鮮民主主義人民共和国)関連の事案が満載されている．これらの事案を概観すると，日本周辺の安全保障を巡る環境が大きく変化してきていることがわかる．

　ソ連崩壊後のロシアについて見れば，崩壊直後はしばらくの間，軍事的な動きが無く，日本海でのナホトカ号の事故による海洋汚染事案や，北海道沿岸での漁船の拿捕事案などが主なトピックスであった．その後，時間が経過するとともに，極東地域での軍事態勢の安定を再び取り戻し，太平洋海域での艦隊演習と思われる多数の艦艇による海峡通過や領空侵犯事案が多発するようになってきている．

　中国に目を向ければ，覇権主義政策にもとづく海洋進出の具体的な行動として，艦艇や航空機による海峡通過，日本沿岸での海洋調査が頻繁に行われるようになってきている．また，白書では取り上げられていないものの，日中の中間線付近での油田の調査という開発行為を継続的に進めている．さらには，尖閣諸島付近へ大規模漁船団，公船の派遣を繰り返し，戦術シミュレーションを実践するとともに東シナ海での存在感を世界にアピールしている．また，長期継続的に，当該海域に滞在し続け，海域とそこにある島々の実効支配を定着させようと目論んで，東アジア地域での力のバランスを，より不安定なものへとエスカレーションさせている．一方，南シナ海でも九段線内の領海の主張とその海域での多くの礁などを埋め立てて要塞化を進め，周辺諸国との間で軋轢を生じさせている．2016年には対象海域全域の

表 1.1: 冷戦崩壊後の安全保障・防衛関連事案

1990.8	イラク軍がクウェートに侵攻
1990.10	東西ドイツ統一
1991.1	多国籍軍によるイラク及びクウェートへの空爆開始（砂漠の嵐作戦）
1991.4	ペルシャ湾へ掃海部隊を派遣し掃海任務を実施
1993.4	カンボジアで国連ボランティア，中田厚仁氏殉職
1993.5	カンボジアで文民警察要員，高田靖行警視が殉職
1993.5	モザンビークに輸送業務要員を派遣，活動開始
1995.7	*NATO*，セルビア人勢力に対し空爆
1996.9	北朝鮮の小型潜水艦，韓国東海岸で座礁，乗員が韓国領土に侵入，掃討作戦
1996.9	香港抗議船，尖閣諸島周辺海域に侵入
1996.9	タリバーン，アフガニスタン首都のカブールを制圧，暫定政権を宣言
1997.1	ロシア船ナホトカ号，海難・重油流出災害発生
1997.7	北朝鮮兵士，軍事境界線越境，韓国軍と銃砲撃戦
1998.6	北朝鮮潜水艦，韓国東岸に侵入，韓国軍が拿捕
1998.8	北朝鮮が日本上空を越える弾道ミサイル発射
1999.3	能登半島沖不審船事案 (3.24 海上警備行動発令)
1999.6	北方限界線を越境した北朝鮮警備艇と韓国側警備艇との間で銃撃事件
1999.12	海上保安庁・自衛隊間で「不審船にかかる共同対処マニュアル」策定
2000.10	イエメンでアメリカ海軍駆逐艦「コール」に対するテロ攻撃
2001.9	アメリカ同時多発テロ
2001.10	アメリカ・イギリス共同軍，アフガニスタン攻撃開始
2001.11	朝鮮半島非武装地帯において銃撃事件
2001.12	九州南西海域不審船事案
2002.6	北方限界線を越境した北朝鮮警備艇と韓国側警備艇との間で銃撃事件
2003.11	イラク中部で奥大使，井ノ上書記官が銃撃され死亡
2004.2	海自派遣海上輸送部隊，クウェートへ出発
2004.4	初の在外邦人輸送業務 (イラクからクウェートへ輸送)
2004.11	中国原子力潜水艦が日本領海内を潜没航行，海上警備行動発令
2005.1	政府，領水内潜没潜水艦に対する対処方針を新たに策定
2005.3	マラッカ海峡で日本船舶が襲撃され乗員 3 名が拉致される．（その後解放）
2006.7	北朝鮮，日本海に向け計 7 発の弾道ミサイルを発射
2006.8	日本漁船がロシア警備艇に銃撃され 1 人が死亡，政府，ロシアに対し厳重抗議
2006.10	北朝鮮，地下核実験実施発表
2007.1	中国，衛星破壊実験実施
2007.12	ロシア，国後島付近で日本漁船 4 隻拿捕
2008.2	アメリカ海軍，制御不能衛星を $SM-3$ により大気圏外で撃墜成功
2008.10	中国海軍戦闘艦艇 (駆逐艦など 4 隻) が初めて津軽海峡通過
2008.11	中国海軍戦闘艦艇 4 隻が沖縄本島・宮古島間を初めて通過，太平洋へ進出
2009.1	日本漁船「第 38 吉丸」日本海でロシア沿岸警備隊に拿捕

表 1.1: 冷戦崩壊後の安全保障・防衛関連事案 (続き)

2009.3	海賊対処法案閣議決定，ソマリア沖・アデン湾における海賊対処のため，海上における警備行動に関する自衛隊行動命令発令
2009.4	北朝鮮が日本上空を越える弾道ミサイルを発射
2009.6	$P-3C$ によるアデン湾の警戒監視任務飛行開始
2009.7	北朝鮮，日本海に向けて計 7 発の弾道ミサイル発射
2009.11	黄海で，北朝鮮艦艇と韓国艦艇が銃撃戦
2010.3	北朝鮮潜水艦艇による魚雷攻撃によって韓国海軍哨戒艦「天安」黄海で沈没
2010.9	尖閣諸島周辺の日本領海で中国漁船が海保巡視船に接触
2010.11	北朝鮮，韓国延坪島を砲撃
2011.3	アラビア海オマーン沖で日本関係船舶を襲撃した海賊 4 名を海賊対処法に基づき逮捕
2011.3	東日本大震災発生
2011.6	ジブチ自衛隊活動拠点の運用開始
2011.8	中国，漁業監視船 2 隻が尖閣諸島付近の日本領海に侵入
2011.9	ロシア艦艇 24 隻が宗谷海峡を通航
2011.11	中国艦艇 6 隻が沖縄本島・宮古島間を抜け太平洋に進出
2012.3	中国公船「海監」が尖閣諸島付近の領海内に侵入
2012.4	北朝鮮が「人工衛星」と称する弾道ミサイル発射
2012.4	中国艦艇 3 隻が大隈海峡を通過，太平洋に進出
2012.7	ロシア艦艇 26 隻が宗谷海峡を通航
2012.7	中国漁業監視船 3 隻が尖閣諸島付近の領海内に侵入
2012.7	中国漁業監視船 1 隻が尖閣諸島付近の領海内に侵入
2012.10	中国艦艇 7 隻が与那国島・仲ノ神島間を初めて通過
2012.12	北朝鮮が「人工衛星」と称する弾道ミサイル発射
2012.12	中国航空機による初の領空侵犯 (尖閣諸島周辺上空)
2013.1	アルジェリア邦人拘束事件，被害者を在外邦人輸送
2013.1	中国艦艇 3 隻が宮古島北東を通過し太平洋に進出
2013.2	北朝鮮が 3 回目の地下核実験実施
2013.3	中国艦艇 4 隻が沖縄本島南西を通過し太平洋に進出
2013.7	中国海軍艦艇が宗谷海峡を通過しオホーツク海に進出
2013.7	中国早期警戒機が沖縄本島・宮古島間を抜けて飛行
2013.8	中国艦艇 3 隻が大隈海峡を通過し太平洋進出
2013.8	ロシア爆撃機が領空侵犯
2013.8	中国艦艇 2 隻が沖縄本島・宮古島間を抜けて太平洋に進出
2013.9	中国爆撃機が沖縄本島・宮古島間を抜けて飛行
2013.9	国籍不明無人機 (推定) が東シナ海上空を飛行
2013.10	中国艦艇 5 隻が沖縄本島・宮古島間を抜けて太平洋に進出
2013.10	中国早期警戒機及び爆撃機が沖縄本島・宮古島間を抜けて飛行
2013.10	中国艦艇 3 隻が沖縄本島南西を抜けて太平洋に進出
2013.11	中国「東シナ海防空識別区」を設定・発表

表 1.1: 冷戦崩壊後の安全保障・防衛関連事案 (続き)

2013.12　韓国，新たな防空識別圏の設定を発表
2013.12　中国艦艇 3 隻が沖縄本島南西を抜けて太平洋に進出
2014.3　中国艦艇 3 隻が沖縄本島・宮古島間を抜けて太平洋に進出
2014.3　北朝鮮，弾道ミサイル 2 発発射
2014.3　中国 $Y-8$ 情報収集機及び $H-6$ 爆撃機が沖縄本島・宮古島間を抜けて飛行
2014.3　日本の接続水域を航行する潜没潜水艦を確認 (宮古島東海域)
2014.3　北朝鮮，弾道ミサイル 2 発発射
2014.4　ロシア機が日本周辺を 7 日間連続で飛行
2014.5　中国艦艇 2 隻が沖縄本島・宮古島間を抜けて太平洋に進出
2014.5　中国公船衝突・対峙 (～7 月半ば)
2014.5　中国戦闘機 $Su-27$ が自衛隊機に異常接近飛行
2014.6　中国艦艇 3 隻が沖縄本島・宮古島間を抜けて太平洋に進出
2014.6　中国戦闘機 $Su-27$ が自衛隊機に異常接近飛行
2014.6　$ISIL$ の樹立及びカリフ制の宣言
2014.6　北朝鮮，弾道ミサイル 2 発発射
2014.7　北朝鮮，弾道ミサイル 2 発発射
2014.7　北朝鮮，弾道ミサイル 2 発発射
2014.7　北朝鮮，弾道ミサイル 1 発発射
2014.10　東シナ海を飛行する中国の $Y-9$ 情報収集機を初確認
2014.12　中国艦艇 5 隻が大隈海峡を抜けて太平洋に進出
2014.12　中国軍が西太平洋で演習開始，一部艦艇が宗谷海峡，対馬海峡を通って日本一周
2014.12　中国の $Y-9$ 情報収集機，$Y-8$ 早期警戒機及び $H-6$ 爆撃機が沖縄本島・
　　　　　宮古島間を抜けて飛行
2015.1　$ISIL$ による邦人人質拘束映像の公開
2015.2　中国の $Y-9$ 情報収集機が沖縄本島・宮古島間を通過
2015.3　北朝鮮，弾道ミサイル 2 発発射
2015.3　チュニジアのバルドー博物館を武装集団が襲撃日本人 3 名死亡
2015.5　中国の爆撃機 $H-6,2$ 機が沖縄本島・宮古島間を抜けて太平洋に進出
2015.6　中国艦艇 2 隻が沖縄本島・宮古島間を通過して太平洋に進出
2015.7　中国艦艇 3 隻が沖縄本島・宮古島間を通過して太平洋に進出
2015.7　中国の $Y-9$ 情報収集機，$Y-8$ 早期警戒機及び $H-6$ 爆撃機 2 機が沖縄本島・
　　　　　宮古島間を抜けて太平洋を飛行
2015.8　DMZ 韓国側区域で地雷が爆発，韓国軍兵士 2 名が負傷
2015.8　タイのバンコクで爆発事件
2015.9　推定ロシア機が根室半島上空を領空侵犯
2015.10　バングラデシュで銃撃事件 (日本人 1 名死亡，$ISIL$ バングラデシュ犯行声明)
2015.11　中国海軍ドンディアオ級情報収集艦が尖閣諸島南方の接続水域付近を東西に反復航行
2015.11　中国の $H-6$ 爆撃機 4 機，$Tu-154$ 情報収集機及び $Y-8$ 情報収集機が沖縄
　　　　　本島・宮古島間を抜けて太平洋を飛行，同時間帯，$H-6$ 爆撃機 4 機及び $Y-6$
　　　　　早期警戒機が沖縄本島及び宮古島近傍において活動実施

表 1.1: 冷戦崩壊後の安全保障・防衛関連事案 (続き)

2015.12　中国艦艇 3 隻が大隈海峡を通過して太平洋に進出

2015.12　中国艦艇 2 隻が沖縄本島・宮古島間を通過して太平洋に進出

2015.12　ロシア爆撃機が日本周辺を一周する経路を飛行

2015.12　中国海軍ドンディアオ級情報収集艦が房総半島南東の接続水域付近を北東・南西に反復航行

2015.12　機関砲と見られる武器を搭載した中国公船「海警」が尖閣諸島付近の日本領海に初めて侵入

2016.1　北朝鮮,「水爆実験」と称する 4 度目の核実験を実施

2016.1　アメリカがアフガンで $ISIL$ 空爆を開始

2016.1　ロシア爆撃機が日本周辺を一周する経路を飛行

2016.1　中国艦艇 4 隻が対馬海峡を北上

2016.1　米海軍が南シナ海で「航行の自由作戦」を実施

2016.1　中国の $Y-9$ 情報収集機及び $Y-8$ 早期警戒機が対馬海峡を初めて通過し日本海を飛行

2016.2　中国艦艇 4 隻が津軽海峡を通過し太平洋に進出

2016.2　中国海軍ドンディアオ級情報収集艦が房総半島南東の接続水域付近を北東・南西に反復航行

2016.2　北朝鮮,「人工衛星」と称する弾道ミサイルを発射

2016.2　潜没潜水艦が対馬海峡を日本海から東シナ海方向へ南西移動

2016.3　北朝鮮, 弾道ミサイル 2 発発射

2016.3　北朝鮮, 弾道ミサイル 1 発発射

2016.3　中国艦艇 2 隻が大隈海峡を通過し太平洋に進出

2016.4　中国艦艇 3 隻が沖縄本島・宮古島間を通過して太平洋に進出

2016.4　中国艦艇 3 隻が沖縄本島・宮古島間を通過して太平洋に進出

2016.4　北朝鮮, 弾道ミサイル 1 発発射

2016.4　中国の $Y-8$ 早期警戒機が沖縄本島・宮古島間を通過し太平洋を飛行

2016.4　北朝鮮, 潜水艦発射弾道ミサイル 1 発発射

2016.4　北朝鮮, 弾道ミサイル 2 発発射

2016.5　米海軍駆逐艦が南シナ海南沙諸島礁の 12 マイル以内を航行

2016.5　ロシア太平洋艦隊司令官が千島列島松輪島に上陸, 調査活動実施

2016.5　北朝鮮, 弾道ミサイル 1 発発射

2016.6　中国艦艇 1 隻が尖閣諸島周辺の接続水域に戦闘艦艇として初めて入域

領有権を主張した中国の一方的な主張が, 国際仲裁裁判所により不当で無意味なものであると認定されたものの, フィリピンの取り込みを図ってみたり, 地域との経済的な関係を強化する政策を押し進めることで, 領海問題への関心をそらすような工作を続けている.

　北朝鮮に関しては, 韓国 (大韓民国) との間でしばしば衝突を起こし緊張を高めている一方で, 核兵器開発を継続的に推し進め, 地下核実験実施とともに人工衛星と称する弾道ミサイルの発射実験を繰り返している. 国連安保理による制裁決議を何度も受けているにもかかわらず, 最近ではその頻度も増加させている. 地域の安定のためには, こうした核開発状況を抑制し, 朝鮮半島の非核化に向けた努力が払われねばならない. また, わが国との間には,

長年の邦人拉致事案が未解決のまま放置され，この事案の発端となったと思われる，高速不審船事案をわが国領海内で発生させている．

　世界に目を向ければ，冒頭でも述べたとおり，多くの地域で冷戦構造崩壊の反動で局所的な地域の不安定性が顕在化している．2 大国を頂点とするヒエラルキーが崩壊し，個々の国家や集団が覇権を目指して政治力や武力を背景として勢力を拡大しつつある．民族間の対立に根ざした地域の分裂や併合，例えば，ボスニア・ヘルツェゴビナ，チェコ・スロバキアの分裂，スーダンの内紛，クリミア半島の併合などが発生してきた．中東においては，宗教や部族間の軋轢，民族国家の建設などを目標とした多くの問題が累積している．宗教対立，民主化を目指したアラブの春，ISIL の設立，その勢力維持・拡大のための戦闘などが，急速に沸き起こり，これらに伴い，各地で (自爆) テロ事案，小規模な衝突，市民を巻き込んだ大規模な戦闘状態が頻発するようになってきている．自衛隊もこうした地域の安定化のために，後方業務を中心とした海外での平和維持活動に積極的に参加するようになってきている．

　こうした諸問題は，それぞれで多少の解決の糸口はあるものの，多くは対処が困難であるがゆえに，大半が未解決のまま積み残されている．こうした状況が続けば，時間の経過とともに世界が抱える紛争の火種はさらに増加の一途をたどるだろう．

1.2　　本書の目的と取り上げる話題

　こうした社会情勢の変化に伴い，ミリタリー OR が対象とすべき事案も，大規模な交戦を想定した戦闘場面での戦術研究から，個別瑣末的な紛争や武力衝突などで生起しうる種々の事態への対応に迫られる OR 分析へと変遷すべき時代になってきた．以前に比較して，より低烈度な軍事運用場面で，OR 的な視点からの分析の必要性が増大していると考える．今の日本のミリタリー OR に求められていることは，わが国を取り巻く特殊な軍事的環境で起こりうる事案を想定し，保有する資材を用いて実施可能なレベルを模索し，解決策まで導くプロセスを提示することである．

　以下で設定し検討する問題は，大規模な戦闘状況での多様な場面を想定する戦術オペレーションの分析ではなく，地域や時間を限定した小規模な紛争や日々の運用状況で想定されるオペレーションでの分析を試みるものである．こうした範疇の OR については，冷戦期には低烈度過ぎたために，目を向けられてこなかったと思われる．しかし，こうした状況こそ，新たに分析を進めなければいけない部分であり，これまでの日本が置かれてきた防衛環境の特性を活かせ，強みを発揮できる範疇であると思われる．同時に，今後，日本が世界に対し発信できる問題でもある．OR 的な解決手法はもとより，提起する問題設定から理解していただき，吟味していただきたい．記述していくにあたり，現前する問題に対する視点やアプローチを優先して考え，何らかの解決策を導き出して判断材料を提供する，という OR のそもそもの理念に基づいた解決プロセスに沿った説明を心がけた．洗練された手法を優先せず，混沌とした環境での運用に耐えられ，直感で分かりやすい展開を目指した．読者の各人が分析者であり，また，意思決定者であるという視点でダイナミックな展開を味わっていただけたら幸いである．ただし，初めにお断りするが，想定する状況や運用方法については確立されたものではなく，あくまでも筆者個人が主観的判断で考えたものである．政府などの公的な機関，特定の研究者，企業などからの情報，視点，圧力によるものでもない．以下で展開する議論は，もっぱら，筆者個人の責任に帰するものであり，偏った見方や間違った運用方法が含まれているかもしれないので，ご注意願いたい．また，そうした部分に気付かれた方

は，ご指摘いただければ幸いである．ORとは，意思決定者に判断材料を提供することが本来の役目であり，受け手である意思決定者，結果の利用者からの批判や指摘などには，真摯に受け答えねばならないと考える．

　本書で取り上げる話題は以下のとおりである．まず，第2章，第3章で取り上げる内容は，能登半島沖や奄美諸島付近の九州南西海域で発生した不審船事案を念頭においた運用方針の検討である．不審船の活動の有無に係わらず，日本周辺海域では，北海道周辺，日本海及び東シナ海の3方面で，日々，航空機による海上監視活動が実施されている．この際の飛行基準経路の設定方法について，海上艦船の監視に，より重点を置いた基準路設定の仕方について議論するのが，第2章の目的である．本手法は，台風に対する避難を名目に大量の外国漁船団が九州の港に押し寄せるといった事案や，朝鮮半島有事の際に大量の避難船が押し寄せる事案などへの対応にも有効となるであろう．一方，第3章では，不審船を発見し対応する際の仮想的な装備品の運用方法を提案する．事態をエスカレーションさせるような直接的な武力行使による対応を極力避けつつ，停船を主目的とする装備品の有効な利用方法について数理的な分析を試みるものである．第4章ではイラクやアフガニスタンなど，中東を中心に世界各国で頻発するテロ事案に対処するために配置する警備員数の策定基準について検討する．多くの人々が集まり，行き交うような，自爆テロ事案が発生しそうな場所への派遣警備員数を決定する問題を取り上げ，その場に集う人々も含めて，爆弾テロ発生時の被害者数を極力少なくするように警備員の派出人数を決定するモデルを構築し，人的資源の損耗を低減する派遣方針について議論する．第5章では，イラクにおいて日本大使と書記官が車両移動時に銃撃を受けて殉職した事案を取り上げ，車両警護の在り方について，よりよい警護をどのように行うべきかについて考究する．さらに，第6章では，自動車による地域パトロールや移動の際の安全な通行方法の問題を取り上げる．中東地域を中心として紛争状況が長年継続されてきた結果，紛争後に多くの弾薬が現地に残留し容易に入手できる状況である．現地の反政府勢力などがそうした残留弾薬を加工して，即席爆弾 (IED;Improvised Explosive Devices) を製造して道路際に敷設し，政府系や一般の車両が道路を通行する際に爆弾攻撃を受ける事案が多発している．こうした被害が予想される道路走行で，車両が通行する際に受ける被害を低減するような通過方法について，ゲーム理論的な観点から適切に通行方針を決定する考え方を示す．第7章では，現時点での防衛政策上，直接的な問題とはならないと思われるものの，今後問題になりそうな事案として，宇宙空間のスペースデブリの問題を取り上げる．使用期限の切れた旧ソ連の人工衛星，ミールの再突入時の事案を受けて想起した問題である．人類が今後宇宙空間に進出していく際に，安全な運行を確保する観点からも，議論が必要な話題である．最後の第8章では，日本でミリタリーORを進めていく上で考慮しなければならない，日本独自のミリタリーORを取り巻く環境について概観し，実践時に要請される資質について，私見を含めて締めくくる．

　以上，おおよその構成を示したが，全体的に見れば，従来のミリタリーORが対象としてきた激烈な戦闘状況の評価に比べれば，比較的烈度が低い事案を対象とすることになる．これらの分析事例は精密な分析には程遠いかもしれないが，ミリタリーORの対象としては，これまで扱われてこなかった部分であり，新たな時代に必要と思われる分析対象である．それぞれの分析対象ごとで新たな問題として提起し，解決のための視点・捉え方を示し，数理モデルを設定し，回答を得るまでの段取りと計算例を示している．繰り返しになるが，読者の皆様には，提示する各問題について批判的に鑑賞していただき，様々な感想やアイデアを得ていただければ幸いである．

第2章 海上監視活動における基準経路設定問題

2.1 わが国の周辺海域で発生する事案と自衛隊による対応

　日本は島国であるがゆえに，海洋により国土が囲まれている．国土防衛上の面はもとより，経済活動を行ううえからも，周辺海域での船舶の安全な航行を常続的に維持することは，国家存続のために極めて重要な課題である．冷戦崩壊後の日本周辺海域及びシーレーン上で発生してきた事案と，これまでの自衛隊による取り組みについて以下概観する．

2.1.1 わが国周辺海域及びシーレーン上で発生する様々な事案

　1990年代以降に日本周辺海域において発生してきた事案は，前章でも概観したように増加傾向にある．日本海では，ロシアのナホトカ号遭難による重油流出事案 (1997.1) が発生しているし，不審船事案 (1999.3, 能登半島沖, 2001.12, 九州南西海域) も発生している．1993年5月には尖閣諸島魚釣島北方の日本の排他的経済水域（EEZ）に中国艦船十数隻が侵入する事件も発生している．また，その前後には，沖縄近海や尖閣諸島周辺の日本のEEZ内で中国海軍の情報収集船や海洋調査船が活動を続けたことも報告されている．(1月1件, 4月5件, 5月7件, 8月7件；領海侵入4件含む) 中国籍の海洋調査船が我が国のEEZ内で漁業・海洋資源調査等を行う行為を看過することで，この海域が自らのEEZであるとする中国側の主張が既成事実化されかねない．（注：国連海洋法条約によればEEZ内での調査活動には沿岸国 (この場合は日本) の同意が必要である．）

　このような事態に対し，1999年6月，外務省を通して中国側に抗議をしたが，その後も調査活動は継続されている．さらに近年において，魚釣島の領土化を明確にして以降，尖閣諸島の領海内で中国漁船と海保巡視艇との接触事案が発生したり (2010.9)，接続水域・領海内への漁業監視船，機関砲を搭載した公船，戦闘艦艇の進出を増大させ，事態のエスカレーションを進めている．一方，北海道近海においては，わが国の漁船がロシアの沿岸警備艇に拿捕されたり (2007.12, 2009.1)，銃撃される事案 (2006.8) も発生している．

　日本周辺海域を離れてみると，わが国の外航船舶航路帯 (シーレーン) 上で，特に，原油の輸送路である南西航路帯においても多くの問題を抱えている．海上交通の要衝であるマラッカ海峡では，日本船舶に対する襲撃事案 (2005.3) が発生している．日本への原油の出発地である紅海においては，世界各国のタンカーや輸送船に対する海賊事案が頻発し，国際的な協力体制の下，2009年にはソマリア沖やアデン湾での海賊行為の監視対処のために海上自衛隊の艦艇や哨戒機が派遣され活動を開始している．海外でのこうした治安維持や後方活動に関する任務は今後も増加すると思われ，活動の実効性を担保するためにも自衛隊の海外活動に関する法整備も常に進めていく必要がある．南シナ海における中国は，1992年2月に尖閣諸

島の一部や ASEAN 諸国と領有権争いのある南沙諸島，西沙諸島を中国領とする領海法を公布・施行しており，その後も九段線以内を自国の領海と主張する姿勢を維持し，また，南シナ海の多くの岩礁を埋め立て，軍事拠点化を進めている．こうした南シナ海をめぐる領有権争いに対し，フィリピンがオランダの仲裁裁判所に提訴していた判決が 2016 年 7 月に下され，中国の主張に法的な根拠が無いことが確定されたが，南シナ海における中国の姿勢は一向に改まらないままである．

2.1.2　日本周辺における警戒監視活動の概要

　日本周辺海域に話を戻そう．防衛省・自衛隊は，専守防衛の立場から，日本周辺の海空域で警戒監視活動や防衛に必要な情報収集を常続的に実施している．陸上自衛隊及び海上自衛隊では，主要な海峡を通過する艦船に対し，陸上の警備所から警戒監視している．また，海上自衛隊は，津軽海峡・対馬海峡・宗谷海峡に艦艇を常続的に配備し，監視にあたらせている．さらに日本周辺の海域を行動する艦船については，航空機により，定期的に警戒監視している．航空自衛隊では，全国のレーダーサイトと早期警戒機により，日本領空とその周辺空域を飛行する航空機を常時監視し，所要の情報収集を行っている [6]．

　日本周辺領域で生起する可能性のある事態に対し，日本の権益は自ら守るという姿勢を示すことは，主権国家として必要なことであり，そのために適切な行動をとることは，正当な権利である．少しでも早く情報を収集し，目前に出現する可能性のある脅威を認識し，それらに適切に対処するように努める必要がある．そのためには，海上での航空機による警戒監視行動が重要であり，かつ，以前にも増して重要となることは，上述の国内外の情勢変化や現実に発生した事案から明らかであろう．

　冷戦時代の防衛政策では，大規模な軍事衝突を念頭に置いた，侵攻兵力に対する阻止や要撃といった「ハード」な事態の生起を中心に据えて，基本方針である防衛力整備計画が策定されてきた．しかし，現在では，そのような事態が生起する蓋然性は低下しつつあると思われ，代わって，平時からの監視や情報収集といった「ソフト」な態勢での運用方針及び機材整備を充実させることが，より重要な課題になりつつあると考えられる．海賊行為・拿捕・銃撃等の小規模の無用な衝突や，ボートピープルの集団密航・麻薬の密輸等の違法行為の発生をも未然に防ぐべく，日本領海及びその周辺海域において日頃から監視の眼を光らせることこそ，国際的な摩擦への拡大を防ぐ最良の方法であり，そして，もっとも考えねばならない課題の一つであろう．

　前述のとおり警戒監視・情報収集は日常的に行われてきているが，そうした「ソフト」な任務の効率に関する運用分析は，ほとんどなされてこなかった．以下では，航空機により実施されている監視活動に焦点を当て，その運航の改善をめざす．その際には，監視業務を行う際の基準経路に焦点をあて，監視業務を行う上で効率的な経路に再構成することで，航空機の運用方法の改善を提案することを目標とする．

2.1.3　航空機による海上監視活動の概要

　航空機により海上監視活動を行う際の，(モデル構築を意識した) 運用概要は以下のとおりである．

- 船舶を発見し，かつ接近し確認 (視認) する作業を「監視」と呼ぶ．

- 監視飛行は定期的に実施される.

- 監視作業は, 決められた基準経路に添いつつ, 発見する船舶を発見順にその基準経路から逸脱し識別して進められる. 基準経路は, 連続する線分経路から構成される.

- 航空機が海上監視活動を行う際に描く経路は, 始点と終点とが一致する. すなわち, ある飛行場から出発し, 海上の船舶を監視した後に再びその飛行場に戻るという閉じた多角形で表現される.

- 航空機はある与えられた領域 (海域) を監視する際, 飛行可能な一定時間以内で完了する.

- 航空機が船舶を発見する際, その担当海域全体では船舶位置は一度に把握できない. 航空機自体が, その海域の一部で, レーダや目視により船舶を発見しつつ監視作業を進めていく.

一方, 監視される船舶に関しては, 以下の特徴が挙げられる.

- 対象海域内の監視対象となる目標 (船舶) 数は各監視飛行ごとで一定していない.

- 監視目標 (船舶) は移動している.

- 移動ベクトルは, 監視されることにより, 航空機が把握しうる.

このような状況に対し, 基準経路が決まっていることで, 航空機自体は運行しやすい反面, 船舶が存在しない海域を目指して飛行しなければならないといった無駄が生じうる. この問題点に対し, 予め, 船舶がたくさん存在する可能性の高い海域を順次巡りながら監視作業を進めていけば, ある程度無駄が省けると予想される. (もちろん, 海上監視での発見・監視対象は海上の目標に限らず, 海中を航行する目標も重要であり, こちらのほうがより重要であることは当然であるが, 出くわす頻度としては海上目標のほうが圧倒的に多いだろう.) こうした実状から, 航空機の効率的な運用を考えていくと,

[監視経路設定問題]
　海上監視における基準経路を設定する際, 発見・確認する船舶数を最大化するような基準経路をどのように設定するか?

という問題に集約される. この問題に対するアプローチとして, 数理計画の分野で長年研究されている「経路設定問題」の手法, 具体的には巡回セールスマン問題の手法が, 経路を求めるという点で類似していることから利用できないか, とまず考えられるが, 問題の特徴が大きく異なる. 巡回セールスマン問題 (TSP) とは, 有限個の都市を巡る際の距離 (コスト) を最小にする問題である. 1950 年代に TSP を効率的に解く手法が開発され [9] , それ以降, 計算機の進歩と相俟って次第に大規模な問題が解かれるようになってきた. [監視経路設定問題] も, 海上を行き交う船舶に次々と接近するという点で, 顧客や需要点を巡る TSP/VRP と類似した様相を呈するが,

- 逐次発見する船舶を巡っていく.

- 船舶は移動する．すなわち，TSP でいうノード位置・ノード間距離が変動する．

- 監視対象船舶数は飛行前に確定していない．　　ただし，

- 監視対象船舶数のおおよその分布は，定期的な監視記録やその他の情報から飛行前に既知である．

これらの事項が通常の TSP とは異なるのである．

[監視経路設定問題]　を考える際，航空機運用の前提によりもたらされる情報として，

監視飛行が定期的に実施され，その際に確認された船舶の位置・速度情報が既知

ということが挙げられる．定期的に実施される監視飛行の運用サイクルに比し，船舶の航行変位量は小さく，次回の同じ海域での個々の船舶の推移位置は，前回の監視飛行記録よりある程度予想できる．このことから，監視飛行のつど把握する船舶位置情報を蓄積すれば，次回以降の監視飛行において，それらの情報を対象海域での船舶密度分布図として反映することが可能だろう．また，特定の船舶について，例えば，近海で操業する漁船は，季節的な漁場が決まっていること，あるいは，外航船舶の経済性の観点により通過する航路帯もほぼ決まっていることから，そうした密度分布予想は過去の統計情報からもさらに精緻化される．すなわち，基準経路を計画する段階では，こうした事前の密度情報に基づいて大まかな基準経路を構成しておき，運行段階で航空機が搭載するセンサによりその経路を微調整しつつ，確認作業を実施すれば，従来の固定的な基準経路に沿った運行に比べ，飛行経路の短縮や燃料の節約が期待できる．

「船舶密度 (図)」という利用可能なデータをもとに，航空機の基準経路を設定することを試みる場合，いわゆる「地理的最適化手法」を応用し，より多くの船舶が存在する可能性（予想船舶密度）が高い海域へと基準経路を移動させる問題，すなわち，

基準飛行経路を飛行する際の航空機から海上に発見する船舶数の期待値を目的関数とし，それを最大化するように経路を設定する問題

として捉えられる．このとき，期待発見船舶数は，航空機から船舶を発見する確率とその海域における船舶密度 (分布) との積を被積分関数とし，飛行経路に沿った探知事象が生起する有限領域内を積分領域としてその領域で積分することで得られる．

海上に船舶を発見する確率は，探索理論での議論 [50] から既存の知識である．本研究では，確認作業が最終的には目視により行われること，及び議論の簡略化の点から，視覚センサのみにより探知事象が生起するとし，探知確率として，視覚センサの性能を近似した機体位置直下からの目標までの距離の 3 乗に反比例する経験則 (逆 3 乗の法則) が成立するものと仮定する．以下，こうした考え方をもとに定式化し，検討を実施していく．

2.1.4 監視経路設定問題の定式化

[監視経路設定問題]　を TSP/VRP のような組み合わせ最適化問題としてではなく，非線形最適化問題として定式化する [17]．まず，ある領域 (海域) V に対し，(x, y) 座標を導入する．そ

の領域での船舶の存在密度関数を $d(x,y)$ とする．次に航空機が沿いつつ飛行する基準経路を，n 個の端点からなる閉じた多角形の経路とする．各端点の座標を，$(x_i, y_i)(; i = 1, \cdots, n)$ とする．以下，経路が閉じている条件として $(x_{n+1}, y_{n+1}) = (x_1, y_1)$ あるいは $(x_0, y_0) = (x_n, y_n)$ と適宜読み替えるものとする．この基準経路を航空機が飛行する際に，海上に船舶を発見する確率を $g(x,y)$ とする．この関数は，後述するように，経路を構成する各線分からの横方向の距離のみの関数であり，距離は線分を定義する2つの端点座標 $(x_i, y_i), (x_{i+1}, y_{i+1})(; i = 1, \cdots, n)$ で表現できる．これら2つの関数 $d(x,y), g(x,y)$ の積をそれぞれの線分経路を含む捜索センサレンジ内の有限の領域 V_i で積分することにより，その線分を飛行する際の期待発見隻数が計算され，これを全経路で加算することで，1飛行あたりの全期待発見隻数が求められる．この全期待発見隻数を目的関数と考え，これを最大化することを目標とする．

　ただし，航空機には1回の飛行可能距離に上限 L が存在するため，それが制約条件となる．

　以上の考え方を定式化しまとめると，[**監視経路設定問題**] は以下のように表現される．

最大化
$$\iint_V g(x,y)d(x,y)\,dxdy = \sum_{i=1}^n \iint_{V_i} g(x,y,x_i,y_i,x_{i+1},y_{i+1})d(x,y)\,dxdy,$$

制約条件
$$\sum_{i=1}^n \sqrt{(x_i - x_{i+1})^2 + (y_i - y_{i+1})^2} \leq L.$$

2.1.4.1　航空機による発見確率の表現方法

　今，図2.1のような端点座標を $(x_i, y_i), (x_{i+1}, y_{i+1})$ とする線分経路に沿って，高度 h，速力 w で捜索している航空機から光学センサにより点 (x,y) に位置する目標船舶を発見する場合を考える．このとき，目標船舶速度は，航空機の速度に比し無視できるので，船舶は (x,y) に静止し，航空機は船舶に対し相対的に等速直線運動をする．また，監視飛行時の速度はおおむね一定であることから，w は時間によらず一定と仮定する．さらに，監視飛行の全航程での飛行高度差も線分経路長に比し，無視できるほど小さいことから h も一定であると仮定する．

　図のような線分経路上を飛行する航空機と個々の船舶との距離が最小になる瞬間を時間の基準 $t = 0$ とし，その時の両者間の距離を l とする．さらに，対象が船舶と比較的大きいことから，センサの探知範囲（半径 R の円）内に入った瞬間，時刻 $t = t_0 (< 0)$ から，出る瞬間 $t = t_1$ まで探知が継続され続けるという仮定をおく．速度 w が一定であることから，探知開始時刻 $t = t_0$ と探知終了時刻 $t = t_1$ とは，時間の基準に関し対称な関係

$$t_0 = -t_1$$

にあり，同時に角度に関しても

$$\theta_0 = -\theta_1 \quad (ただし, \theta_i = \tan^{-1} \frac{wt_i}{l} \quad ; \quad i = 0, 1)$$

という関係が成立している．一方 θ に関しては

$$\sin \theta_1 = \frac{\sqrt{R^2 - l^2}}{R}$$

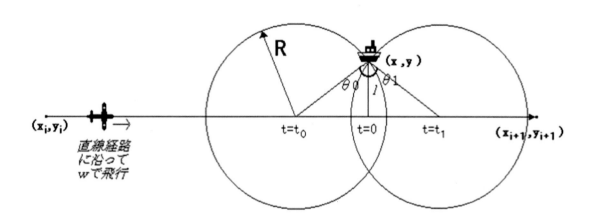

図 2.1: 海上に船舶を発見する際の様子

が成立する.

こうした条件下で, 光学センサにより発見事象が生起する場合, 瞬間探知確率密度が観測者直下位置と目標との距離 r の 3 乗に逆比例する性質 (逆 3 乗の法則) が当てはまる条件であり, **付録 A** (A.1) 式より, 基準経路からの発見確率 $g(x, y)$ は, 距離 l の関数として次のように表現される. (c は正定数.)

$$g(l) = 1 - \exp\left(-\frac{2ch}{l^2 w} \cdot \frac{\sqrt{R^2 - l^2}}{R}\right).$$

ただし, 目標位置 (x, y) と, 2 点 $(x_i, y_i), (x_{i+1}, y_{i+1})$ を端点とする線分との距離 l は,

$$l(x, y, x_i, y_i, x_{i+1}, y_{i+1}) = \begin{cases} \sqrt{(x - x_i)^2 + (y - y_i)^2} \\ ((x_{i+1} - x_i)(x_i - x) + (y_{i+1} - y_i)(y_i - y) \geq 0 \text{ のとき}) \\ \sqrt{(x - x_{i+1})^2 + (y - y_{i+1})^2} \\ ((x_{i+1} - x_i)(x_{i+1} - x) + (y_{i+1} - y_i)(y_{i+1} - y) \leq 0 \text{ のとき}) \\ \dfrac{|(x_{i+1} - x_i)(y - y_i) - (y_{i+1} - y_i)(x - x_i)|}{\sqrt{(x_{i+1} - x_i)^2 + (y_{i+1} - y_i)^2}} \\ (\text{それ以外のとき}) \end{cases}$$

である. 従って発見確率 $g(l)$ は, 陽には端点座標に依存していないが, 実際は, 線分経路の端点座標にも依存する関数である. また, l は, $0 < l \leq R$ の場合であり, $l = 0$ の時は, 特に $g(0) = 1$ と定義し, $l > R$ の場合は, 探知センサの圏外であるために探知事象が生起しないことから $g(l) = 0$ とする. これらをまとめると,

$$
g(l(x, y, x_i, y_i, x_{i+1}, y_{i+1})) =
\begin{cases}
1 - \exp\left(-\dfrac{2ch}{w} \cdot \dfrac{\sqrt{R^2 - l^2}}{Rl^2} \right) & (0 < l \le R \text{ のとき}) \\
1 & (l = 0 \text{ のとき}) \\
0 \quad . & (l > R \text{ のとき})
\end{cases}
\tag{2.1}
$$

$(i = 1, \cdots, n;\ n$ は飛行経路を構成する端点の数$)$.

2.1.4.2　海上における船舶密度の表現方法

海上での船舶の存在密度を表現する方法としては密度推定法 [47] や補完法 (例えば [44]) 等が考えられるが，前回までの監視飛行記録，あるいは飛行開始前に得られている種々の船舶位置情報から推定される，実際の飛行時の識別時点での個々の船舶予想位置は，ある座標位置 (α_j, β_j) を中心として分布する確率密度関数で表現できることから密度推定法を採用する．この方法によれば，個々の船舶の位置は，2 次元正規密度関数

$$
h_j(x, y) = \frac{1}{2\pi \sigma_{xj} \sigma_{yj}} e^{-\frac{1}{2}\left[\left(\frac{x - \alpha_j}{\sigma_{xj}} \right)^2 + \left(\frac{y - \beta_j}{\sigma_{yj}} \right)^2 \right]}
$$

で表現され，対象海域全体での船舶の存在密度関数 $d(x, y)$ は，これら個々の船舶密度関数を合計したもの

$$
d(x, y) = \sum_{j=1}^{m} h_j(x, y) \quad (j = 1, \cdots, m\ ;\ m \text{ は対象海域に存在する予想船舶数})
\tag{2.2}
$$

で表現される．個々の船舶予想位置 (α_j, β_j) を中心とした正規分布の山々が連なっているイメージである．また，σ_{xj}, σ_{yj} の値を個々の船舶ごとに調整することで，一定時間後の予想船舶位置のぼやけ具合が調節できることから，航路帯で特定の方向に航行している様子や，船舶の種類の違いによる予想位置の精度を反映しうる．図 2.2 に，船舶が散布している様子とその密度表現例を示す．(図の尺度ですべての j について $\sigma_{xj} = \sigma_{yj} = 0.1$ の場合．)

2.1.5　定式化のまとめ

2 点 $(x_i, y_i), (x_{i+1}, y_{i+1})$ を端点とする線分を飛行する際の期待発見船舶数は，線分上を飛行時にセンサにより探知事象が生起する領域 (信号強度上，発見確率がある一定値を上回る領域) V_i で 2 つの関数 (2.1), (2.2) の積を積分することにより計算される．幾何学的には，この領域 V_i は，センサの探知可能圏（航空機がいる位置を中心とした円内の領域）を各区分線分経路上で移動させることにより得られる，長方形の両端に半円を付加したような陸上競技のトラック状の領域で与えられる．各線分経路ごとで計算される積分値を連続的に加算することで，1 飛行あたりの総期待発見船舶数が求められる．この総期待発見船舶数を目的関数と考え，その最大化を目標としつつ基準経路を構成する端点を移動させていく．

制約条件としては，1 回に飛行可能な時間が限られていることが挙げられる．航空機がほぼ定速で飛行することから，それを上限距離 L に置き換え，距離制約として表現する．

以上の考え方をまとめ，以下のように定式化する．

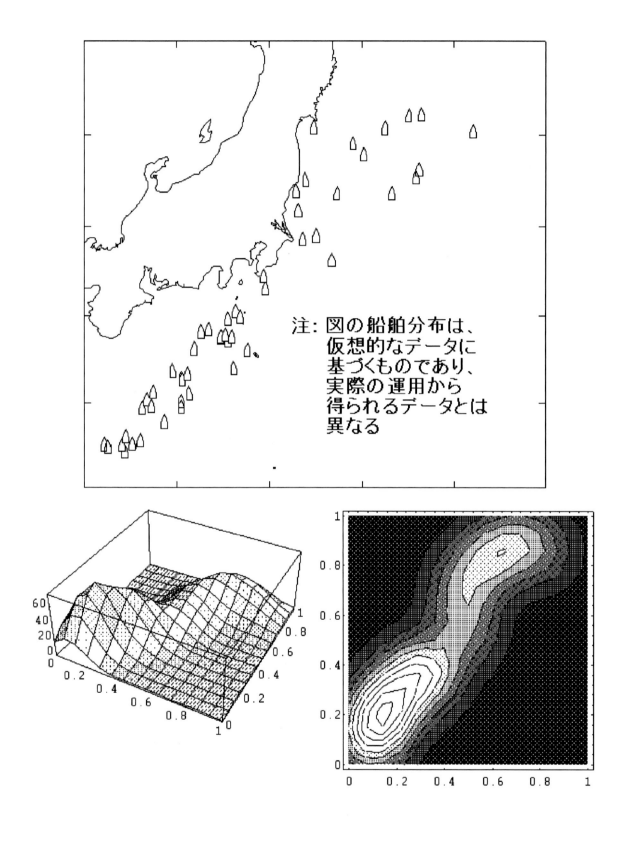

注: 図の船舶分布は、
仮想的なデータに
基づくものであり、
実際の運用から
得られるデータとは
異なる

図 2.2: 船舶の分布の様子とその密度表現

[監視経路設定問題]

$$最大化 \quad I(X) \;=\; \iint_V d(x,y)g(x,y)\, dxdy \tag{2.3}$$

$$\approx \sum_{i=1}^{n} \iint_{V_i} d(x,y)g(l(x,y,x_i,y_i,x_{i+1},y_{i+1}))\, dxdy \tag{2.4}$$

$$ただし \quad X \;=\; (x_1,y_1,\cdots,x_n,y_n)$$

$$制約条件 \quad \sum_{i=1}^{n}\sqrt{(x_i-x_{i+1})^2+(y_i-y_{i+1})^2} \le L$$

　ここで，目的関数の表現で (2.3) 式から (2.4) 式にいたるとき，両者は近似的に等しいとする．正確には，(2.4) 式では，領域 V_i と V_j $(i \ne j)$ が重なる領域で目的関数値を二重に計上してしまうのに対し，(2.3) 式では対象領域 V 全体での1度きりの積分を意味しているからである．本来求めたい目的関数は (2.3) 式であるが，以下検討を試みる領域では，対象となる船舶が比較的広範囲に分布している状況で少数の端点を移動させることを想定しているので，そのような二重計上する量もそれほど多くはないと見なし，近似的に (2.4) 式を対象領域全体に対する目的関数と考え，その最大化を検討した．(各 V_i の両端にある，各端点を中心とする半円形領域での目的関数値や導関数値の計算は影響量が小さいと考え無視した．また，その付近での矩形領域 $V_i, V_{i\pm1}$ の重なりによる目的関数値・導関数値の過剰計上も同様に無視した．)

　さらに，端点を移動させていくに連れて，船舶分布密度が高い領域に端点が集中したり，場合によってはその領域で複数の端点が振動するような振る舞いをする結果，積分領域が重なることから，目的関数値を過剰に算定してしまうという危険性も生じる．その場合も上記と同様な状況での端点移動ととらえて，目的関数値が増大する方向に端点を移動させる際の移動量に関する特別な制限は設けないとした．

　以上の考察より，[監視経路設定問題] は，以下のように整理することができる．

[監視経路設定問題]

$$最大化 \quad I(X) = \iint_V d(x,y)g(x,y)\, dxdy \tag{2.5}$$

$$\approx \sum_{i=1}^{n} \iint_{V_i} d(x,y)g(l(x,y,x_i,y_i,x_{i+1},y_{i+1}))\, dxdy \tag{2.6}$$

$$制約条件 \quad \sum_{i=1}^{n}\sqrt{(x_i-x_{i+1})^2+(y_i-y_{i+1})^2} \le L \tag{2.7}$$

ただし

$$X = (x_1,y_1,\cdots,x_n,y_n) \qquad (i=1,\cdots,n\,;\, n\text{ は飛行経路を構成する端点の数})$$

$$d(x,y) = \sum_{j=1}^{m} h_j(x,y) \qquad (j=1,\cdots,m\,;\, m\text{ は対象海域に存在する予想船舶数}) \tag{2.8}$$

$$h_j(x,y) = \frac{1}{2\pi\sigma_{xj}\sigma_{yj}} e^{-\frac{1}{2}[(\frac{x-\alpha_j}{\sigma_{xj}})^2+(\frac{y-\beta_j}{\sigma_{yj}})^2]}$$

$$((\alpha_j,\beta_j)\,;\,\text{監視実施時の予想船舶中心位置の }(x,y)\text{ 座標}) \tag{2.9}$$

$$g(l(x, y, x_i, y_i, x_{i+1}, y_{i+1})) = \begin{cases} 1 - \exp\left(-\dfrac{2ch}{w} \cdot \dfrac{\sqrt{R^2 - l^2}}{Rl^2}\right) & (0 < l \leq R \text{のとき}) \\ 1 & (l = 0 \text{のとき}) \\ 0 & (l > R \text{のとき}) \end{cases} \quad (2.10)$$

$$l(x, y, x_i, y_i, x_{i+1}, y_{i+1}) = \begin{cases} \sqrt{(x - x_i)^2 + (y - y_i)^2} \\ \quad ((x_{i+1} - x_i)(x_i - x) + (y_{i+1} - y_i)(y_i - y) \geq 0 \text{のとき}) \\ \sqrt{(x - x_{i+1})^2 + (y - y_{i+1})^2} \\ \quad ((x_{i+1} - x_i)(x_{i+1} - x) + (y_{i+1} - y_i)(y_{i+1} - y) \leq 0 \text{のとき}) \\ \dfrac{|(x_{i+1} - x_i)(y - y_i) - (y_{i+1} - y_i)(x - x_i)|}{\sqrt{(x_{i+1} - x_i)^2 + (y_{i+1} - y_i)^2}} \\ \quad (\text{それ以外のとき}) \end{cases}$$

この表式に基づき，次節では，まず距離制約がない場合の解法について検討し，次に距離制約付きの問題の解法についてアルゴリズムを示す．

2.2　監視経路設定問題の解法

前節で定式化した [監視経路設定問題] の目的関数 $I(X)$ は複雑な形状をしており，凸性は一般的に保証されていない．従って，このような制約付きの最大化問題を解く方法としては，基本的な降下法に頼らざるを得ない．まず，制約なし問題の解法としては，非線形計画問題の手法であるニュートン (Newton) 法を利用し，制約付き問題の解法には，制約条件を目的関数に組み込む拡大ラグランジュ関数 (Augmented Lagrangean Function) 法を利用する．

2.2.1　ニュートン法を用いた制約なし監視経路設定問題の解法

制約なし監視経路設定問題

$$\text{最大化} \quad I(X) = \iint_V d(x, y)g(x, y)dxdy \approx \sum_{i=1}^{n} \iint_{V_i} d(x, y)g(l(x, y, x_i, y_i, x_{i+1}, y_{i+1}))dxdy$$

制約条件　　　なし

この問題を $X = (x_1, y_1, x_2, y_2, \cdots, x_n, y_n) \in R^{2n}$ に関する最適化問題ととらえ，ニュートン (Newton) 法を利用して解くことを試みる．その場合，目的関数からヘッセ行列 (Hessian) を生成し，探索方向を決定する必要があることから，$x_i, y_i (i = 1, \cdots, n)$ に関する目的関数 I の 1 階・2 階導関数 (値) を計算しなければならない．ここで，I は上式のように積分形で書かれているために，その微分可能性に関する検討が必要である．

2.2.1.1　1 階偏導関数の計算

x_i に関する目的関数の 1 階偏導関数は以下のように計算される．

$$\frac{\partial}{\partial x_i} \sum_{i=1}^{n} \iint_{V_i} d(x, y)g(l(x, y, x_i, y_i, x_{i+1}, y_{i+1})) \, dxdy \quad (2.11)$$

$$
\begin{aligned}
=\ & \frac{\partial}{\partial x_i}\left[\iint_{V_{i-1}} f(x,y,x_{i-1},y_{i-1},x_i,y_i)\,dxdy + \iint_{V_i} f(x,y,x_i,y_i,x_{i+1},y_{i+1})\,dxdy\right] \\
=\ & \int_{u_1'}^{u_2'}\int_{v_1'}^{v_2'} \frac{\partial f(x,y,x_{i-1},y_{i-1},x_i,y_i)}{\partial x_i}dxdy \\
& +\frac{dv_2'}{dx_i}\int_{u_1'}^{u_2'} f(x,v_2',x_{i-1},y_{i-1},x_i,y_i)dx + \frac{du_2'}{dx_i}\int_{v_1'}^{v_2'} f(u_2',y,x_{i-1},y_{i-1},x_i,y_i)dy \\
& -\frac{dv_1'}{dx_i}\int_{u_1'}^{u_2'} f(x,v_1',x_{i-1},y_{i-1},x_i,y_i)dx - \frac{du_1'}{dx_i}\int_{v_1'}^{v_2'} f(u_1',y,x_{i-1},y_{i-1},x_i,y_i)dy \\
& +\int_{u_1}^{u_2}\int_{v_1}^{v_2} \frac{\partial f(x,y,x_i,y_i,x_{i+1},y_{i+1})}{\partial x_i}dxdy \\
& +\frac{dv_2}{dx_i}\int_{u_1}^{u_2} f(x,v_2,x_i,y_i,x_{i+1},y_{i+1})dx + \frac{du_2}{dx_i}\int_{v_1}^{v_2} f(u_2,y,x_i,y_i,x_{i+1},y_{i+1})dy \\
& -\frac{dv_1}{dx_i}\int_{u_1}^{u_2} f(x,v_1,x_i,y_i,x_{i+1},y_{i+1})dx - \frac{du_1}{dx_i}\int_{v_1}^{v_2} f(u_1,y,x_i,y_i,x_{i+1},y_{i+1})dy. \quad (2.12)
\end{aligned}
$$

この式変形で，2 番目の等式に至る際は，まず x_i を含む線分 (を含む領域) のみを書き出し，3 番目の等式での実際の偏微分の計算には **付録 B** を用いた．ただし，$(u_2',v_2'),(u_1',v_1')$ は領域 V_{i-1} の上限・下限，$(u_2,v_2),(u_1,v_1)$ は領域 V_i の上限・下限の値である．また，

$$
f(x,y,x_{i-1},y_{i-1},x_i,y_i) \equiv d(x,y)g(l(x,y,x_{i-1},y_{i-1},x_i,y_i))
$$
$$
f(x,y,x_i,y_i,x_{i+1},y_{i+1}) \equiv d(x,y)g(l(x,y,x_i,y_i,x_{i+1},y_{i+1}))
$$

と略記した．

2.2.1.2　境界条件を考慮する

発見確率は，(2.10) 式で示したように単純に経路からの距離 l の関数として表現されるが，ここでは，発見確率は時事刻々と変化する航空機の位置を中心とする発見センサの有効な視界 (注：信号強度上，運用者に“発見した”と認識させる距離；最大探知可能範囲 R 以下の一定円) 上で局所的な天候変化などの外的な要因によらず，ある一定の確率 C $(0 \le C < 1)$ となることを仮定する．さらに，航空機が区分的線分経路上を連続的に飛行する際のセンサの有効視界を左右する外的要因が一様である仮定をおくことにより，線分上の各点を中心とするセンサの有効視界が描く包絡線上で，発見確率は一定 $(=C)$ となるので，1 階偏導関数の表現が簡略化される．

この仮定は，(2.12) 式の領域 V_i での被積分関数 $f(=(1-e^{-F(l(x,y,x_i,y_i,x_{i+1},y_{i+1}))})\times d(x,y))$ のうち (注：指数部分を F で略記；以下同様)，発見確率に相当する部分が一定値

$$
1-e^{-F(l(x,y,x_i,y_i,x_{i+1},y_{i+1}))} = C
$$

となることに相当する．(前領域 V_{i-1} でも同様に，$1-e^{-F(l(x,y,x_{i-1},y_{i-1},x_i,y_i))} = C'$(一定値) とする．) V_i において，境界値を用いて具体的に書くと，以下のようになる．

$$
\begin{aligned}
C =\ & 1-e^{-F(l(x,v_1,x_i,y_i,x_{i+1},y_{i+1}))} = 1-e^{-F(l(x,v_2,x_i,y_i,x_{i+1},y_{i+1}))} \\
=\ & 1-e^{-F(l(u_1,y,x_i,y_i,x_{i+1},y_{i+1}))} = 1-e^{-F(l(u_2,y,x_i,y_i,x_{i+1},y_{i+1}))}.
\end{aligned}
$$

さらに，この関係を (2.12) 式の V_i に関する部分に代入して

$$
\frac{\partial}{\partial x_i} \iint_{V_i} f(x, y, x_i, y_i, x_{i+1}, y_{i+1}) dx dy
$$
$$
= \int_{u_1}^{u_2} \int_{v_1}^{v_2} \frac{\partial f(x, y, x_i, y_i, x_{i+1}, y_{i+1})}{\partial x_i} dx dy
$$
$$
+ C \left[\frac{dv_2}{dx_i} \int_{u_1}^{u_2} d(x, v_2) dx - \frac{dv_1}{dx_i} \int_{u_1}^{u_2} d(x, v_1) dx + \frac{du_2}{dx_i} \int_{v_1}^{v_2} d(u_2, y) dy - \frac{du_1}{dx_i} \int_{v_1}^{v_2} d(u_1, y) dy \right]
$$
$$
= \int_{u_1}^{u_2} \int_{v_1}^{v_2} \frac{\partial f(x, y, x_i, y_i, x_{i+1}, y_{i+1})}{\partial x_i} dx dy
$$
$$
+ C \left[- \int_{u_1}^{u_2} \left\{ -\frac{dv_2}{dx_i} d(x, v_2) + \frac{dv_1}{dx_i} d(x, v_1) \right\} dx + \int_{v_1}^{v_2} \left\{ \frac{du_2}{dx_i} d(u_2, y) - \frac{du_1}{dx_i} d(u_1, y) \right\} dy \right]
$$

となる．

ここで，ある閉じた経路に沿った線積分と経路が囲む領域の面積分との間の関係式である，平面上での Green の定理を大括弧 [・・・・] の部分に適用すると，

$$
[\cdot\cdot\cdot\cdot] = \oint_{c_i} \left\{ -\frac{dy}{dx_i} d(x, y) \, dx + \frac{dx}{dx_i} d(x, y) \, dy \right\}
$$
$$
= \iint_{V_i} \left(\frac{\partial d(x, y)}{\partial x} \frac{dx}{dx_i} + \frac{\partial d(x, y)}{\partial y} \frac{dy}{dx_i} \right) dx dy
$$
$$
= \iint_{V_i} \frac{d(d(x, y))}{dx_i} dx dy
$$

となる．ただし，積分経路 c_i は，V_i の境界を反時計回りに1周する経路とする．

この式で，被積分関数である全微分項は，海上での船舶密度 $d(x, y)$ が，端点座標 x_i には依存しないことから，

$$
\frac{d(d(x, y))}{dx_i} = 0
$$

であるので，境界条件を考慮した結果，最終的に，目的関数の1階偏導関数は以下の公式にまとめられる．

発見事象が生起する区分線分領域の限界で，発見確率が一定の値をとるときは，経路を構成する各直線分ごとの目的関数の1階偏導関数は，以下で計算される．

$$
\frac{\partial}{\partial x_i} \iint_{V_i} f(x, y, x_i, y_i, x_{i+1}, y_{i+1}) dx dy = \iint_{V_i} \frac{\partial f(x, y, x_i, y_i, x_{i+1}, y_{i+1})}{\partial x_i} dx dy.
$$

この式は，先に導出した (2.12) 式の後半部分で，第2項以下を無視した形に相当し，積分限界である V_i の境界からの影響を無視することができ，計算が容易になるという利点がある．これより，全経路で x_i に関する目的関数の1階偏導関数は，

$$
\frac{\partial}{\partial x_i} \sum_{i=1}^{n} \iint_{V_i} f(x, y, x_i, y_i, x_{i+1}, y_{i+1}) dx dy
$$
$$
= \iint_{V_{i-1}} \frac{\partial f(x, y, x_{i-1}, y_{i-1}, x_i, y_i)}{\partial x_i} dx dy + \iint_{V_i} \frac{\partial f(x, y, x_i, y_i, x_{i+1}, y_{i+1})}{\partial x_i} dx dy \quad (2.13)
$$

として求められる．

実際の被積分関数で 1 階偏導関数を求めると，$k = ch$ と簡略表記して，以下の結果となる．

$$\iint_{V_i} \frac{\partial f(x, y, x_i, y_i, x_{i+1}, y_{i+1})}{\partial x_i} dxdy = \frac{\partial}{\partial x_i} \iint_{V_i} e^{-\frac{2k}{wR} \frac{\sqrt{R^2 - l^2}}{l^2}} d(x, y) dxdy$$

$$= \iint_{V_i} \frac{\partial}{\partial x_i} e^{-\frac{2k}{wR} \frac{\sqrt{R^2 - l^2}}{l^2}} d(x, y) dxdy.$$

ここで，

$$\frac{\partial}{\partial x_i} e^{-\frac{2k}{wR} \frac{\sqrt{R^2 - l^2}}{l^2}} = \frac{\partial}{\partial l} e^{-\frac{2k}{wR} \frac{\sqrt{R^2 - l^2}}{l^2}} \cdot \frac{\partial l}{\partial x_i}$$

$$= -\frac{2k}{wR} e^{-\frac{2k}{wR} \frac{\sqrt{R^2 - l^2}}{l^2}} \times \left[-\frac{2R^2 - l^2}{l^3 \sqrt{R^2 - l^2}} \right] \frac{\partial l}{\partial x_i}$$

$$= \frac{2k \times (2R^2 - l^2)}{wR \times l^3 \sqrt{R^2 - l^2}} e^{-\frac{2k}{wR} \frac{\sqrt{R^2 - l^2}}{l^2}} \frac{\partial l}{\partial x_i}$$

であり，

$$\frac{\partial l}{\partial x_i} = \frac{(y_{i+1} - y_i)[(x_{i+1} - x_i)(x_{i+1} - x) + (y_{i+1} - y_i)(y_{i+1} - y)]}{[(x_{i+1} - x_i)^2 + (y_{i+1} - y_i)^2]^{(3/2)}}$$

$$\times \frac{(x_{i+1} - x_i)(y - y_i) - (y_{i+1} - y_i)(x - x_i)}{|(x_{i+1} - x_i)(y - y_i) - (y_{i+1} - y_i)(x - x_i)|}$$

である．以上より

$$\iint_{V_i} \frac{\partial f(x, y, x_i, y_i, x_{i+1}, y_{i+1})}{\partial x_i} dxdy = \iint_{V_i} \frac{2k}{wR} \cdot \frac{(2R^2 - l^2)}{l^3 \sqrt{R^2 - l^2}} e^{-\frac{2k}{wR} \frac{\sqrt{R^2 - l^2}}{l^2}} \frac{\partial l}{\partial x_i} d(x, y) dxdy$$

となる．同様に y_i に関する偏微分は，

$$\iint_{V_i} \frac{\partial f(x, y, x_i, y_i, x_{i+1}, y_{i+1})}{\partial y_i} dxdy = \iint_{V_i} \frac{2k}{wR} \cdot \frac{(2R^2 - l^2)}{l^3 \sqrt{R^2 - l^2}} e^{-\frac{2k}{wR} \frac{\sqrt{R^2 - l^2}}{l^2}} \frac{\partial l}{\partial y_i} d(x, y) dxdy.$$

ただし，

$$\frac{\partial l}{\partial y_i} = \frac{(x_i - x_{i+1})[(x_{i+1} - x_i)(x_{i+1} - x) + (y_{i+1} - y_i)(y_{i+1} - y)]}{[(x_{i+1} - x_i)^2 + (y_{i+1} - y_i)^2]^{(3/2)}}$$

$$\times \frac{(x_{i+1} - x_i)(y - y_i) - (y_{i+1} - y_i)(x - x_i)}{|(x_{i+1} - x_i)(y - y_i) - (y_{i+1} - y_i)(x - x_i)|}$$

である．

線分経路で 1 つ前の領域 V_{i-1} での偏導関数も同様に計算される．

$$\iint_{V_{i-1}} \frac{\partial f(x, y, x_{i-1}, y_{i-1}, x_i, y_i)}{\partial x_i} dxdy = \frac{\partial}{\partial x_i} \iint_{V_{i-1}} e^{-\frac{2k}{wR} \frac{\sqrt{R^2 - l^2}}{l^2}} d(x, y) dxdy$$

$$= \iint_{V_{i-1}} \frac{2k}{wR} \cdot \frac{(2R^2 - l^2)}{l^3 \sqrt{R^2 - l^2}} e^{-\frac{2k}{wR} \frac{\sqrt{R^2 - l^2}}{l^2}} \frac{\partial l}{\partial x_i} d(x, y) dxdy.$$

ただし，

$$\frac{\partial l}{\partial x_i} = \frac{(y_i - y_{i-1})[(x_i - x_{i-1})(x - x_{i-1}) + (y_i - y_{i-1})(y - y_{i-1})]}{[(x_i - x_{i-1})^2 + (y_i - y_{i-1})^2]^{(3/2)}}$$

$$\times \frac{(x_i - x_{i-1})(y - y_{i-1}) - (y_i - y_{i-1})(x - x_{i-1})}{|(x_i - x_{i-1})(y - y_{i-1}) - (y_i - y_{i-1})(x - x_{i-1})|}.$$

$$\iint_{V_{i-1}} \frac{\partial f(x,y,x_{i-1},y_{i-1},x_i,y_i)}{\partial y_i} dxdy = \frac{\partial}{\partial y_i} \iint_{V_{i-1}} e^{-\frac{2k}{wR}\frac{\sqrt{R^2-l^2}}{l^2}} d(x,y)dxdy$$

$$= \iint_{V_{i-1}} \frac{2k}{wR} \cdot \frac{(2R^2-l^2)}{l^3\sqrt{R^2-l^2}} e^{-\frac{2k}{wR}\frac{\sqrt{R^2-l^2}}{l^2}} \frac{\partial l}{\partial y_i} d(x,y)dxdy.$$

ただし，

$$\frac{\partial l}{\partial y_i} = \frac{(x_{i-1}-x_i)[(x_i-x_{i-1})(x-x_{i-1})+(y_i-y_{i-1})(y-y_{i-1})]}{[(x_i-x_{i-1})^2+(y_i-y_{i-1})^2]^{(3/2)}}$$

$$\times \frac{(x_i-x_{i-1})(y-y_{i-1})-(y_i-y_{i-1})(x-x_{i-1})}{|(x_i-x_{i-1})(y-y_{i-1})-(y_i-y_{i-1})(x-x_{i-1})|}.$$

2.2.1.3 2階偏導関数の計算

前節のように1階の偏導関数が求められるので，2階の偏導関数も容易に求められる．すなわち，1階の場合は被積分関数を $f(x,y,x_i,y_i,x_{i+1},y_{i+1})$ としたが，2階の偏導関数を求める際は，上述の結果より $\partial f(x,y,x_i,y_i,x_{i+1},y_{i+1})/\partial x_i$（あるいは $\partial f(x,y,x_{i-1},y_{i-1},x_i,y_i)/\partial x_i$ など）を被積分関数と考えて偏微分を行えばよい．その結果，

$$\frac{\partial^2}{\partial x_i^2} \sum_{i=1}^{n} \iint_{V_i} f(x,y,x_i,y_i,x_{i+1},y_{i+1})dxdy$$

$$= \frac{\partial}{\partial x_i} \left[\iint_{V_{i-1}} \frac{\partial f(x,y,x_{i-1},y_{i-1},x_i,y_i)}{\partial x_i}dxdy + \iint_{V_i} \frac{\partial f(x,y,x_i,y_i,x_{i+1},y_{i+1})}{\partial x_i}dxdy \right]$$

$$= \iint_{V_{i-1}} \frac{\partial^2 f(x,y,x_{i-1},y_{i-1},x_i,y_i)}{\partial x_i^2}dxdy + \iint_{V_i} \frac{\partial^2 f(x,y,x_i,y_i,x_{i+1},y_{i+1})}{\partial x_i^2}dxdy$$

となる．他のパラメータによる偏微分 $\partial^2/\partial y_i^2, \partial^2/\partial x_i\partial y_i, (=\partial^2/\partial y_i\partial x_i)$ も同様に求められる．

実際の被積分関数での2階偏導関数は以下である．まず，領域 V_i では，それぞれ

$$\iint_{V_i} \frac{\partial^2 f(x,y,x_i,y_i,x_{i+1},y_{i+1})}{\partial x_i^2}dxdy$$

$$= \iint_{V_i} d(x,y)\,dx\,dy \times \frac{2k}{wR} \times e^{-\frac{2k}{wR}\frac{\sqrt{R^2-l^2}}{l^2}}$$

$$\times \left\{ \left[\frac{9R^2l^2-6R^4-2l^4}{l^4(R^2-l^2)^{3/2}} + \frac{2k}{wR} \cdot \frac{(2R^2-l^2)^2}{l^6(R^2-l^2)} \right] \left(\frac{\partial l}{\partial x_i} \right)^2 + \frac{2R^2-l^2}{l^3\sqrt{R^2-l^2}} \cdot \frac{\partial^2 l}{\partial x_i^2} \right\}.$$

ただし，

$$\frac{\partial^2 l}{\partial x_i^2} = \frac{(y_{i+1}-y_i)(x_{i+1}-x)[2(x_{i+1}-x_i)^2-(y_{i+1}-y_i)^2]+3(y_{i+1}-y_i)^2(x_{i+1}-x_i)(y_{i+1}-y)}{[(x_{i+1}-x_i)^2+(y_{i+1}-y_i)^2]^{(5/2)}}$$

$$\times \frac{(x_{i+1}-x_i)(y-y_i)-(y_{i+1}-y_i)(x-x_i)}{|(x_{i+1}-x_i)(y-y_i)-(y_{i+1}-y_i)(x-x_i)|}.$$

$$\iint_{V_i} \frac{\partial^2 f(x,y,x_i,y_i,x_{i+1},y_{i+1})}{\partial y_i^2}dxdy$$

$$
= \iint_{V_i} d(x,y)\ dx\ dy \times \frac{2k}{wR} \times e^{-\frac{2k}{wR}\frac{\sqrt{R^2-l^2}}{l^2}}
$$

$$
\times \left\{ \left[\frac{9R^2l^2 - 6R^4 - 2l^4}{l^4(R^2-l^2)^{3/2}} + \frac{2k}{wR} \cdot \frac{(2R^2-l^2)^2}{l^6(R^2-l^2)} \right] \left(\frac{\partial l}{\partial y_i} \right)^2 + \frac{2R^2-l^2}{l^3\sqrt{R^2-l^2}} \cdot \frac{\partial^2 l}{\partial y_i^2} \right\}.
$$

ただし，

$$
\frac{\partial^2 l}{\partial y_i^2} = \frac{(x_{i+1}-x_i)(y_{i+1}-y)[(x_{i+1}-x_i)^2 - 2(y_{i+1}-y_i)^2] - 3(x_{i+1}-x_i)^2(y_{i+1}-y_i)(x_{i+1}-x)}{[(x_{i+1}-x_i)^2 + (y_{i+1}-y_i)^2]^{(5/2)}}
$$

$$
\times \frac{(x_{i+1}-x_i)(y-y_i) - (y_{i+1}-y_i)(x-x_i)}{|(x_{i+1}-x_i)(y-y_i) - (y_{i+1}-y_i)(x-x_i)|}.
$$

$$
\iint_{V_i} \frac{\partial^2 f(x,y,x_i,y_i,x_{i+1},y_{i+1})}{\partial x_i \partial y_i} dxdy = \iint_{V_i} \frac{\partial^2 f(x,y,x_i,y_i,x_{i+1},y_{i+1})}{\partial y_i \partial x_i} dxdy
$$

$$
= \iint_{V_i} d(x,y)\ dx\ dy \times \frac{2k}{wR} \times e^{-\frac{2k}{wR}\frac{\sqrt{R^2-l^2}}{l^2}}
$$

$$
\times \left\{ \left[\frac{9R^2l^2 - 6R^4 - 2l^4}{l^4(R^2-l^2)^{3/2}} + \frac{2k}{wR} \cdot \frac{(2R^2-l^2)^2}{l^6(R^2-l^2)} \right] \left(\frac{\partial l}{\partial x_i} \cdot \frac{\partial l}{\partial y_i} \right) + \frac{2R^2-l^2}{l^3\sqrt{R^2-l^2}} \cdot \frac{\partial^2 l}{\partial x_i \partial y_i} \right\}.
$$

ただし，

$$
\frac{\partial^2 l}{\partial x_i \partial y_i} = [2(x_{i+1}-x_i)(y_{i+1}-y_i)\{(x_{i+1}-x_i)(y-y_{i+1}) - (y_{i+1}-y_i)(x-x_{i+1})\}
$$

$$
+ (x_{i+1}-x_i)^3(x-x_{i+1}) - (y_{i+1}-y_i)^3(y-y_{i+1})]/[(x_{i+1}-x_i)^2 + (y_{i+1}-y_i)^2]^{(5/2)}
$$

$$
\times \frac{(x_{i+1}-x_i)(y-y_i) - (y_{i+1}-y_i)(x-x_i)}{|(x_{i+1}-x_i)(y-y_i) - (y_{i+1}-y_i)(x-x_i)|}
$$

となり，領域 V_{i-1} では，

$$
\iint_{V_{i-1}} \frac{\partial^2 f(x,y,x_{i-1},y_{i-1},x_i,y_i)}{\partial x_i^2} dxdy
$$

$$
= \iint_{V_{i-1}} d(x,y)\ dx\ dy \times \frac{2k}{wR} \times e^{-\frac{2k}{wR}\frac{\sqrt{R^2-l^2}}{l^2}}
$$

$$
\times \left\{ \left[\frac{9R^2l^2 - 6R^4 - 2l^4}{l^4(R^2-l^2)^{3/2}} + \frac{2k}{wR} \cdot \frac{(2R^2-l^2)^2}{l^6(R^2-l^2)} \right] \left(\frac{\partial l}{\partial x_i} \right)^2 + \frac{2R^2-l^2}{l^3\sqrt{R^2-l^2}} \cdot \frac{\partial^2 l}{\partial x_i^2} \right\}.
$$

ただし，

$$
\frac{\partial^2 l}{\partial x_i^2} = \frac{(y_i-y_{i-1})(x_{i-1}-x)[2(x_i-x_{i-1})^2 - (y_i-y_{i-1})^2] + 3(y_i-y_{i-1})^2(x_i-x_{i-1})(y_{i-1}-y)}{[(x_i-x_{i-1})^2 + (y_i-y_{i-1})^2]^{(5/2)}}
$$

$$
\times \frac{(x_i-x_{i-1})(y-y_{i-1}) - (y_i-y_{i-1})(x-x_{i-1})}{|(x_i-x_{i-1})(y-y_{i-1}) - (y_i-y_{i-1})(x-x_{i-1})|}.
$$

$$
\iint_{V_{i-1}} \frac{\partial^2 f(x,y,x_{i-1},y_{i-1},x_i,y_i)}{\partial y_i^2} dxdy
$$

$$= \iint_{V_{i-1}} d(x,y)\,dx\,dy \times \frac{2k}{wR} \times e^{-\frac{2k}{wR}\frac{\sqrt{R^2-l^2}}{l^2}}$$

$$\times \left\{ \left[\frac{9R^2l^2 - 6R^4 - 2l^4}{l^4(R^2-l^2)^{3/2}} + \frac{2k}{wR}\cdot\frac{(2R^2-l^2)^2}{l^6(R^2-l^2)} \right] \left(\frac{\partial l}{\partial y_i}\right)^2 + \frac{2R^2-l^2}{l^3\sqrt{R^2-l^2}}\cdot\frac{\partial^2 l}{\partial y_i^2} \right\}.$$

ただし，

$$\frac{\partial^2 l}{\partial y_i^2} = \frac{(x_i - x_{i-1})(y_{i-1} - y)[(x_i - x_{i-1})^2 - 2(y_i - y_{i-1})^2] - 3(x_i - x_{i-1})^2(y_i - y_{i-1})(x_{i-1} - x)}{[(x_i - x_{i-1})^2 + (y_i - y_{i-1})^2]^{(5/2)}}$$

$$\times \frac{(x_i - x_{i-1})(y - y_{i-1}) - (y_i - y_{i-1})(x - x_{i-1})}{|(x_i - x_{i-1})(y - y_{i-1}) - (y_i - y_{i-1})(x - x_{i-1})|}.$$

$$\iint_{V_{i-1}} \frac{\partial^2 f(x,y,x_{i-1},y_{i-1},x_i,y_i)}{\partial x_i \partial y_i} dxdy = \iint_{V_{i-1}} \frac{\partial^2 f(x,y,x_{i-1},y_{i-1},x_i,y_i)}{\partial y_i \partial x_i} dxdy$$

$$= \iint_{V_{i-1}} d(x,y)\,dx\,dy \times \frac{2k}{wR} \times e^{-\frac{2k}{wR}\frac{\sqrt{R^2-l^2}}{l^2}}$$

$$\times \left\{ \left[\frac{9R^2l^2 - 6R^4 - 2l^4}{l^4(R^2-l^2)^{3/2}} + \frac{2k}{wR}\cdot\frac{(2R^2-l^2)^2}{l^6(R^2-l^2)} \right] \left(\frac{\partial l}{\partial x_i}\cdot\frac{\partial l}{\partial y_i}\right) + \frac{2R^2-l^2}{l^3\sqrt{R^2-l^2}}\cdot\frac{\partial^2 l}{\partial x_i \partial y_i} \right\}.$$

ただし，

$$\frac{\partial^2 l}{\partial x_i \partial y_i} = [2(x_i - x_{i-1})(y_i - y_{i-1})\{(x_i - x_{i-1})(y - y_{i-1}) - (y_i - y_{i-1})(x - x_{i-1})\}$$

$$+ (x_i - x_{i-1})^3(x - x_{i-1}) - (y_i - y_{i-1})^3(y - y_{i-1})]/[(x_i - x_{i-1})^2 + (y_i - y_{i-1})^2]^{(5/2)}$$

$$\times \frac{(x_i - x_{i-1})(y - y_{i-1}) - (y_i - y_{i-1})(x - x_{i-1})}{|(x_i - x_{i-1})(y - y_{i-1}) - (y_i - y_{i-1})(x - x_{i-1})|}$$

となる．

2.2.1.4 ニュートン法アルゴリズムのまとめ

　以上により，ニュートン法の利用に必要な1階・2階の偏導関数を計算することができたので，この問題をニュートン法により解くアルゴリズムを以下にまとめる．なお，アルゴリズムの終了条件である収束判定は step5：収束判定 に示すように反復ごとでの各端点の移動量の合計が微少量 (ϵ) となった時とする．

　アルゴリズム (ニュートン法)

step0：初期設定
　反復カウンタ $\nu = 0$
　適当な初期値 $X^{(0)} = (x_1^{(0)}, y_1^{(0)}, \cdots, x_n^{(0)}, y_n^{(0)})$ から始めて，step1 - step5 を終了条件を満たすまで反復する．

step1：目的関数値の計算
　経路を構成する各線分経路領域で目的関数値を計算し，合計する．

step2：1階・2階偏導関数値の計算

各端点 $(x_i^{(\nu)}, y_i^{(\nu)})$ $(i = 1, \cdots, n)$　でそれぞれの偏導関数値を計算する.

<u>step3</u>：　直線探索

各端点を黄金分割比による直線探索で移動させて, 移動すべき最善点を探る.

探索方向 $\mathbf{d_i}^{(\nu)}$ は通常のニュートン方向で与えられる.

$$\mathbf{d_i}^{(\nu)} = \begin{bmatrix} \frac{\partial^2 I}{\partial x_i^{(\nu)2}} & \frac{\partial^2 I}{\partial x_i^{(\nu)} \partial y_i^{(\nu)}} \\ \frac{\partial^2 I}{\partial y_i^{(\nu)} \partial x_i^{(\nu)}} & \frac{\partial^2 I}{\partial y_i^{(\nu)2}} \end{bmatrix}^{-1} \begin{bmatrix} \frac{\partial I}{\partial x_i^{(\nu)}} \\ \frac{\partial I}{\partial y_i^{(\nu)}} \end{bmatrix} = \frac{1}{D} \begin{bmatrix} \frac{\partial^2 I}{\partial y_i^{(\nu)2}} \frac{\partial I}{\partial x_i^{(\nu)}} & - & \frac{\partial^2 I}{\partial x_i^{(\nu)} \partial y_i^{(\nu)}} \frac{\partial I}{\partial y_i^{(\nu)}} \\ \frac{\partial^2 I}{\partial x_i^{(\nu)2}} \frac{\partial I}{\partial y_i^{(\nu)}} & - & \frac{\partial^2 I}{\partial y_i^{(\nu)} \partial x_i^{(\nu)}} \frac{\partial I}{\partial x_i^{(\nu)}} \end{bmatrix}.$$

ただし,

$$D = \left| \frac{\partial^2 I}{\partial x_i^{(\nu)2}} \frac{\partial^2 I}{\partial y_i^{(\nu)2}} - \frac{\partial^2 I}{\partial x_i^{(\nu)} \partial y_i^{(\nu)}} \frac{\partial^2 I}{\partial y_i^{(\nu)} \partial x_i^{(\nu)}} \right|$$

である.

<u>step4</u>：　新たな端点への移動 (= 解の更新)

$$(x_i^{(\nu+1)}, y_i^{(\nu+1)}) = (x_i^{(\nu)}, y_i^{(\nu)}) + \gamma_i^{(\nu)} \mathbf{d}_i^{(\nu)}. \quad (\gamma_i^{(\nu)} : \text{ステップ幅})$$

<u>step5</u>：　収束判定

$$\sum_{i=1}^{n} \sqrt{(x_i^{(\nu+1)} - x_i^{(\nu)})^2 + (y_i^{(\nu+1)} - y_i^{(\nu)})^2} \leq \epsilon \text{ か}?$$

$\qquad$ no $\quad \Longrightarrow \quad \nu = \nu + 1$ とし, <u>step1</u> へ

$\qquad$ yes $\quad \Longrightarrow \quad$ <u>step6</u> へ

<u>step6</u>：　終了

$X^{(\nu+1)}$ を書き出す.

目的関数値, 1 階・2 階の偏導関数値を求める際は, いずれも積分を計算する必要があるが, それらを厳密に行うことが困難であるため, 付録 C の近似公式を用いて数値積分を実施する.

2.2.2　乗数法を用いた距離制約つき監視経路設定問題の解法

距離制約がある元々の [監視経路設定問題]

最大化　$I(X) = \iint_V d(x,y)g(x,y)dxdy \approx \sum_{i=1}^{n} \iint_{V_i} d(x,y)g(l(x,y,x_i,y_i,x_{i+1},y_{i+1}))dxdy$

制約条件　$\sum_{i=1}^{n} \sqrt{(x_i - x_{i+1})^2 + (y_i - y_{i+1})^2} \leq L$

ただし　$X = (x_1, y_1, \cdots, x_n, y_n)$

を以下では, 拡大ラグランジュ関数法 (乗数法) を用いて解く手順について解説する. 制約つきの非線形最適化問題は, 元々の制約つき問題を, 制約なし最適化問題の列に変換し, 後者の解を求めることで前者の解に到達しようとする方法が一般的である. 制約つき最適化問題の解法としては, ペナルティ関数法, 拡大ラグランジュ関数法 [22] 等が既知であり, 広く利

用されているが，ペナルティ関数法では収束が遅く，計算の反復が進むに連れ，計算条件が悪くなる性質がある．この欠点がかなり克服された拡大ラグランジュ関数法を利用したアルゴリズムで計算する．まず，次のような拡大ラグランジュ関数 $L_t(X, \lambda)$ を定義する．

$$L_t(X, \lambda) = I(X) + \lambda H(X) - \frac{1}{2}tH(X)^2. \quad (\lambda : \text{ラグランジュ乗数}, t : \text{ペナルティパラメータ})$$

$H(X)$ は元の制約条件にスラック変数 s を付加して等号制約に書き換えている．

$$H(X) \equiv \sum_{i=1}^{n} \sqrt{(x_i - x_{i+1})^2 + (y_i - y_{i+1})^2} - L + s^2 = 0.$$

このとき，[監視経路設定問題] の局所最適解 X^* が，有限の $t \geq 0$ に対して， $L_t(X, \lambda^*)$ の制約なし局所最適解となることを示すことができる．

[定理] (証明は [22])

$I(X), H(X) \in C^2$ とする．[監視経路設定問題] の局所最適解 $X^* \in R^{2n}$ が 2 次の十分条件を満たし，対応する Kuhn-Tucker 乗数を λ^* とする．このとき，

(1) $t^* \geq 0$ が存在して任意の $t \geq t^*$ に対し，X^* は $L_t(X, \lambda^*)$ の制約なし孤立局所最適解である．

(2) 逆にある $\hat{\lambda}, t \geq 0$ について $\hat{X}$ が $L_t(X, \hat{\lambda})$ の制約なしの局所最適解で， $H(\hat{X}) = 0$ ならば，$\hat{X}$ は，[監視経路設定問題] の局所最適解である．

この [定理] より [監視経路設定問題] の局所最適解 X^* を得るためには，Kuhn-Tucker 乗数 λ^* と十分大きい $t > t^* \geq 0$ に対し定義される拡大ラグランジュ関数 $L_t(X, \lambda^*)$ の制約なし最適化を行えばよいことがわかる．ただし，λ^*, t^* は既知でないので λ^* 及び適当な t の値を求める手続きも必要となる．乗数法の一般的なアルゴリズムは以下のとおりである．

アルゴリズム (乗数法 - プロトタイプ)

step0： 初期設定

反復カウンタ $\nu = 0$　；　$t^{(0)} > 0, \lambda^{(0)}$ を適当に設定する．

適当な初期値 $X^{(0)} = (x_1^{(0)}, y_1^{(0)}, \cdots, x_n^{(0)}, y_n^{(0)})$ から始めて，step1 - step4 を終了条件を満たすまで反復する．

step1： 制約なし最適化

$L_{t^{(\nu)}}(X^{(\nu)}, \lambda^{(\nu)})$ の制約なし最適化問題を解いて，その解 $X^{(\nu+1)} \in R^{2n}$ を求める．

step2： 終了判定

$H(X^{(\nu+1)}) = 0$ ならば step5 へ

step3： 乗数・パラメータの更新

$X^{(\nu+1)}, \lambda^{(\nu)}, t^{(\nu)}$ から，何らかの規則により $t^{(\nu+1)} > 0, \lambda^{(\nu+1)}$ を定める．

step4： カウンタ更新

$\nu = \nu + 1$ とし，step1 へ

step5： 終了

$X^{(\nu+1)}$ を書き出す．

　　step1 :制約なし最適化　では，前節で導いたニュートン法のアルゴリズムを利用できる．
また，step2 :終了判定　の等号成立は，計算上は反復回数の点でなかなか実現できないので，
ほぼゼロに近い十分小さな値になるとき，と後のアルゴリズムで少し緩和する．次に λ, t の
更新手続きについて説明する．

2.2.3　ラグランジュ乗数 λ の更新手続き

　ラグランジュ乗数 λ を更新する際は，

$$\lambda^{(\nu+1)} = \lambda^{(\nu)} - t^{(\nu)} H(X^{(\nu)})$$

とする．このとき拡大ラグランジュ関数に関する　Kuhn-Tucker 条件　より

$$
\begin{aligned}
\nabla_{X^{(\nu)}} L_{t^{(\nu)}}(X^{(\nu)}, \lambda^{(\nu)}) &= \nabla I(X^{(\nu)}) + \lambda^{(\nu)} \nabla H(X^{(\nu)}) - t^{(\nu)} H(X^{(\nu)}) \nabla H(X^{(\nu)}) \\
&= \nabla I(X^{(\nu)}) + \lambda^{(\nu+1)} \nabla H(X^{(\nu)}) \\
&= 0
\end{aligned}
$$

が成立するので $\lambda^{(\nu+1)}$ は λ^* に対するよい近似となることが期待できる．

2.2.4　ペナルティパラメータ t の更新手続き

　ペナルティパラメータ t は，　[定理] を満たすために $t \geq t^*$ でなければならないが，t^* の
値は前もってわかっていない．従って，$t^{(\nu)} \geq t^*$ とする，もっとも簡単な方法は，t の列
$\{t^{(\nu)}\}$ を

$$t^{(\nu+1)} = \alpha \, t^{(\nu)} \qquad \alpha > 1; \qquad t^{(0)} > 0$$

と定義するものである．この方法によれば，$t^{(\nu)} \to \infty$ ゆえ，いずれ $t^{(\nu)} \geq t^*$ となる．しか
し，$t^{(\nu)} \to \infty$ に伴い，制約なし最適化問題を解く条件は悪くなる．従って，α をほどほど
の大きさに設定すれば，解きにくくならずに，　[定理] の条件を満たす結果が期待できる．
　ここでは，$\{t^{(\nu)} < \infty\}$ として提案されている方法を採用する [22]．その考え方は，ペナ
ルティ項で2乗されている等号制約 $H(X)$(非増加, $H(X) \to 0$) の値を前回の反復時の値と
比較し，ある一定の割合 β 以下の変化しかなければ，ペナルティ項を大きく作用させ，か
つ，収束を加速する目的で t を大きくし，それ以外の場合は，元の t の値を保つとするもの
である．すなわち，等号制約 $H(X)$ は，後述するように

$$\max\left\{ \sum_{i=1}^{n} \sqrt{(x_i - x_{i+1})^2 + (y_i - y_{i+1})^2} - L, \frac{\lambda}{t} \right\}$$

と書けることから，

$$
\begin{aligned}
&\left| \max\left\{ \sum_{i=1}^{n} \sqrt{(x_i - x_{i+1})^2 + (y_i - y_{i+1})^2} - L, \frac{\lambda^{(\nu)}}{t^{(\nu)}} \right\} \right| \\
> \; & \beta \; \left| \max\left\{ \sum_{i=1}^{n} \sqrt{(x_i - x_{i+1})^2 + (y_i - y_{i+1})^2} - L, \frac{\lambda^{(\nu-1)}}{t^{(\nu-1)}} \right\} \right|
\end{aligned}
$$

のときは

$$t^{(\nu+1)} = \alpha \, t^{(\nu)}$$

とし，それ以外のときは，同じ値

$$t^{(\nu+1)} = t^{(\nu)}$$

とする更新方法である．

　（ α, β 　$(0 < \beta < 1)$ は計算する際にユーザーが調節するパラメータである．）

2.2.4.1　乗数法アルゴリズムのまとめ

　まず，拡大ラグランジュ関数

$$L_t(X, \lambda) = I(X) \; + \; \lambda \left[\sum_{i=1}^{n} \sqrt{(x_i - x_{i+1})^2 + (y_i - y_{i+1})^2} - L + s^2 \right]$$
$$- \; \frac{1}{2} t \left[\sum_{i=1}^{n} \sqrt{(x_i - x_{i+1})^2 + (y_i - y_{i+1})^2} - L + s^2 \right]^2$$

は s の関数でもあるので変数を減らす目的で s に関する最大化を考える．

$$\frac{\partial L_t}{\partial s} = 2s \left\{ \lambda - t \left[\sum_{i=1}^{n} \sqrt{(x_i - x_{i+1})^2 + (y_i - y_{i+1})^2} - L + s^2 \right] \right\} = 0 \; \text{より}$$

$$s^2 = \begin{cases} \dfrac{\lambda}{t} - \left[\displaystyle\sum_{i=1}^{n} \sqrt{(x_i - x_{i+1})^2 + (y_i - y_{i+1})^2} - L \right] \\ \qquad (\dfrac{\lambda}{t} > \displaystyle\sum_{i=1}^{n} \sqrt{(x_i - x_{i+1})^2 + (y_i - y_{i+1})^2} - L \; \text{のとき}) \\ 0 \\ \qquad (\dfrac{\lambda}{t} \leq \displaystyle\sum_{i=1}^{n} \sqrt{(x_i - x_{i+1})^2 + (y_i - y_{i+1})^2} - L \; \text{のとき}) \end{cases}$$

　すなわち，

$$\sum_{i=1}^{n} \sqrt{(x_i - x_{i+1})^2 + (y_i - y_{i+1})^2} - L + s^2 = \max \left\{ \sum_{i=1}^{n} \sqrt{(x_i - x_{i+1})^2 + (y_i - y_{i+1})^2} - L, \frac{\lambda}{t} \right\}.$$

従って， L_t を X, s について最大化することは，次式を X について最大化することと等価である．

$$L_t(X, \lambda)$$
$$= I(X)$$
$$+ \begin{cases} \dfrac{\lambda^2}{2t} \qquad (\dfrac{\lambda}{t} > \displaystyle\sum_{i=1}^{n} \sqrt{(x_i - x_{i+1})^2 + (y_i - y_{i+1})^2} - L \; \text{のとき}) \\ \\ \lambda \left[\displaystyle\sum_{i=1}^{n} \sqrt{(x_i - x_{i+1})^2 + (y_i - y_{i+1})^2} - L \right] - \dfrac{1}{2} t \left[\displaystyle\sum_{i=1}^{n} \sqrt{(x_i - x_{i+1})^2 + (y_i - y_{i+1})^2} - L \right]^2 \\ \qquad (\dfrac{\lambda}{t} \leq \displaystyle\sum_{i=1}^{n} \sqrt{(x_i - x_{i+1})^2 + (y_i - y_{i+1})^2} - L \; \text{のとき}) \end{cases}$$

$$= I(X) - \frac{1}{2t} \left\{ \min \left\{ 0, \lambda - t \left[\sum_{i=1}^{n} \sqrt{(x_i - x_{i+1})^2 + (y_i - y_{i+1})^2} - L \right] \right\}^2 - \lambda^2 \right\}.$$

この s の最大化に対応して $\lambda^{(\nu)}$ は

$$
\begin{aligned}
\lambda^{(\nu+1)} &= \lambda^{(\nu)} - t^{(\nu)} H(X^{(\nu)}) \\
&= \lambda^{(\nu)} - t^{(\nu)} \left\{ \sum_{i=1}^{n} \sqrt{(x_i - x_{i+1})^2 + (y_i - y_{i+1})^2} - L + s^2 \right\} \\
&= \min \left\{ 0, \lambda^{(\nu)} - t^{(\nu)} \left[\sum_{i=1}^{n} \sqrt{(x_i - x_{i+1})^2 + (y_i - y_{i+1})^2} - L \right] \right\}
\end{aligned}
$$

と更新される.

以上より，乗数法のアルゴリズムをまとめると以下のように整理される.

アルゴリズム (拡大ラグランジュ関数法)

step0：　初期設定

反復カウンタ $\nu = 0$; パラメータ $\alpha (1 \le \alpha \le 10$ 程度), $\beta \in (0,1)$, $t^{(0)} > 0, \epsilon$ ($= H(X)$ の値が十分 0 に近いと判定する基準) を適当に設定する. (注：参考文献 [22] では，パラメータ値は $\alpha = 10, \beta = 0.25$ 程度にとれば良いとされている.)

$\lambda^{(0)} = 0,$　$c^{(0)} = 10^{20}$ (大きな値なら何でも良い.) に設定する. ($c^{(\nu)}$ は，$H(X)$ の値で，アルゴリズム中で $c^{(\nu)} \to 0$ となるように更新され続ける収束判定のためのパラメータである.)

適当な初期値 $X^{(0)} = (x_1^{(0)}, y_1^{(0)}, \cdots, x_n^{(0)}, y_n^{(0)})$ から始めて，step1 - step5 を終了条件が満たされるまで反復する.

step1：　制約なし最適化

拡大ラグランジュ関数 $L_{t^{(\nu)}}(X^{(\nu)}, \lambda^{(\nu)})$ の制約なし最適化問題を解いて，その解 $X^{(\nu+1)} \in R^{2n}$ を求める. 前小節で説明したニュートン法のアルゴリズムを利用する.

step2：　不等式制約値の更新

$$\sum_{i=1}^{n} \sqrt{(x_i - x_{i+1})^2 + (y_i - y_{i+1})^2} - L$$

に $X^{(\nu+1)} = (x_1^{(\nu+1)}, y_1^{(\nu+1)}, \cdots, x_n^{(\nu+1)}, y_n^{(\nu+1)})$ を代入する.

step3：　ペナルティパラメータ t の更新

$$\left| \max \left\{ \sum_{i=1}^{n} \sqrt{(x_i - x_{i+1})^2 + (y_i - y_{i+1})^2} - L, \frac{\lambda^{(\nu)}}{t^{(\nu)}} \right\} \right| > \beta c^{(\nu)} か ?$$

$yes \implies t^{(\nu+1)} = \alpha\, t^{(\nu)}$

$no \implies t^{(\nu+1)} = t^{(\nu)}$

step4：　ラグランジュ乗数 λ ・パラメータ $c^{(\nu)}$ の更新

$$\left| \max \left\{ \sum_{i=1}^{n} \sqrt{(x_i - x_{i+1})^2 + (y_i - y_{i+1})^2} - L, \frac{\lambda^{(\nu)}}{t^{(\nu)}} \right\} \right| > c^{(\nu)} か ?$$

$yes \implies c^{(\nu+1)} = c^{(\nu)},$

$$\lambda^{(\nu+1)} = \lambda^{(\nu)}.$$

$$no \implies c^{(\nu+1)} = \left| \max \left\{ \sum_{i=1}^{n} \sqrt{(x_i - x_{i+1})^2 + (y_i - y_{i+1})^2} - L, \frac{\lambda^{(\nu)}}{t^{(\nu)}} \right\} \right|,$$

$$\lambda^{(\nu+1)} = \min \left\{ 0, \lambda^{(\nu)} - t^{(\nu)} \left[\sum_{i=1}^{n} \sqrt{(x_i - x_{i+1})^2 + (y_i - y_{i+1})^2} - L \right] \right\}.$$

＜終了判定＞　$c^{(\nu+1)} < \epsilon$　ならば　<u>step6</u>　へ

<u>step5</u>：　カウンタ更新
　$\nu = \nu + 1$ とし，<u>step1</u> へ
<u>step6</u>：　終了
　$X^{(\nu+1)}$ を書き出す．

これまでに構築した，制約なし・制約付きアルゴリズムに基づき，提案する経路設定方法の有効性・適用限界を議論するために，次節ではモデル経路による数値実験を行う．

2.3　数値例

今回提案する経路設定方法の実現可能性・有効性・適用限界等を調べるために，いくつかのモデル経路により数値実験を行う．まず，制約なしアルゴリズムにより，期待発見船舶数が増大しつつ船舶位置に沿うように基準経路が更新されていくことを確認し，次いでいくつかのパラメータ値を変化させ数値実験を行い，本アルゴリズムの性能を評価する．次に，制約付きアルゴリズムにより，実際の運用にも耐えられる経路が構成されることを確認する．

2.3.1　モデル経路での計算例と考察

数値実験を行う際に初期設定する監視基準経路及びその経路上を飛行する際の発見確率，対象海域の船舶分布に関して，以下のようなパラメータを考慮する必要があり，実際の監視状況を考えて，それぞれ次のような値に設定する．(具体的な単位は明示しない．)

- 経路を構成する端点数　n　：10-30 程度

- 航空機の発見センサの有効距離　R　：300 程度

- 航空機による発見確率　$g(l)$　：(2.10) 式に基づき，exp 的に減衰する 3 つのパターンを想定する．

  付録 **C** の近似式を利用するので，いずれのパターンとも経路からの 3 つの距離位置，$l_l = 0.5 \cdot (1 + \sqrt{3/5})R = 0.887R, l_m = 0.5R, l_s = 0.5 \cdot (1 - \sqrt{3/5})R = 0.113R$ (いずれも近似値) を考え，それぞれの位置で次のような発見確率 (近似値) を有する．これらの値は，(2.10) 式での $2ch/w \equiv k$ の値がそれぞれ，10000, 50000, 100000 に対応している．

$$(g(l_l), g(l_m), g(l_s)) = \begin{cases} (a) & (0.063, 0.319, 0.999) \quad (k = 10000 \text{ の場合}) \\ (b) & (0.478, 0.978, 1.000) \quad (k = 50000 \text{ の場合}) \\ (c) & (0.858, 1.000, 1.000) \quad (k = 100000 \text{ の場合}) \end{cases}$$

- 海域に存在する船舶数　m　：54 [隻]，108[隻]，162[隻] を想定する.

- 各船舶の中心位置 (α_j, β_j) ：実データを参考に点在させる.

- 船舶位置の誤差 (標準偏差) σ ：情報の確度に応じ，3 つのパターンを想定する. 船舶 j によらず，共通の値とする.

$$\sigma = \begin{cases} (1) & 150 \\ (2) & 300 \\ (3) & 650 \end{cases}$$

- 収束判定量 $\epsilon = 500$　　(全行程長 (おおむね 10000 以上) の 5 ％以下程度)

また，制約付き問題に関するパラメータとして，以下を挙げておく. 設定する値は **2.3.1.5** 節で後述する.

- 経路長の上限 L

- ペナルティパラメータ t

- ペナルティパラメータ t を更新する係数 α

- 制約式の値を比較する際の基準となる係数 β

2.3.1.1　発見確率 $g(l)$ と船舶位置誤差 σ との組み合わせ

適当な監視経路を構成するためには，発見確率と船舶位置誤差との間に，数値的にある範囲の適合関係があると考えられる. 発見確率は，実際はその場の状況により変化するものであり，制御は困難であるが，様々な発見確率と船舶の位置誤差との関係から得られる経路の違いを考察するために，ここでは，前小節で設定した発見確率 $(a), (b), (c)$ と船舶位置誤差 $(1), (2), (3)$ とを組み合わせ，経路・目的関数値の変化の様子を見るとともに，本構成方法の妥当性を評価する. 図 2.3 のような初期設定経路・船舶分布のモデル経路 (問題 A とする) を例にとり，ニュートン法を利用して経路が収束する様子を観察する. ニュートン法を利用することから比較的少ない反復回数で終了判定条件 (step5) を満たすと考えられるが，終了しない場合も考慮して最大反復回数 $\nu = 14$ 回を別に設定して，この条件も加味しながら基準経路がどのように変化するかを観察する.

問題 A の初期設定経路・船舶分布の条件は以下のとおりである.

- 端点数 n ：26(図の多辺形の各頂点及び各辺の中点を端点とする.)

- 初期経路長 L^0 ：13240.2

- 各船舶は，実データを参考にした図 2.3 のような各位置を中心とした，同一の独立な，2 次元正規分布としている ($\sigma_{xj} = \sigma_{yj} = 150 \; or \; 300 \; or \; 650$).

- 収束判定 (反復回数更新ごとでの各端点の移動量の合計) ϵ ： 500

- 最大反復回数 $\nu = 14$

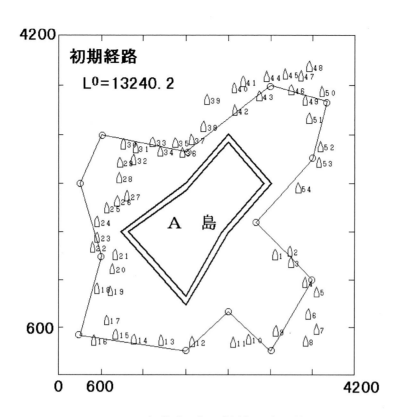

図 2.3: 初期経路と船舶分布 (問題 A)

　図2.4は，船舶位置誤差情報が次第に大きくなり，予想位置がぼやけていく場合に構成される基準経路の結果を示したものである．いずれの改善経路とも初期経路に比べ予想される船舶位置に基準経路が近づいていくように見えることから，本アルゴリズムによる端点の更新が有効になされていることがわかる．また，いずれの経路とも最大反復回数 ($\nu = 14$) になる前に終了していることから，今回の問題では，距離制約がなくても，反復回数の制限が無くても，そこそこの経路が得られることが分かる．

　ただし，σ が大きくなると，個々の船舶位置がぼやけるために，対応する密度関数の広がりがオーバーラップしがちとなり，経路端点が局所的な船舶密度の山を移動しがちとなる傾向が見られ，その分反復回数が増えるように思われる．同時に，端点数が多いことでそうしたローカルな密度が高い位置に端点が集中していく傾向があるように思われる．その結果，そうした高密度領域で端点がループを描いてしまうような，複雑で無意味な基準経路が形成されてしまうことに繋がる．こうした弊害を防ぐために，端点の移動に制限を設けることや，予想船舶数とその位置誤差の精度，端点数との間のバランスを工夫するなどの追加措置が必要であろう．各図において，計算される期待発見船舶数の和を obj で示している．σ が増大するにつれ，個々の船舶密度の山は低くなり，積分される船舶数も低下傾向にある．

　図2.5は，レーダの探知能力が向上していく場合に構成される基準経路の変化を示したものである．収束した経路は，大きく見れば，いずれも似たような基準経路が構成されていることがわかる．ただし，レーダの性能が良くなるにつれ，より遠くの船舶高密度領域にまで，経路を構成する端点が引っ張られていくような傾向となった．その結果，レーダ性能が良すぎる場合は，端点がローカルに「行きつ戻りつ」といった，無駄な動きをする経路が構成されてしまっている．この結果，局所経路長が延伸し，探知領域に入る船舶数 (船舶密度) が大きくなり，局所的な同じ密度関数の山を複数の領域でダブルカウントしてしまうために目的関数値 obj (期待発見隻数) は，その場に存在している以上の値 (隻数) を算出してしまって

いる．これらの不具合を改善するためにも端点の移動になんらかの制約を設けて，端点の集中やループを構成しないような工夫，また，密度関数の積分を局所的に制限し，より近くの大きな密度の山しか見ない制限を設け，目的関数値がほどほどで妥当な値となるような経路構成方法の改善が必要であろう．

　問題にも依存すると思われるが，本問題に関しては，船舶位置にできるだけ沿い，かつ，交差が少ない監視経路を設定する条件は，予想船舶位置誤差が少なく（$\sigma = 150$），ほどほどのレーダ能力を有する $(g(l_l), g(l_m), g(l_s)) = (0.063, 0.319, 0.999)$ の組み合わせが適当である．以下の計算実験では，この条件により試算するものとする．

　計算時間は端点数 $n = 26$ の場合，1 反復あたり 9 - 19 秒程度を要し，設定した最大反復回数 (14 回) まで反復しても 2.5 分程度で安定している．また，経路長と 1 反復あたりの計算時間とは相関性が高い．これは，経路長と目的関数値・(1 階・2 階) 偏導関数値の計算量とが相関しているためである．

2.3.1.2　端点数 n の違いによる経路変化の様子

　実用上，端点数 n が少ない方が飛行計画を立てる際の作業が楽であり好ましい．また，基準経路として n を極端に大きくするくらいならば，上空での担当者の判断に委ねる方が得策である．従って，予想船舶位置にできるだけ沿うような経路を得たいという要求を満たしつつ，n をどれだけ少なくできるかが，本アルゴリズムを活用する上で，興味ある問題である．また，前小節での計算時間の考察と関連しても，興味ある問題である．本節では，これまでの問題 A について，前節の結果で想定した船舶位置誤差とレーダ能力とを組み合わせた条件で端点数 $n = 13, 52$ の場合について試算し，経路・計算時間の変化の様子を見る．

[考察]

　図 2.6 に示すような経路が得られた．収束に至るまでの反復回数は，13 点の場合は 4 回，52 点の場合でも 7 回であり，反復回数が少なく終了できている．13 点の場合に得られる経路では，26 点，52 点の場合で見られるような端点の集中が無く，分離されていることから，むしろ良い経路が形成されているように見える．目的関数値が低いのは端点が密集せずに重複してカウントされる船舶数が少ないためであり，本来の目的関数値を示していると思われる．

　端点数を増加させた 26 点，52 点で構成される経路では，船舶の密集領域に端点が集まってしまい，そこでループを描くような無駄な部分経路を構成してしまうことがわかる．船舶位置に沿うように細かく点を設けたことが，裏目に出る結果となった．その付近で目的関数値を重複して積算することから，過剰に計上してしまっている．

　これらの結果から，いたずらに端点数を増加させ，予想船舶位置にできるだけ沿うような経路を構成しようとしても，ローカルな密集領域に端点がトラップされてしまい，無駄な距離を飛行するような悪い経路を作りやすいことがわかる．また，端点数を増加させることで，密度関数を重複して数え上げることになり，場合によっては存在している船舶数以上の期待発見隻数を計上してしまい，目的関数の意味が薄れてしまう．従って，端点数は，運用的な要求からも，計算の評価しやすさからも 30 程度が妥当な上限であろうと判断される．

　計算時間に関しては，端点数を 13 から 26 に 2 倍すると，約 1.7 倍（各反復の平均）に，さらに 26 から 52 に 2 倍するときは，約 1.6 倍程度（同）に増加する．これは，端点数を倍にすることで，計算すべき線分を区分する数も倍になるが，各線分の距離が短くなるために，1 つの線分あたりでの計算量が少なくなり，単純に計算量が倍とはならないためである．

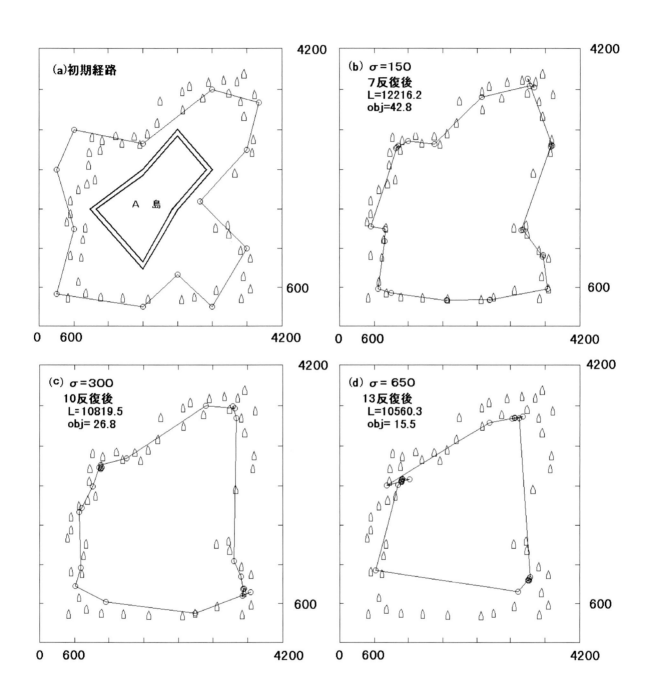

図 2.4: 位置誤差情報差がある場合の得られる経路の違い (k=10000 の場合)

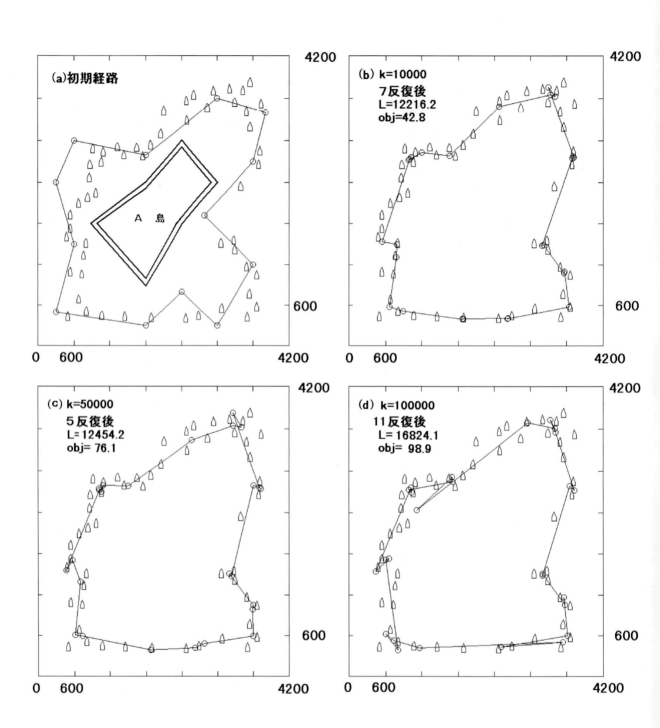

図 2.5: 発見確率差がある場合の得られる経路の違い ($\sigma = 150$ の場合)

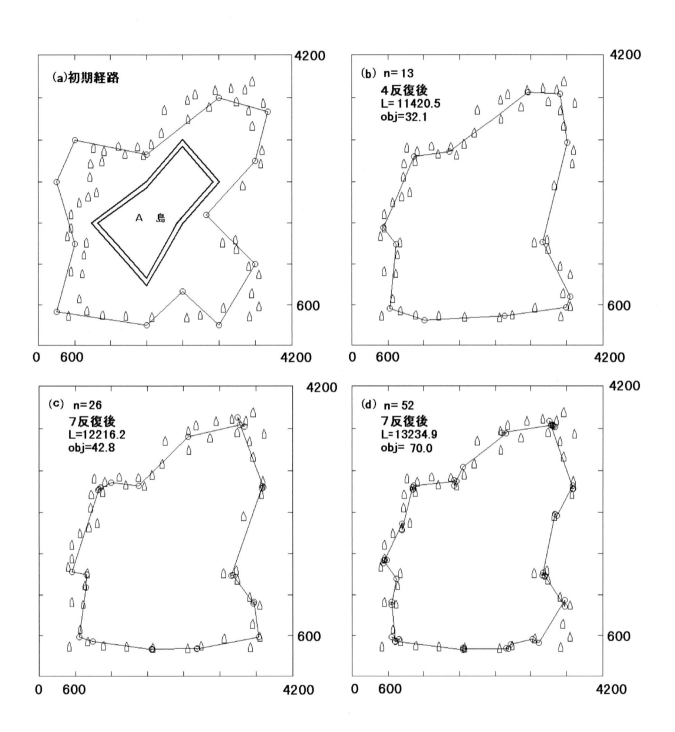

図 2.6: 端点数の違いによる得られる経路の変化

2.3.1.3　初期経路差による収束経路の変化

　初期モデル経路を図2.7(a)のように，分布する船舶の外側・中間付近・内側で，初期端点を分布する船舶位置に引きつけられるような位置に取った場合，経路長・目的関数値いずれもほぼ同じような経路が得られた（$L=$ 制限なし，$n=16, m=54$ の場合；図2.7(b)）．このことから，収束経路は初期経路の選び方にはそれほど依存しないことがうかがえる．目的関数値は，分布する船舶の外側 (実線で表示)・内側 (点線で表示) に初期経路を設定した場合，大きく増大している (外側：13.93　→　35.09，内側：14.33　→　34.83)．一方，分布船舶に対し中間的な初期経路を選択すると，各端点近傍の密度が大きな領域に端点が引きつけられ，目的関数値がそれほど増大せずに収束してしまうように見受けられる．このことから，初期経路の設定に際し，最終的な経路に近い経路を設定するのではなく，比較的大まかに取った方が，より目的関数値が増大し，船舶位置に近接する経路が構成される可能性が示唆される．

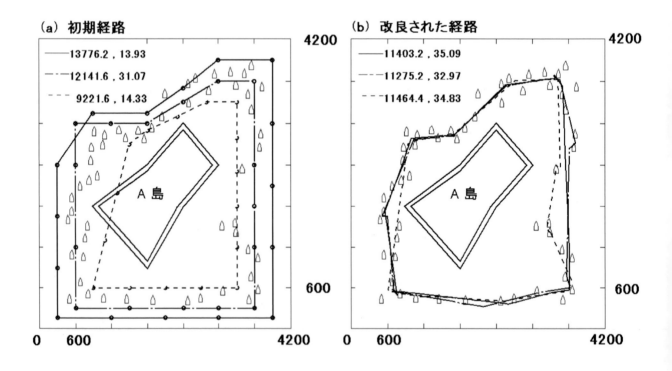

図 2.7: 3つの異なる初期経路と改良された経路

2.3.1.4 他のモデル経路での計算例

問題例に依存した偏った結論を導かないように，さらに他の2つのモデル経路B,Cを設定し，**2.3.1.1**節と同じ条件でニュートン法により計算する．

[考察]

モデル経路Bは，端点数11，分布船舶数54隻であり収束までの反復回数は3回である．問題Bは，問題Aと同様に，船舶位置が対象海域に広範に散布しているため，端点数によらず比較的実行しやすい経路を生成している．(図2.8)

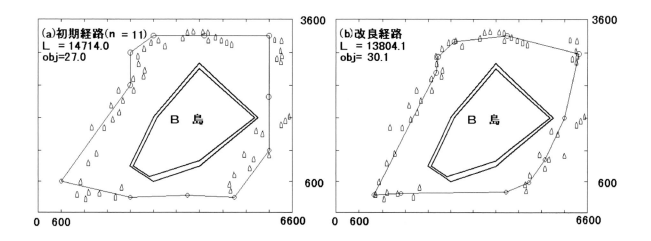

図 2.8: モデル経路Bでの計算結果

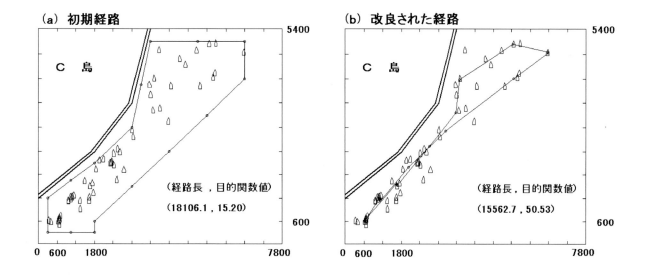

図 2.9: モデル経路Cでの計算結果

　一方，モデル経路Ｃの場合は端点数 16，分布船舶数 54 隻で計算し，収束までの反復回数は 8 回であった．モデル経路Ｃのように，船舶が対象海域の周辺部ではなく，直線状に分布する場合 (図 2.9(a)) には，船舶密度の高い領域に端点が集中してしまうことから，基準経路が平たくつぶれていき，込み入った経路が構成されてしまう不都合が生じる．実際，この例でも反復を繰り返すと，図 2.9(b) のような，目的関数値は増大するものの，実運用に適さない経路が構成されてしまう．この例でさらに端点を細かくとると，船舶密度の高い領域で端点が振動するような現象も十分予想され，このような分布例に対する本構成方法の限界が指摘される．このような分布例に対しては，端点の移動に関する何らかの制限を設けて経路を構築する必要がある．

2.3.1.5　拡大ラグランジュ関数法による結果

　次にモデル経路Ａで距離制約がある場合に乗数法のアルゴリズムを適用して解くことを試みた．問題の条件は，ニュートン法の場合と同様に，図 2.10(a) のような $[0, 4200] \times [0, 4200]$ 領域で $n = 13$ 点で構成される初期経路 (経路長 $L^0 = 13240.2$) を設定する．(a) ではさらに $m = 54$ 隻の船舶が分布している様子を示している．

　このような状況に対し，距離上限 $L = 11000$ を想定する．また，計算パラメータの値を $\alpha = 5, \beta = 0.25, \epsilon \approx L/100 = 100, t^{(0)} = 1.0 \times 10^{-5}$ とする．ϵ は，計画する経路長全体に対し決定すべき量であり，今回は，実際の運用での余裕経路長 (燃料) に比べ，かなり厳しい値を設定した．ペナルティパラメータ t の値は，$t = 1.0 \times 10^{-3}, 1.0 \times 10^{-5}, 1.0 \times 10^{-7}$ で予備的な実験を行い，得られる基準経路の質から判断して 1.0×10^{-5} を採用した．このとき，$\beta = 0.25, 0.8$ の 2 とおりで予備検討したが，収束速度の点で $\beta = 0.25$ を採用した．

　反復回数は最大 $\nu = 15$ 回とし，それまでに収束に至らない場合は，その時点での解を最終解とした．

[考察]

　図 2.10(b),(c),(d) はそれぞれ，$m = 54, 108, 162$ 隻存在する領域で (a) の経路から始めて収束した例である．いずれの経路長 l_f も，誤差を加味した $L + \epsilon = 11100$ 以下となり，各場合の予想船舶位置に近接するように目的関数値が増大する経路が得られている．(増分を Δobj で表示する．)　特に目標数が増加した (c),(d) のような船舶分布に対しては，経路からのセンサの探知範囲外に目標が位置するような状況も生じ，そのような目標に近接するように経路が構成されていないことも見受けられる．この点，船舶位置への近接の程度を規定するセンサレンジの大きさと初期端点を与える位置とのバランスや，端点数の選び方に再検討の余地がある．

　さらに $n = 13$ の場合の各線分経路の中点も考える $n = 26$ の計算例でも，程度の差はあるものの，距離上限を満たし予想船舶位置に近接する収束経路が数回の反復の後に得られたことから，今回提案する方法により，ほぼ実用的な基準経路が構築できると判断される．

　しかし，端点数をさらに細かくとった $n = 52, 104$ の場合は ($n = 26$ の場合の中点位置，さらにその中点位置に端点を取る)，最大反復回数までアルゴリズムが反復し，距離上限を満たすような経路が得られないことがわかった (図 2.11)．これは，**2.3.1.2** 節でも触れたように，端点数を細かく取りすぎた結果，局所的な船舶密度の高い領域に細かく取った端点が引きつけられてしまい，端点の移動が不安定となり，無駄な経路を移動する傾向が大となることから，距離上限を満たさなくなったと推測される．このような冗長な経路を構築してし

まう可能性を回避するには，そのように端点を細かく取りすぎないか，あるいは，経路が交錯しないような端点の移動に関する制限を設ける等の工夫が必要である．運用上は基準経路として取る端点数が30程度以下にすれば，現状のアルゴリズムでも十分実用的な経路が得られると考える．

計算時間の点からも，日常的な運用において十分実用的であると考えられる．

表 2.1: 計算時間 (単位：秒) ／反復回数

n	m			
	54	108	162	216
13	46.47 ／ 5	71.38 ／ 4	156.93 ／ 6	141.29 ／ 4
26	130.13 ／ 8	263.50 ／ 8	228.94 ／ 5	457.25 ／ 7
52	376.47 ／ 15	790.59 ／ 15	1052.43 ／ 15	1439.78 ／ 15
104	739.97 ／ 15	1497.42 ／ 15	2148.12 ／ 15	2981.94 ／ 15

2.3.2 監視経路設定問題の結論と改善すべき課題

これまで海上監視活動における効率的な経路設定方法として，航空機からの期待発見船舶数を最大化するように基準経路を移動させる方法の解法を説明し，数量的な検討を加えてきた．海上監視における基準経路の決定に際し，従来にない数量的な視点が持ち込まれたという点において，本研究は新しくユニークであろう．また，数量的な検討の結果，初期設定した経路に比し，予想船舶位置に近接する経路が構成されていることから，今回提案した方法の考え方の妥当性・有効性が示された．この方法を利用することにより，運用者が基準経路を設定する際の意思決定を実用上は支援しうると考える．

ただし，問題例からいくつかの検討課題が浮上してきた．まず，特に端点数が多い場合は計算ルーチンを反復するに連れて，端点が局所的な船舶密度の大きな領域に集中してしまい経路が入り組んでしまう．また，船舶が直線状に分布している際も，同様な原因から経路が平たくつぶれた形状になってしまう．これらの問題に関し，端点の移動に関する何らかの制約を追加する必要がある．

局所的な船舶密度の高い点に端点が集中しないための具体的な方策としては，反復の度に端点移動量を少なくするような意図的な収束性を加えたり，端点が重ならないように端点どうしに近接可能な下限の距離をもうけたり，あるいは，船舶の線密度のようなもの (= 区分線分ごとの期待発見船舶数／区分線分長) を考え，その値が大きなときは極大点を探す近傍を小さく取り，逆に小さな値の場合は，近傍を大きく取る極大点を探す，などの工夫が考えられる．さらに，計算幾何学の手法を盛り込むことで区分的な線分の交差が容易に判定できるので，交差をさけるような工夫を盛り込むことも可能である．また参考文献 [38] のように，各反復ごとで端点の Voronoi 図を考え，その領域で極大点を探すといった方策を採用すれば交差は確実に回避される．これらの方策の組み合わせにより交差のない (少ない) 経路が得られることが期待できる．次節では Voronoi 分割を利用した基準経路構成方法について検討する．

さらに，**2.3.1.3** 節で最終的な経路は初期経路にはそれほど依存しないことが示唆されたものの，どのような初期経路の時によりよい経路が得られるか，端点数は，分布する船舶に

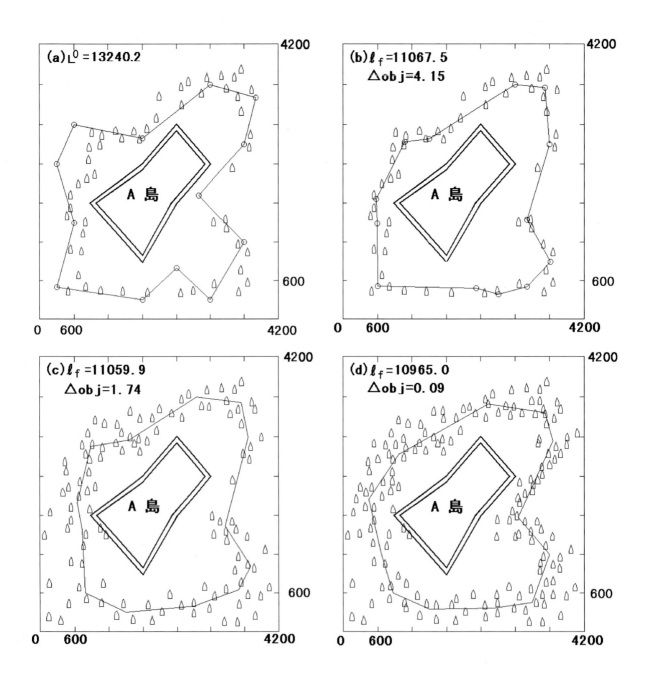

図 2.10: (a) 初期経路と (b)m=54,(c)m=108,(d)m=162 の場合の改良経路

対しどの程度の間隔で取れば良いか等の問題に対しては，より多くの数値実験を行い，条件設定を見いだしていく努力も必要であると考える．

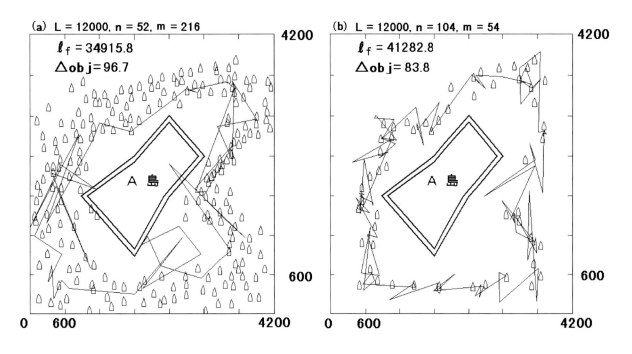

図 2.11: 収束に至らなかった経路例 (代表的な例)

2.4　線分 Voronoi 領域分割を利用した局所最適化とヒューリスティクス

前節で提案した方法では，設定した初期経路から始めて，対象領域に存在する全船舶を対象として経路を構成する各端点を移動して経路を更新していくために，船舶が比較的高密度に存在する部分領域へ端点が集中したり，その付近での期待発見船舶数を過剰に計上してしまう等の問題があった．以下では，対象海域の船舶を分割し，各端点の移動に関わる船舶を制限した局所最適化の手法を提案し，それにより経路を構成することを試みる．さらに分割した船舶に対し，基準経路に沿って飛行する際の海上に船舶を発見する確率の対称性を利用したヒューリスティクスによる経路の決定方法を提案する [18]．これらのいずれの方法でも，高密度領域への端点の集中が解消され，これまでの構成方法よりもさらに実運用に適した経路が構成される．

2.4.1　局所領域の定義と局所最適化アルゴリズム

平面内での移動施設の最適配置を決定する地理的最適化問題として，対象領域に分布している既存の需要点 (=顧客) を，施設を配置すべき候補の点の Voronoi 領域に分割し，各領域ごとにその中の需要点に対する目的関数値の極大化を実施して領域ごとの施設の最適位置を

決定し，それら分割領域を再度まとめることで平面全体での最適配置 (及び全目的関数) を得るという研究成果がこれまでに報告されている [38]．

　前節で議論した [監視経路設定問題] の解法では，対象海域 V 全体に広がる船舶密度関数 $d(x,y)$ に対して，ニュートン法による各端点の局所最適化を反復的に行っていたために，端点が次第に船舶高密度領域に集中してしまう等の問題が生じたと考えられる．以下ではそうした問題の発生を防ぐために，端点の移動に関し，平面内での移動施設の最適配置の考え方を踏襲して，対象海域の船舶を分割し，各分割領域内での端点位置の最適化を図り，より期待発見船舶数の大きな基準経路を反復的に構成していく方法を順番に説明する．

　<u>1</u>　対象となる海域に n 端点で構成される初期経路を与え，各端点の移動を反復的に実施し，これまでに ν 回の反復が終了している状況を考える．このとき，図 2.12 のような連続する 4 端点 $(x_{i-2}^{\nu}, y_{i-2}^{\nu}), (x_{i-1}^{\nu}, y_{i-1}^{\nu}), (x_i^{\nu}, y_i^{\nu}), (x_{i+1}^{\nu}, y_{i+1}^{\nu})$ で構成される部分経路と，その近傍の船舶に関し，新たな端点位置 $(x_i^{\nu+1}, y_i^{\nu+1})$ を決定するための船舶の分割及びそれら船舶による目的関数値・偏導関数値の計算方法を説明する．$(x_{i-1}^{\nu}, y_{i-1}^{\nu}), (x_i^{\nu}, y_i^{\nu})$ を 2 端点とする線分を中心線に含み両側に R で広がる矩形領域を V_{i-1}^{ν}，$(x_i^{\nu}, y_i^{\nu}), (x_{i+1}^{\nu}, y_{i+1}^{\nu})$ を 2 端点とする矩形領域を V_i^{ν} とする．

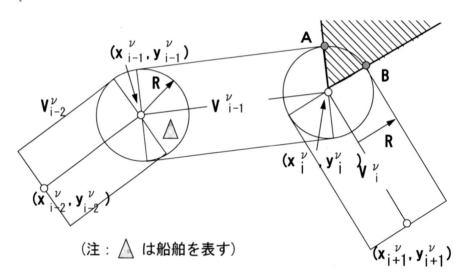

図 2.12: 目的関数値・導関数値を計算する領域

　<u>2</u>　まず，近傍の船舶を基準経路を構成する各線分の Voronoi 領域に分割する．(領域 i に対し船舶番号 j を記憶する．)　このとき，各端点に接する，前後の線分経路から見て凸となる領域 (図 2.12 の (x_i^{ν}, y_i^{ν}) に関しては折れ線 $A(x_i^{\nu}, y_i^{\nu})B$ で区切られる斜線部分) 内の点は，前後の線分が交差する端点から等距離になるために，前後いずれの線分 Voronoi 領域に属するか定義の仕方により判断が分かれるが，このような領域に位置する船舶も前後いずれかの領域に記憶させる．こうした，各領域への個々の船舶の分割は，反復ごとに更新される．

　<u>3</u>　次に，ある 1 つの線分 (例えば線分 $(x_{i-1}^{\nu}, y_{i-1}^{\nu})(x_i^{\nu}, y_i^{\nu})$) と各船舶中心位置 (α_j, β_j) との距離を測り，その値が R 以下であるとき，その線分を飛行する際に発見事象が生起する

と考えて，その線分を中心線として含む矩形領域（V_{i-1}^{ν}）で期待発見船舶数

$$\iint_{V_{i-1}^{\nu}} h_j(x,y) g(l(x,y,x_{i-1}^{\nu},y_{i-1}^{\nu},x_i^{\nu},y_i^{\nu})) \, dxdy \tag{2.14}$$

を数値計算により求める．ここで数値計算を実行する際，参考文献 [1] の近似式を採用する都合により，端点の外側の半円形領域での計算は参考文献 [17] 同様に省略した．こうした，個々の船舶に対する期待発見船舶数の計算を，各線分経路で順次行うことにより，1 飛行あたりの期待発見船舶数が求まる．

　前節では，目的関数値の計算に $d(x,y)$ を採用していたことで，各領域で全船舶の密度関数で期待発見船舶数を計算していたことになる．すなわち，1 隻あたり n コの領域で"発見"隻数を累計していたことになり，これが目的関数値の過剰見積もりの一因になっていたと考えられる．目的関数値の計算基準を上記のように改訂することで，目的関数値を計算する領域 V_i の数が大幅に削減され，適切な目的関数値が計上されると考えられる．（図 2.12 の位置の船舶に対しては，領域 V_{i-1}^{ν} で目的関数値を計算するとともに V_{i-2}^{ν} からも R 以内の距離ゆえ，V_{i-2}^{ν} でも目的関数値を計上する．）

　さらに，船舶位置偏差 $(\sigma_{xj},\sigma_{yj})$ が小さい場合は，1 つの船舶に対し各矩形領域で計算される期待発見隻数が大きくなり，複数の矩形領域からの期待発見船舶数の和が 1 を超えてしまうような現象も発生しうる．この場合は，その船舶の期待発見隻数の上限を 1 として期待発見船舶数の適正化を図った．

　<u>4</u>　端点 (x_i^{ν},y_i^{ν}) の新たな位置 $(x_i^{\nu+1},y_i^{\nu+1})$ を決定するために局所的なニュートン法を採用する．(x_i^{ν},y_i^{ν}) を移動させるために，その前後の矩形領域 V_{i-1}^{ν},V_i^{ν} での 1 階・2 階偏導関数値をそれぞれ計算し，それらの合計値を端点 (x_i^{ν},y_i^{ν}) の導関数値とする．このとき，各矩形領域で計算する際の対象となる船舶は，最初に線分 Voronoi 領域に分割された船舶であり，船舶中心位置 (α_j,β_j) が前後いずれかの矩形領域内に存在しなくとも，その密度関数が指数関数的な広がりをもつことで矩形領域に寄与しているとして，矩形領域で導関数値を求めた．

　目的関数値を矩形領域内と端点から R 以内に中心位置がある船舶に対し計算しているのに対し，導関数値は，線分 Voronoi 領域に分割された船舶を対象として計算している．すなわち，導関数値は近傍の船舶に対し広く計算することで移動可能な領域を広く見ている一方，目的関数値は，線分経路から R 以内の領域に限定して過剰にならないように計算しているといえる．

　<u>5</u>　偏導関数値が求まり移動方向が決定した後は，端点の前後の 2 線分の Voronoi 領域に割り当てられた船舶に対し，黄金比によるラインサーチを行い，新たな位置 $(x_i^{\nu+1},y_i^{\nu+1})$ を決定する．

　<u>6</u>　このような操作を反復し，各分割領域で求まる期待発見船舶数の合計値を増大させるように基準経路を構成する端点を順次移動させるが，船舶の分割が反復の都度発生するために，端点の安定な配置に至るまで多数の反復が必要となることが予想される．そこで適当な反復回数，あるいは反復ごとの各端点の移動量が小さくなったと判断されるときをアルゴリズムの終了条件とする．

　上述の説明をまとめた局所ニュートン法アルゴリズムを以下に示す．

[アルゴリズム:線分 Voronoi 領域分割を利用した局所最適化]
<u>step1</u> : 初期設定
対象領域に n 端点で構成される初期経路を設定する．

step2 ：船舶の分割

反復パラメータ $\nu = 1$；各船舶を端点列の線分 Voronoi 領域に分割する.

step3 ：目的関数値の計算

$i = 1, \cdots, n$；線分 $(x_i^\nu, y_i^\nu)(x_{i+1}^\nu, y_{i+1}^\nu)$ と船舶中心座標 (α_j, β_j)；$j = 1, \cdots, m$ との距離を測り R 以下なら V_i^ν ごとに目的関数値を計算し，各矩形領域からの期待発見船舶数の合計を 1 を上限として求める.

step4 ：偏導関数値の計算

$i = 1, \cdots, n$；step2 で線分 Voronoi 領域に分割された船舶に対する矩形領域での偏導関数値を計算する．端点 (x_i^ν, y_i^ν) を移動させるためには V_{i-1}^ν, V_i^ν での 1 階・2 階偏導関数値が必要である.

step5 ：ラインサーチによる端点の更新

$i = 1, \cdots, n$；step4 で求めた各導関数値により移動方向を決定し，端点の前後の線分 Voronoi 領域に分割された船舶に対し黄金比によるラインサーチを行い，新しい端点位置を決定する.

step6 ：終了判定

終了判定基準と比較し，条件を満たす場合はアルゴリズムを停止し，それまでに得られている端点列 $X^{\nu+1}$ を出力する．条件が満たされない場合は，$\nu = \nu + 1$ とし step2 に戻る.

前節の距離制約がないニュートン法アルゴリズムと異なるポイントは，step2 で対象船舶を線分 Voronoi 領域に分割し各端点の局所最適化に寄与する船舶を絞り込んだ点と，step3 で距離を測ることで期待発見船舶数計算の適正化を図ったこと及び step5 でラインサーチの際の移動に関与する船舶を制限し，端点が移動しすぎることで発生しがちな経路の交錯を極力抑えたことである.

2.4.2　ヒューリスティクスによる基準経路決定方法の提案

2.4.2.1　船舶の線分 Voronoi 領域分割によるヒューリスティクス

経路からの特定の位置に対する発見確率の特徴から基準経路をヒューリスティックに決定する方策も考えられる．以下では，基準経路長が長くなることを抑制しつつ期待発見船舶数を増大させるように，与えられた初期経路から反復的に更新していくヒューリスティクスを提案する.

前節と同様に目的関数値を計算する領域として各線分を中心線に含む矩形領域を仮定する．このとき 1 つの矩形領域とその中の個々の船舶位置に対応した目的関数値 (1 隻あたりの期待発見船舶数) との関係について以下の性質がある.

- 発見確率が (2.10) 式のように l のみに依存した形で表現され，各矩形領域 V_i ごとの目的関数値 (＝期待発見船舶数) は (2.6) で求められることから，個々の船舶の位置分布関数として方向性のない分布関数を仮定した場合，1 隻あたりの目的関数値 (＝期待発見船舶数) は，矩形領域の中心線に関し対称である．(従来の検討では $h_j(x, y)$ で $\sigma_{xj} = \sigma_{yj}$ とした場合に相当する.)

- 矩形領域の中心線に近いほど 1 隻あたりの期待発見船舶数は大きくなる.

こうした性質を利用し，目的関数値を計上するための矩形領域を適切に再配置し，個々の矩形領域で計算される期待発見船舶数を局所的に大きくする方策として，矩形領域の中心線からその領域に割り振られた船舶までの距離 l の和を最小にするように線分経路の方向を決定する方策が考えられる．

平面内の複数の需要点に対し，直線状の施設を配置する既往の研究として，各需要点までの距離 (絶対距離) の和を最小にするように，予め端点が固定された半直線の方向を決定するという問題が検討されている [33]．しかし，本検討で最小化すべきは，発見確率が (2.10) 式のように l^2 の関数として表現されていることから，むしろ 2 乗距離 l^2 の和を最小にすることが妥当であり，その場合は，直交回帰直線を求めるような最小 2 乗法によるのが普通である [23]．これらはいずれも 1 つの固定点から最適な半直線の方向を決定する研究である．

今，図 2.13 のような，ν 回の反復が終了し，端点 (x_i^ν, y_i^ν) の新たな配置位置 $(x_i^{\nu+1}, y_i^{\nu+1})$ を決定する状況を考える．このとき，(x_i^ν, y_i^ν) の前後の 2 端点 $(x_{i-1}^\nu, y_{i-1}^\nu), (x_{i+1}^\nu, y_{i+1}^\nu)$ は固定されている．

既存の手法の利用を考えた場合，線分 $(x_{i-1}^\nu, y_{i-1}^\nu)(x_i^\nu, y_i^\nu)$ Voronoi 領域に割りあてられた船舶と線分 $(x_i^\nu, y_i^\nu)(x_{i+1}^\nu, y_{i+1}^\nu)$ Voronoi 領域に割りあてられた船舶に対し，最小 2 乗法により，各領域での線分経路から各船舶までの 2 乗距離 l^2 の和を最小化するような半直線の方向が決定され，その交点座標として新たな配置 $(x_i^{\nu+1}, y_i^{\nu+1})$ が求まるが，場合によっては，$(x_i^{\nu+1}, y_i^{\nu+1})$ を前後の端点を結ぶ線分 $(x_{i-1}^\nu, y_{i-1}^\nu)(x_{i+1}^\nu, y_{i+1}^\nu)$ からかなり離れた位置に配置されることになり，部分経路での期待発見船舶数は増大しても長い距離を飛行することとなってしまう．この点から，最小 2 乗法を用いた，半直線の交点により端点を決定する手段は，実運用に即した基準経路を決定する手段としては適当でない．

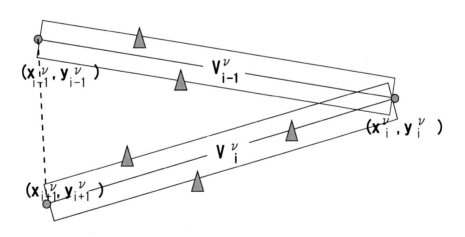

図 2.13: 2 方向からの端点位置の決定の様子

以下では基準経路長が長くなることを抑制しつつ，期待発見船舶数を増大させるように端点を配置するヒューリスティックな方法として，決定すべき端点を前後の線分 Voronoi 領域に割り振られた船舶の重心位置に移動する方法があることを示す．

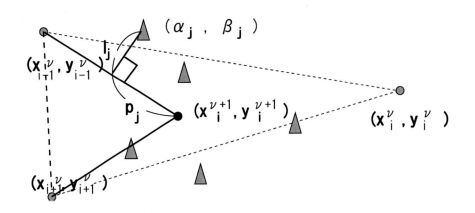

図 2.14: ヒューリスティックな端点位置の決定

　2 端点 $(x_{i-1}^{\nu}, y_{i-1}^{\nu}), (x_{i+1}^{\nu}, y_{i+1}^{\nu})$ を固定して，端点 (x_i^{ν}, y_i^{ν}) の前後の線分 Voronoi 領域に割り当てられた船舶に対し，局所経路長を増大させないようにしつつ，目的関数値を増加させるような位置に $(x_i^{\nu+1}, y_i^{\nu+1})$ を再配置するためには，図 2.14 のように，各船舶から経路までの距離のみでなく，経路までの垂線の足位置から (x_i, y_i) までの線分経路に沿った方向の距離も考えるとよいと思われる．線分 $(x_{i-1}^{\nu}, y_{i-1}^{\nu})(x_i^{\nu}, y_i^{\nu})$ の Voronoi 領域及び線分 $(x_i^{\nu}, y_i^{\nu})(x_{i+1}^{\nu}, y_{i+1}^{\nu})$ の Voronoi 領域に分割された船舶 j の中心位置 (α_j, β_j) から 2 つの線分経路の近い方までの距離を l_j，j の中心位置から線分経路に下ろした垂線の足位置から (x_i, y_i) までの距離を p_j とすると，

$$\min\left\{\sum_j^{m_{i-1}+m_i} l_j^2 + \sum_j^{m_{i-1}+m_i} p_j^2\right\} \tag{2.15}$$

となるように $(x_i^{\nu+1}, y_i^{\nu+1})$ を配置することを考える．（ m_{i-1}, m_i を前後の線分 Voronoi 領域それぞれに割り当てられた船舶数とする．）

　第 1 項は，まさに各船舶から経路までの 2 乗距離の和を小さくすることを目指す項である．一方，第 2 項は，各船舶に対し，各船舶位置から折れ線経路 $(x_{i-1}^{\nu}, y_{i-1}^{\nu})(x_i^{\nu}, y_i^{\nu})(x_{i+1}^{\nu}, y_{i+1}^{\nu})$ に垂線を下ろした位置に $(x_i^{\nu+1}, y_i^{\nu+1})$ があるときにそれぞれの p_j^2 が最小となり，その位置まで飛行したら，次の端点 (x_{i+1}, y_{i+1}) に向かうべく折り返すことを意味している．

　この項は，第 1 項とは直交関係にあり，本来求めたい l_j^2 の和の減少（＝目的関数値の増大）のために寄与しないが，各船舶中心から折れ線経路に下ろした垂線の足位置から遠くなるほど増大する量であり，端点 $(x_i^{\nu+1}, y_i^{\nu+1})$ をその前後の端点を結んだ線分から遠ざけないことに寄与する項である．また，(2.15) 式の第 2 項を小さくすることで，$p_j < 0$ の場合には船舶中心 (α_j, β_j) の垂線の足位置まで部分経路を延ばすように作用し，矩形領域が長くなる分，局所的な目的関数値の増大に間接的に寄与しているともいえる．特に前後の線分 Voronoi 領域に 1 隻しか割り当てられていない，すなわち，$m_{i-1} + m_i = 1$ の場合には，まさにその船舶位置（船舶番号を仮に $m1$ とする）$(\alpha_{m1}, \beta_{m1})$ に $(x_i^{\nu+1}, y_i^{\nu+1})$ を配置することで最適な部分経路が得られる．

　(2.15) 式において，各 j に関し，l_j と p_j とが直交することから，(2.15) 式を達成する位置

$(x_i^{\nu+1}, y_i^{\nu+1})$ は，対象となる $(m_{i-1} + m_i)$ 隻の船舶中心位置の重心位置

$$(x_i^{\nu+1}, y_i^{\nu+1}) = \left(\frac{1}{m_{i-1} + m_i} \sum_j^{m_{i-1}+m_i} \alpha_j \, , \, \frac{1}{m_{i-1} + m_i} \sum_j^{m_{i-1}+m_i} \beta_j \right) \tag{2.16}$$

に他ならない．

　局所領域に割り当てられた船舶群の重心位置に端点を移動することで，対象となっている船舶の平均的な部分を前後からの線分経路が通過することとなり，船舶位置に沿った直感的に分かりやすくなめらかな経路が構成されるというメリットが生じる．また，対象領域全体の船舶を分割して部分ごとに近傍船舶群を構成していることから，端点を重心座標に移動することは，分割された船舶ごとの代表点に端点が配置されることとなり，端点の重なりを防ぐために有効であると考えられる．こうした点から，分割された船舶の重心座標に端点を配置するヒューリスティックな経路に興味が持たれる．なお，端点が重心位置に配置されるたびに，新たな線分経路が構成され，それに応じて新たな船舶分割がなされるので，それら一連の操作を反復的に実施し，ある程度収束した経路となったときを，このヒューリスティクスによる経路とする．

2.4.2.2　船舶位置の角度分割によるヒューリスティクス

　2.4.2.1 節で分割された船舶群の重心位置に端点を配置することで経路長の延伸を抑制する経路が得られることが示され，さらに，基準経路として周回路を想定していることから，他のヒューリスティクスとして，初期経路を構成する端点を与えずに，周回路内の適当な点を原点と定めて，各船舶位置に対する原点からの角度情報に基づいて船舶を分割し，それらの重心位置に端点を配置するというヒューリスティックな構成方法も考えられる．この方法では，原点位置の決定に選択の余地があるものの，初期経路の設定が必要でなく，また，船舶を線分 Voronoi 領域に分割するという手間が省けることから計算の簡素化が期待できる．さらに，原点位置を決定してしまえば，線分 Voronoi 領域分割方式のように，分割される船舶が反復ごとに変化することがないために，反復計算が不要となる．次節では，このヒューリスティクスも経路を構成する手段として数値例を通して検討する．

2.4.3　数値実験

　2.4.1 節で提案した局所最適化手法及び 2.4.2 節で提案する 2 つのヒューリスティクスにより構成される基準経路を比較し，これら新たな構成方法による基準経路設定の有効性について考察する．

2.4.3.1　モデル経路例での比較

　図 2.15(a) のように初期端点数 $n = 13$ の直線分から成るモデル初期経路 (初期経路長 $L^0 = 13240.2$) を設定する (端点を〇で表現する)．さらに各線分を 2 分割，4 分割する位置に端点をとり，$n = 26, 52$ 端点のモデル経路も設定した．対象海域には $m = 54$ 隻の船舶を実際のデータを参考に点在させた．各船舶の密度関数は $\sigma_{xj} = \sigma_{yj} = 150$ とする同一の 2 次

元正規分布とする．発見確率 g の各パラメータ値は，$k = 10000, R = 300$ とした．反復計算の終了条件として反復毎の端点位置の移動量の合計が

$$\sum_{i=1}^{n} \sqrt{(x_i^{\nu+1} - x_i^{\nu})^2 + (y_i^{\nu+1} - y_i^{\nu})^2} \leq 500$$

となるか，反復回数が 8 回となるかのいずれかとした．船舶の角度分割によるヒューリスティクスでは，角度を計測する基準点を $(1800, 1800)$ とした．

　$n = 13, 26, 52$ の各場合に，(2.2) 式で定義した領域全体に広がる船舶密度関数 $d(x, y)$ から前節のニュートン法により計算される経路を図 2.15, 2.16 の $((* - 1); * = b, c, d)$ に示し，今回提案する方法により得られる経路を図 2.15, 2.16 の $(b - 2\sim 4), (c - 2\sim 4), (d - 2\sim 4)$ に示す．従来経路 $((* - 1); * = b, c, d)$ と新経路 $((* - 2\sim 4); * = b, c, d)$ とを見比べた場合，$n = 13$ の場合の各計算結果では，いずれの方法でも端点が重ならない経路が得られている．一方 $n = 26, 52$ の場合には，従来方法では船舶密度が高い領域に端点が集中しているが，本節で提案する方法では，端点が各船舶位置付近に離散している様子がうかがえる．また，前節の計算方法による目的関数値は過剰に見積もられ，特に $(d - 1)$ では，対象海域に存在する船舶数以上の船舶を"発見"している．

　今回提案する方法により得られる経路では，局所ニュートン法による経路よりもヒューリスティックな方法による経路の方が，一般に滑らかになる傾向がある．これは，分割された船舶群の代表的な位置に端点が配置された結果であると考えられる．局所的なニュートン法による経路では，分割された船舶に対し，少しでも端点を接近させようとするために，全経路長は長くなる傾向にあり，期待発見船舶数もその分増大するが，滑らかさではやや劣る結果となる．

　$(d - 4)$ の角度分割ヒューリスティクスによる経路は，n, m がほぼ同じ値の条件で得られるために，個々の端点が分散する船舶上に配置されることとなり，個々の船舶位置を訪問するようなこまごまとした経路となる．また，ほとんどの船舶に対する期待発見隻数が 1(隻) となるため，50 隻以上の期待発見船舶数となった．このような例を除けば，一般に，目的関数値は，局所ニュートン法による経路の方がヒューリスティクスによる経路に比べ大きくなるべきであるが，$(c), (d)$ の場合は，ほぼ互角な値を得ている．こうしたことから，ヒューリスティクスでも局所ニュートン法と比較し，それほど悪くない結果が得られると考えられる．

　しかし，(b) のヒューリスティックな経路構成では，比較的多数の船舶が分割された個々の船舶群の重心位置に端点が配置されるため，端点の配置間隔が広がり，分割された各対象船舶群を十分に発見できるまで細やかに経路長を伸ばすことができなく，目的関数値の増加が抑制される結果となった．この例のような分布する船舶に対し端点数が少ない経路では，目的関数値の増加が抑制される現象が一般的であると予想されることから，ヒューリスティクスを利用し経路を得る際には領域に存在する船舶数と端点数との間のバランスに注意する必要がある．

　計算時間に関しては，線分 Voronoi 分割ヒューリスティクスの 1 反復あたりの所要時間が 0.3〜1.1 秒程度，局所ニュートン法の場合が 1 反復あたり 2.3〜3.3 秒程度となった．角度分割によるヒューリスティクスでも線分 Voronoi 分割ヒューリスティクスとほぼ等しい計算時間となるために，分割様式の差は，特に計算時間には反映されていない．従来のニュートン法を適用した場合には，1 反復あたりでも 10〜25 秒程度要していたことから，今回提案する方法では，1 桁程度処理時間が短縮している．

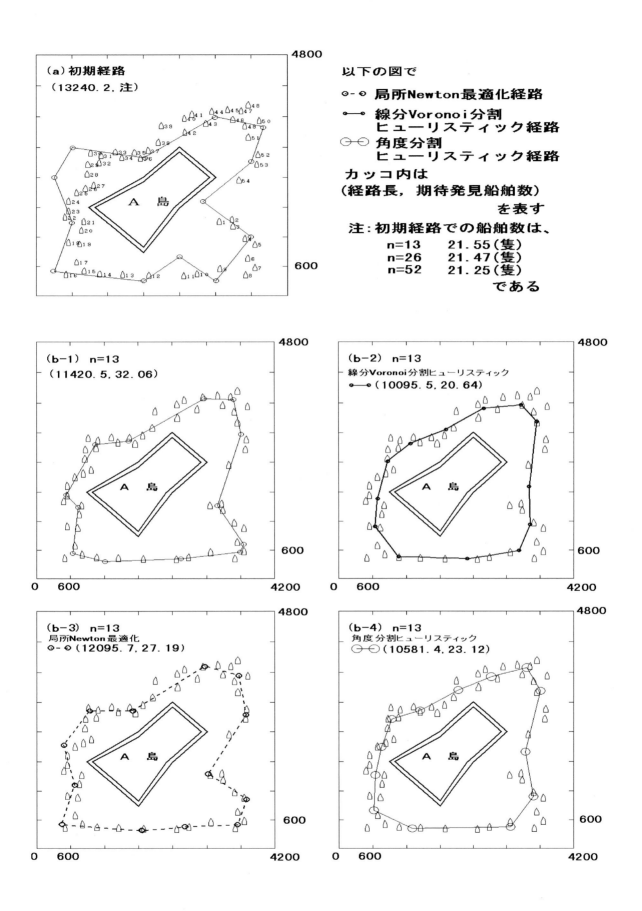

図 2.15: 従来の方法による経路と局所ニュートン法，ヒューリスティクス経路との比較 1

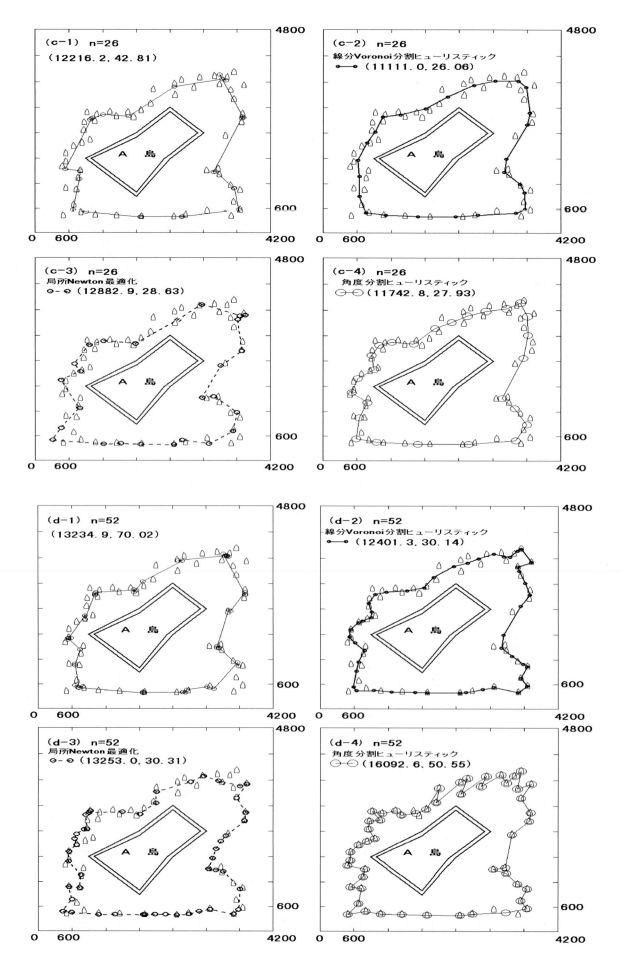

図 2.16: 従来の方法による経路と局所ニュートン法，ヒューリスティクス経路との比較 2

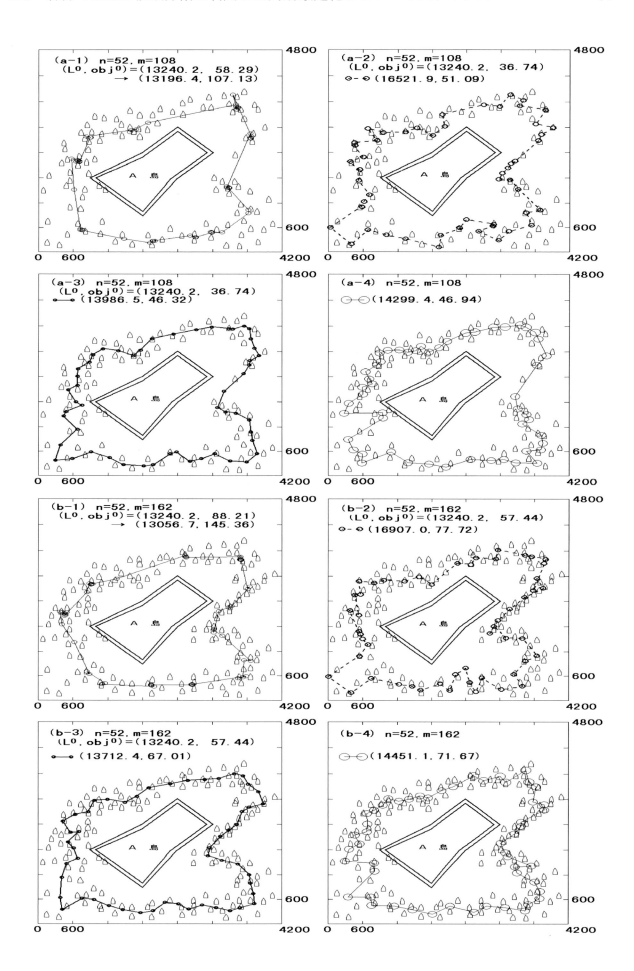

図 2.17: 船舶数が増加した場合の各方法により得られる経路の比較

　　図 2.17$(a),(b)$ は，$m = 108, 162$ 隻が分布する領域で，それぞれ 図 2.15(a) の $n = 52$ 端点の場合の初期経路から始めて，従来の方法（$(* - 1); * = a, b$）及び今回提案する局所ニュートン法（$(* - 2); * = a, b$），線分 Voronoi 領域への船舶分割を利用したヒューリスティクス（$(* - 3); * = a, b$），船舶の角度分割を利用したヒューリスティクス（$(* - 4); * = a, b$）により得られる経路である．両ケースとも，得られる基準経路の形状，目的関数値に関して図 2.15 の場合と同様な傾向が見られる．

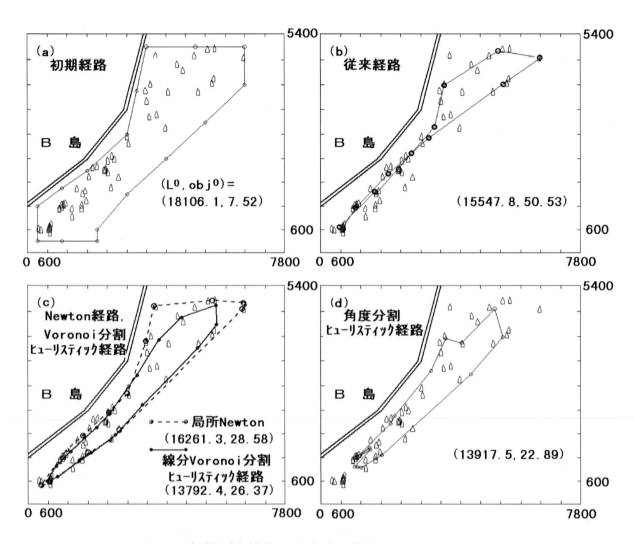

図 2.18: 船舶が直線状に分布する場合　$(n = 16, m = 54)$

　　図 2.18 は船舶が直線状に分布する（$m = 54$）海域で，(a) の初期経路（$n = 16$，経路長 $L^0 = 18106.1$, 発見船舶数 $obj^0 = 7.52$）から始めて，(b) 従来の方法により得られた経路，及び $(c), (d)$ 今回提案する方法により得られた経路を表す．(b) から明らかなように，従来の方法では，直線状に分布する船舶位置に端点が引きつけられて平たくつぶれた経路が構成され，実用的な基準経路が得られない．しかし，線分経路により船舶を分割した局所ニュートン法及びヒューリスティクスによる構成法では，図 2.17 (c) のように分散する船舶位置に沿って周回する実用的な基準経路が得られている．一方，$(3600, 3000)$ を原点とした，船舶の角度分割により得られるヒューリスティック経路（図 2.17(d)）では，各船舶の分布が原点からの方向により大きく異なるために局所的な端点の集中が発生し，実用的な経路が得られない．このように局所的な船舶分布の方向差が激しい船舶分布に対しては，角度分割ヒュー

リスティクスでは，原点位置の選び方によらず (c) のような端点が分散する周回経路を得ることは難しいと思われる．

このような船舶分布に対し角度分割ヒューリスティクスの適用を試みる場合，分布する船舶位置の傾向線 (回帰直線) をまず求め，その直線の上下で船舶を分割し，それぞれの側で端点位置を最適化した後に，上下の半周回路の両端を接続するような工夫が必要であろう．

これまでに紹介した例のように，分割船舶による基準経路構成方法を採用することで，従来の方法で問題だった端点の集中がほぼ除かれ，実際の運用により適した基準経路が得られるようになったことから，本節で提案する方法の優位性が示されていると考える．

2.4.3.2　実運用経路での試算

さらに，局所的なニュートン法及びヒューリスティックな方法により計算した結果を表 2.2 に示す．($lo-New, V-heu, a-heu$ はそれぞれ局所ニュートン法，線分 Voronoi 分割ヒューリスティクス，角度分割ヒューリスティクスを表す．計算時間の単位は $lo-New, V-heu$ は，秒/反復，$a-heu$ は秒である．) 初期経路としては，従来の運用で用いられている経路を採用した．ケース 1 では，矩形の領域全体に船舶が分散して分布しているような状況に対し，初期経路がそれらの船舶配置をジグザグに進むように設定されている場合の結果である ($n=21, m=50$). このようなケースに対しては，ヒューリスティックな手段では，図 2.15($b-2\sim4$) と同様に経路が緊縮する傾向が観測され，初期発見船舶数に比べ，かえって発見隻数を減少させてしまうという結果を得た．このことは，所与の船舶配置に対し，初期経路端点が妥当に配置されていないために生じたと考えられ，目的関数値を改善するためには，局所的なニュートン法によるか，初期端点数を増加させるなどの方策が考えられる．一般に船舶が特定の航路帯に沿った分布をしていないような場合は，目的関数値の改善幅が小さいか，かえって減少させる結果となることが予想され，そのような場合は，局所ニュートン法を用いるのが妥当であることがうかがえる．

ケース 2 は，矩形領域の周辺部に船舶が存在する場合であり ($n=22, m=54$)，ケース 3 は，船舶が直線状に分布する場合 ($n=18, m=78$) で，いずれも船舶位置に沿うような初期経路が与えられている場合である．これらのケースはいずれも **2.4.3.1** 節での結果と同様の傾向を示している．ケース 3 の角度分割ヒューリスティクスでは，船舶密度が大きな領域で端点の集中が発生している．他の各ケースでの試算では，船舶位置に近接し期待発見船舶数を増加させつつ，交差がない経路を構成し，ヒューリスティックな場合で 20〜25 ％程度，局所ニュートン法によっても 8〜20 ％程度経路長を削減し，実用的な経路を得ている．

表 2.2: 実経路例での試算 (L^0, obj^0 は初期経路長・発見隻数)

	ケース 1			ケース 2			ケース 3		
	L^0: 38701.1 obj^0: 16.25			L^0: 36380.8 obj^0: 19.27			L^0: 36212.2 obj^0: 9.94		
	$lo-New$	$V-heu$	$a-heu$	$lo-New$	$V-heu$	$a-heu$	$lo-New$	$V-heu$	$a-heu$
発見隻数	18.75	11.38	10.14	26.29	24.36	26.05	45.78	41.05	37.02
経路長	39358.4	26106.6	24674.4	28712.0	26813.4	27756.9	33141.2	28501.2	30924.3
計算時間	3.53	0.42	0.32	2.81	0.56	0.44	4.57	0.63	0.77

2.4.4　ヒューリスティクス解法の結論と今後の課題

　本章の後半では，監視経路設定問題において，船舶の線分 Voronoi 領域分割を利用した，局所最適化による改良手法及び最適化手法を用いずにヒューリスティックにより経路を得る方法を提案し，それぞれの手法により基準経路を構成した．いずれの手法とも，基本的には本章前半の手法と同様，局所最適解を求めているにすぎないが，これまでの基準経路構成方法で問題となっていた端点の集中と，それに伴って発生しがちな，局所的な経路の交差がほぼ除かれた，運用しやすい経路が構成されるように改善された．特に，ヒューリスティック手法では，簡単な割には，今回の検討で用いたような発見確率が逆3乗法則に従わないような場合でも，経路からの横距離方向への減少関数であれば応用できる一般的な手法であり，様々なセンサ (の発見確率) に共通に利用できる．しかし，ヒューリスティックな手段では，端点数が分布する船舶数に比し少ない場合は，端点間隔が広がり，きめ細やかな経路構築ができないので，そのような場合は端点数を変化させて，得られる基準経路とその経路での目的関数値を確認しつつ，適切な端点数に設定していくべきであろう．これらの手法を様々な基準経路を求める条件下で使い分けることにより，従来の構成法で得られる経路での問題点がほぼ解消された経路を得ることが可能となった．実際の経路で試算した結果でも，おおむね実用的な経路が得られている．

　本問題の今後の展開としては，これまでのような単純な目的関数値 (期待発見船舶数) の増大を目指すだけでなく，[46] にあるような経路長の増分と目的関数値の増分とを関連づけた新たな評価尺度を考えて，得られる経路の質の評価も追及していくべきである．経路長を評価尺度に関連づけることで目的関数値の増分を維持したまま，局所的な経路長を削減できる可能性が見込め，これによりさらに効率的な運用が行える基準経路が構成できるだろう．この際に，今回提案した手法が大いに活用できるであろう．

2.5　監視基準経路設定問題の総括と他分野への応用の可能性

2.5.1　基準経路設定問題の総括

　本研究において，海上監視活動における航空機からの期待発見船舶数を最大化するように経路を設定する方法を提案し，数量的な検討を加えた．海上監視における基準経路の決定に際し，従来にない数量的な視点が持ち込まれたという点において，本研究は新しい研究である．数量的な検討の結果，初期設定した経路から始めて，予想船舶位置に近接するように基準経路が逐次更新されていくことから，本研究で提案している基準経路の構築方法の有効性が確認された．この方法により，基準経路を作成する担当者の意思決定が支援される．

　しかし，本章の前半で検討した，制約付きの局所最大化問題では，経路の総延長 (上限値) の距離制約のみを考慮し，端点の移動に関しては制限を課さなかったために，船舶密度が大きな局所領域に端点が集中し，込み入った経路が構成されてしまうという結果に至った．このような，設定した問題に固有の欠点のために，端点数が比較的少ない間は，良好な経路が得られるものの，端点数が増加するにつれ，実行不能な経路が生成されるといった問題が顕著になってくる．

　こうした問題は，基準経路を構成する各線分の Voronoi 領域分割を利用して，対象海域に存在する予想船舶を分割し，それらの分割船舶により端点の移動可能領域を制限した経路構

成方法により，ほぼ克服され，実用的な監視基準経路構成方法が確立できた．さらに，線分 Voronoi 領域分割により分割された船舶を利用して，簡便な方法で基準経路を決定する 2 つのヒューリスティクスを提案した．局所ニュートン法による基準経路には，目的関数値の点では劣るが，なめらかな基準経路を得ることに成功している．いずれにせよ，これらの分割船舶を利用した基準経路構成方法により，より実用的な基準経路が構成できるようになった．

今回の基準経路を構成する考え方は，日々の海上監視業務の運航プロセスに，若干の変更を加えるだけで，業務の効率化が図れることを提案したという意味でも意義のある研究であろう．すなわち，これまでの監視業務では，（一部の船舶を除いて）

$$飛行計画立案 \;\; \rightarrow \;\; 監視飛行実施 \;\; \rightarrow 事後報告$$

という各飛行ごとで断続的な業務であったものを，

$$飛行計画立案 \;\; \rightarrow \;\; 監視飛行実施 (\rightarrow \;\; 事後分析 \;) \rightarrow 事後報告$$

と，監視データの分析を行い，次回の運航での予想船舶密度図を求め，その情報を次回の監視飛行計画にフィードバックするというプロセスを挟み込むことで，海上監視業務を循環的な業務とし，あわせて経路の効率化をも図れるものである．従って，これまで以上に，監視データの有効活用が期待できるという点でも，新たな視点をもたらす成果であると考えられる．

これまでに研究されている一般的な経路設定問題，例えば巡回セールスマン問題 (TSP) や配送計画問題 (VRP) と比較して，今回提案した監視経路設定問題は，多くの点で異なる特徴を持っていて，そうした点が興味深い．以下の表にその差異をまとめる．

表 2.3: 一般の経路設定問題と監視経路設定問題の相違点

	TSP/VRP 等	監視経路設定問題
ノード位置	既知	不確定
ノード間距離	一定	不確定 (ノード密度既知)
問題の解法	組み合わせ最適化	非線形最適化
最適性	大域的最適化	局所最適化

本モデルは，数理モデルとしては，得られる解が局所最適解以上のものではないことが弱い点である．さらには，近似計算に頼っていることから，数値的な精度保証がない点も弱点である．しかしながら，従来からの，水中目標に主眼を置いた，海面を隅々までなめるように飛行する基準経路から，水上目標に主眼をスライドさせて，予測密度に応じて，基準経路を日々更新するような体制に移行しうる，という点において，意識の変革が見込める題材であったと考える．

2.5.2 監視経路設定問題の他分野への応用

本章で展開してきた監視経路設定問題の手続きを俯瞰的な視点からまとめれば，空間の密度情報を既存 (既知) として，そこに，ある基準初期経路を設定し，基準経路から既知の空間

密度場に作用する関係 (例えば，発見確率) を考えて，その関係による影響度 (例えば，期待発見船舶数) を (局所) 最適化するように，初期経路を更新していく方法である，と表現できる．こうした，密度場中に基準経路を設定する必要がある場面として，監視飛行とは大きく異なるが，いくつかの類似場面が考えられる．

　現実的な例として，最近のリモートセンシング技術や地理情報システム (GIS)・GPS 等を利用した水産資源の確保や調査，また，野生動物の生息域の研究などへの応用例を紹介する．

[応用例 1]

　カナダでは，カナダ環境局が 1963 年以来，カナダの土地利用可能性を調査した結果をデータベース化した CGIS(Canada Geographical Information System) を構築し，農業や林業，野生生物保護等に役立てようとしている [43]．このデータベースと保護した野生動物に発信器を組み込む等の処置とを融合すれば，野生動物の生息域が地理的な情報としてデータ化可能となる．さらに，リアルタイムに移動する GPS 情報と組み合わせれば，野生生物の群 (回遊魚や渡り鳥等も) を追い続けることも可能となるだろう．そのような場面での追跡調査に，本研究で提案する監視経路設定問題の利用が見込めるだろう．

　このような野生生物の調査研究は，カナダ以外の他の地域でも条件がそろえばどこでも実施できるものであり，絶滅が叫ばれている世界各地の野生生物調査場面で本研究が提案する方法を活用できる可能性がある．

[応用例 2]

　水産資源を確保するために海水温度と潮目を頼りに移動する際にも基準経路設定問題の考え方が利用できると思われる [32]．鰹やまぐろは表層魚と呼ばれる，海面付近を遊泳する魚であり，これらの魚が生活圏とする海域は，海水温度と潮目で決定されている．これらの種類の魚の従来の漁では，たかだか数十マイル程度の海面探知能力しか持たない魚群探査機器により魚群を探し，漁を行ってきた．いわば，広い海域の点情報しか得ていない状況で漁をしてきたに過ぎない．GPS により自分の船の位置を正確に把握し，海水温度・潮目の情報をリモートセンサにより取得し，海面の密度情報として GIS で扱い，基準経路設定問題の考え方を利用すれば，海面情報に基づき効率的に漁場の間を移動していく漁業が実現できる可能性がある．

　このように，最近，手軽に利用可能となってきた地理情報技術と組み合わせれば，上述した分野以外でも，より実用的な基準経路の構築方法として，本章で提案する考え方が活用できるものと思われる．

第3章　不審船を強制停船させるための仮想装備品の提案

3.1　仮想装備品の提案とその評価尺度

　冷戦期の対立構造が崩れ，局所的な近隣少数国家間での低烈度の紛争（Low Intensity Conflict）発生の懸念が相対的に高まりつつある昨今，新たな防衛環境に対応するための装備品の開発・取得や運用に関する研究は急務である．日本周辺海域においては，1999 年に能登半島沖で，また，2001 年には九州南西海域で北朝鮮籍と思われる不審船事案が発生している．そうした事案での教訓・反省を踏まえて，以下では，不審船対処のための仮想的な装備品として，不審船を強制的に停船させるための装備品を提案し，その効果的な利用方法について分析を行う [48]．

　不審船を強制的に停船させるための装備品として，対象となる不審船を追跡する際に，できる限り傷つけないように停船させるための低殺傷性の装備品を想定する．砲やロケット等の従来の武器体系では，対象艦船を無力化することが目的であるため，砲弾の発射により，不審船内の人員の生命を奪いかねず，過剰防衛となりうる．対応の結果で，その後の国際問題へと発展させてしまうリスクがある．2001 年に自衛隊法が改正され，海上保安庁法に準じて不審船に対して，やむをえない場合に限り，最低限度の武器使用が認められることになったものの，日本(政府)においては，ことさら，そうした国家間の問題になりかねないリスクを避ける傾向があるように思われる．

　より損傷ダメージが少ない，仮想的な装備品の採用を考える．不審船を追跡しつつ停船させることを目的とした低殺傷性の装備品として，陸上自衛隊の地雷原啓開用のロケット [41, 42] を艦艇に搭載することを考える．

　過去の不審船事案を踏まえ，海上自衛隊や海上保安庁の艦船が逃避行動をとる不審船を追跡している状況から運用イメージを開始する．対象装備品を使用するイメージとしては，捕鯨銃を想い浮かべてもらえればよい．捕鯨銃から発射された銛とその後ろに結ばれたロープが，鯨に向かって飛んでいくように，追跡している艦船の甲板に設置されたロケット発射装置から発射されたロケット弾頭が，その後ろに結合された索(ワイヤー)を延伸させつつ，前方を逃避する不審船に向けて発射される．

　このとき，発射されたロケット-索からなるシステムは，不審船の破壊や直接的なダメージに主眼を置くものではなく，逃避する不審船の操縦者に恐怖心を与え，操艦を制限することを第一の目的とするものである．また，着水後の索をスクリューに巻き込ませて推進力を奪う効果も期待する．さらには副次的効果として，ロケット弾頭内に適度な爆薬を搭載したり，延伸する索にも一定間隔ごとで爆薬を結合したりして，システムが着水した瞬間に不審船や海面に与えるダメージをコントロールしつつ，ある程度の損傷を与えることも考える．こうした様々な逃避阻止効果の細部については，モデル構築の際に改めて検討する．

　武力攻撃事態対処法の成立により，自衛隊による武力の行使が可能となり，想定するような低殺傷性装備品が採用される可能性は低いと思われるが，低殺傷装備品についてはこれまで検討されたことがないと思われ，また，低レベルの衝突から事態が深刻化していくと思われるので，従来の装備品体系を補完する意味でも，新たに検討しておく価値はあると考える．さらに，効果を及ぼす様子が，ミサイルや砲弾では着弾点を中心として拡散していくのに対し，想定する阻止索システムでは，延伸する線分で効果を発揮していくという点において，従来の装備品とは異なる特性を持つことからも評価する価値があると考える．なお，以下で検討した強制停船用装備品の運用研究は，想定した武器の運用方針も含め，全くの個人的な想定であり，行政機関が正式に検討しているものではないことを予めお断りする．

3.1.1　評価の前提

　以下で仮想する強制停船用装備品は，陸上自衛隊で採用されている装備の流用を考えているが，陸自での運用形態とは全く異なるものである．停船を目的とした運用形態は未確定であるため，まず，図 3.1 のような態勢下での運用を仮定する．

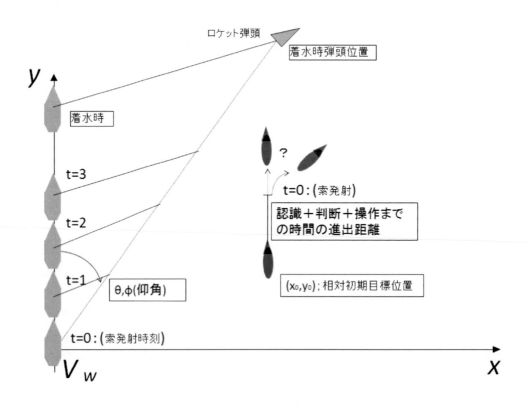

図 3.1: 運用状況

1. 目標不審船は我艦艇の追跡を逃れようと逃避行動をとっており，一方，我の艦艇は目標を追跡している．適当な瞬間（ $t = 0$ とする．）に不審船の前方に向けてロケットを発射する．発射されたロケットは直線的かつ自律的に推進し，発射後の方向・速度の制御は出来ないとする．また，後部より鋼製のワイヤを展張しながら推進する．

2. 我艦艇は y 軸に沿って移動する追跡態勢下でロケット−索系（以下，阻止索と呼ぶ．）を発射すると仮定する．阻止索発射時の我艦艇位置を原点 $(0,0)$，目標位置を $(X_0(>$

$0), Y_0(> 0))$ とする．（左前方に見る場合 $(X_0 < 0)$ も，y 軸対称性から同様の議論が成り立つ．）阻止索発射後の我艦艇の運動は y 軸に沿う一定速度での運動とする．

3. 不審船は，阻止索の発射を認識でき，飛翔中も視認でき，その時々で回避行動を選択できる．回避行動は艦船の舵を切ることで実現する．緊急態勢下であるため，最大舵を切るまで許容して回避行動をとるものと仮定する．

4. 舵は，左右対称に切ることが可能であり，かつ，単位時間当たり一定の角度以上には曲がりえないとする．一定の角度で舵を切って転向する際は，一定の角度を連ねた軌道上を移動すると仮定する．

5. 実際の艦艇では，舵を切り始めるまでに状況を認識し，転舵の判断をし，実際に操作を開始するまでの遅れがあり，その間に直進する距離が生じる．また，舵の「切り始め」と船体が追従する「効き始め」との間にも厳密には遅れがあり，その間，意識せずにその時点の舵の方向に直進する距離が生じると思われるが，そうした距離は無視できるものとする．

6. 彼我とも緊急態勢下にあり，阻止索発射から着水時までを短時間（〜10秒程度）とし，この時間内での彼我艦船の移動を今回提案する阻止索の運用評価対象とする．

3.1.2 阻止索に期待する効果

我艦艇は，追跡中の任意の時刻に阻止索を目標艦船前方に発射する．期待される主な効果は目標の進路を妨害し，不審船の減速や不審船操縦者の意図をくじくこと，着水後の索を目標艦船の舵やスクリュー絡ませたり，破損させたりして船行能力を低下させること，さらに副次的な効果として船体への直撃ないし接触で損傷を与えることなどである．このとき彼我の速度，位置関係，発射方向や高度などにより，発射された阻止索の効果は異なってくる．不審船に回避の余裕時間をどれほど与えるかが，我の戦術の分かれ目となる．(図 3.2 参照)

1. 不審船までの横距離が短いとき：不審船は（投射認識＋判断＋操縦）のための時間が十分に取れず，目標進路に沿って直進する時間が相対的に長くなる．このとき，我の戦術意図としては，

   - 目標船体を直撃して被害をもたらすこと
   - 前方投射して水面下の舵やスクリューで絡め取る副次的効果

   を期待することが考えられる．ただしこの場合は，敵火力による反撃も十分に考えられるため，適当な防御火器による対応の準備も必要である．

2. 横距離が長いとき：不審船にも我艦船にも戦術選択の余地がある．目標艦船は直進している進路を保持し続けるか，最大舵の角度で回避するか，索に直交する方向へ転舵し索の下をくぐりぬけるか等，舵を選択しうる．一方，我の戦術意図としては，

   - 船体直撃を企図した場合，目標会敵までの時間（＝ロケット飛翔距離）が長いために直撃が難しく，
   - 水面下での絡めとり・舵の破壊をメインに期待することが主な効果となる．

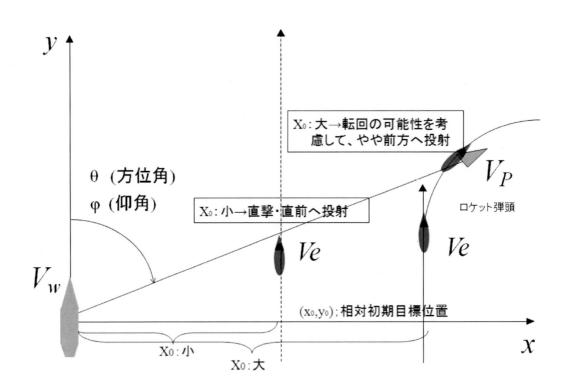

図 3.2: 我彼艦船の位置関係 (横距離の違い) と阻止索の戦術

3.1.3　評価尺度の導出過程－阻止索による対処を評価する際のポイント

3.1.1, **3.1.2** 節での考察を踏まえると阻止索による対処を評価する際のポイントは次のようにまとめられるだろう.

1. 阻止索による対処の目的は, 目標不審船の行動を物理的に阻止すること, また, 物理的に阻止できなくとも, 心理的な恐怖を与え, 行動範囲をできる限り抑制するように操船させることである.

2. より具体的には, 直撃での破壊, 一部機能の喪失のほか, 着水後に船体やスクリュー・舵に絡みつき不審船の行動を抑制する効果を期待する. また, 阻止索が目標の前方を横切ることでも, 操縦の障害・心理的な抑止効果を与えられると考える. しかし, いずれの効果とも具体的な定量化は難しい. これらの個別の効果を包括的かつ定量的に扱えるような評価尺度が必要である.

3. 阻止索の発射から着水するまでの時間は10秒程度の短時間を想定しているが, その間の彼我の運動は動的であり, そうした動的な状況下での索の阻止能力を評価する必要がある.

4. 阻止索が展張し着水するまでの時間内に, 目標艦船は阻止索が展張される領域と同程度の領域 (海面) を移動でき, 着水時点で索による対処は完結する. 従って, そうした時間的・空間的に限定した状況下で評価するのが妥当であろう.

こうした評価ポイントを踏まえて，次節で阻止索の効果を評価する尺度を提案し評価モデルを構築する．

3.2 モデルの構築

前節での評価尺度を設定する際の要点の検討から総合的に考えて，阻止索の効果を，目標不審船の進出可能領域（面積）により評価する．対処の際の時間的・空間的に限定された状況下では進出可能な面積も限定されること，いくつかの定量的・抽象的な索の効果が面積の大小で定量的に表現できること，さらには，面積は加法的に扱えるので目標艦船の行動範囲を動的に表現するのに都合がよいこと等から，面積で評価することがもっとも妥当であると考えた．以下では，目標不審船の進出可能な面積を最小化するように阻止索を発射する方法を見出すことを目標に，進出可能面積の計算方法ならびに最適な投射方向を得るためのアルゴリズムの構築について説明する．

3.2.1 目標艦船の進出可能領域と作戦態様

我艦船の阻止索発射時点から着水時までを評価時間とするとき，目標不審船がその時間内に移動可能な領域は，不審船の最大速度並びに左右に舵の切れる最大角度の制限より，おおむね図 3.3 のような範囲に制限される．図 3.3 に示された領域が評価の基準，すなわち阻止索の発射がなかった場合の，評価時間内での目標不審船の進出可能領域（面積）である．

図 3.3 を基にして，阻止索による対処のイメージを図 3.4，3.5 に示す．阻止索を目標艦船の適当な前方位置に方位角 θ で投射したとき，目標艦船の進出可能領域は図 3.4 のように制限される．一方で図 3.5 では，阻止索を投射する際の θ が大きく，目標に近すぎたために，舵の切り方によっては不審船が阻止索を追い越して自由に行動しうる状況を示し，色付きの領域で表すように目標が索に先行して逃避できてしまう領域が発生しうる．

これらの図の考察から，阻止索の最適運用基準は，索－ロケット系が着水するまでに目標艦船の進出可能面積を最小化するように阻止索を発射することである．その際，連続的な時間で面積を求めることが困難であるため，離散的な時間で解析する．時間の刻み幅をいかに細かく取れるかで，進出領域の滑らかな形状やモデルの計算精度が決定される．

3.2.2 索ロケット系による有効な対処範囲

阻止索発射時の初期条件（我艦船，阻止索ロケット，目標不審船に関するパラメータ値）は既知とし，誤差要因（発射誤差，動揺，風・波浪などの影響等）を無視すれば，阻止索の弾頭ロケットの着水位置，着水時刻，着水時までの索の状態は物理的法則により確定的である．従って，索弾頭発射時から着水時までの索の状態及び彼我艦船の位置を求めることで索による対処の可否を判定できる．

索による対処が可能となるのは索投射後のある時点で阻止索線分と目標艦船の進出面とが交差する場合である．今，図 3.6 のように時刻 t の時点で目標艦船の進出可能面（下方の扇形で表現）が，我艦船－索－ロケット（線分で表現；以下索ロケット系と略す）に先行している状況を考える．このとき，進出面に対し索ロケット系が後追いする形となっているため，阻止索による有効な対処はこの時点ではできていない．

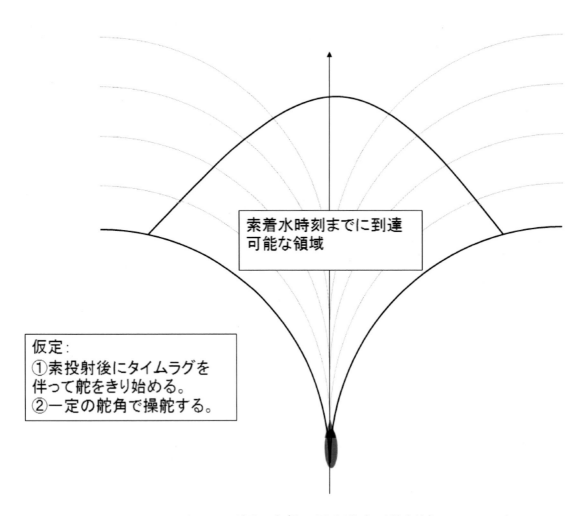

図 3.3: 目標不審船の最大進出可能領域のイメージ

　次に，微小単位時間経過し，時刻 t+1 における不審船の進出可能面と索ロケット系との位置関係が上方の扇形と上方の矢印のように更新されるとしよう．このとき，不審船は，最大限の離脱能力 (速度・操舵角) で逃避しており，無益な操船はしないと考えられることから，索発射後のある微小時間 $[t, t+1]$ で次の進出可能面に遷移するパスは唯一である．このパスは逃避速度が一定であるという性質より，ある時点での進出面を構成する各点に直交する方向に拡張するベクトルの包絡面であり，図のような扇形で表現される．従って，微小時間 $[t, t+1]$ で目標不審船，索ロケット系双方が図のように移動するとき，阻止される領域の一部は図 3.6 の斜線部分となり，実際にこの目標進出面と阻止索系線分とが重なる領域では，目標と阻止索双方との間に接触が起こるはずであり，目標に何らかの被害が生じるはずである．

　さらに微小単位時間経過し $t+2$ となったとき図 3.7 のような状況になったとしよう．このとき，上記の説明を再度繰り返せば，2 つの斜線部分が阻止可能領域になる．このとき，アのような 2 つの阻止可能領域ではさまれ，図 3.3 で示される最大進出可能領域の側面に接して，他から回りこめないような孤立した領域 (濃い色で表示した部分) も進出可能領域の因果関係から阻止領域となる．さらには，図 3.8 のように，最終的な進出可能領域の境界で孤立する領域イ・ウも同様の理由から阻止領域となる．

　また，初期値の与え方によっては図 3.9 のように，ある時刻 t から急に阻止領域 (斜線部分) が発生する場合がある．

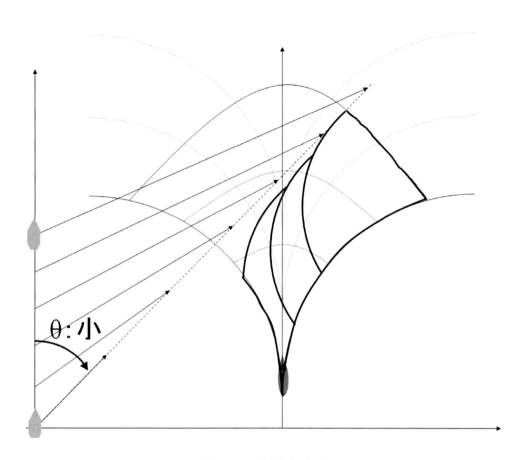

図 3.4: 作戦成功例

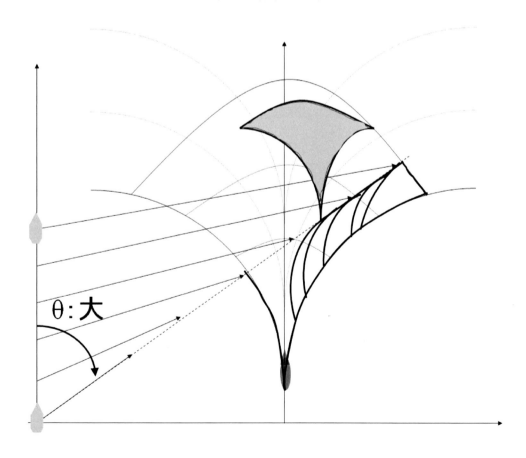

図 3.5: 作戦失敗例

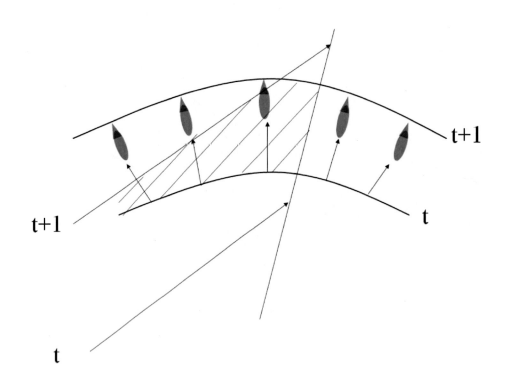

図 3.6: 索ロケット系の対処 1

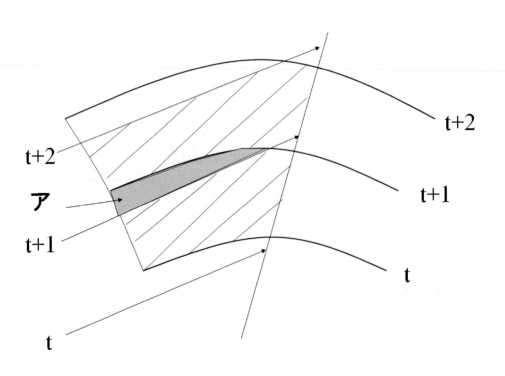

図 3.7: 索ロケット系の有効な対処 2

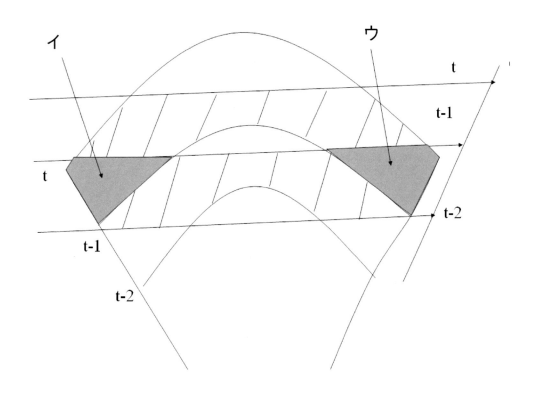

図 3.8: 索ロケット系の有効な対処 3

　この場合は逆向きに阻止領域をさかのぼって求めるプロセスが必要である．つまり，端点エ・オに直交する線分の方向から最大切り舵で時間を逆戻しさせて阻止領域 (濃い色付きの部分) を追加する．なぜなら，不審船は，点カ から最大切り舵を取り続けなければ，結局は阻止領域に到達してしまうからである．

　一方，索－ロケット線分が不審船進出可能面 (扇形面) を横切ることなく時間が経過していく際に，常に同じ側にある位置関係が継続するときは，不審船は阻止索により制約を受けることなく自由に進出可能領域内を進出可能である．

　こうした幾何学的考察から計算される阻止可能面積を最大にするときが，我の最適な作戦となる．すなわち，そのときの発射方位角 θ が最適な発射戦術となる．なお，今回の検討では発射の際のロケットの仰角 ϕ は考慮しない．これは，索－ロケット系の鉛直方向の挙動はほぼ無意味となるからである．索ロケット系による対処は，目標不審船の海上での高さ程度の，おおむね 2 次元的な領域での対処が重要であり，発射仰角 ϕ を大きくとり，高く撃ち上げれば撃ち上げるほど，不審船には引っかからない，対処に無駄な空間を索－ロケット系が進むことになるからである．よって，以下の検討では，方位角 θ のみに着目しその最適化の検討を行う．

3.2.3　アルゴリズム

　前節での考慮をもとに，進出阻止面積を最大化する発射方位角 θ を求めるアルゴリズムを構築すると以下のようになる．なお，阻止索 (ワイヤ) は，ロケット推力により張力がかかりつつ直線分的に伸びていくので，幾何学的には線分として扱うことを前提とする．

[阻止面積最大化離散時点アルゴリズム]

1 パラメータ初期値設定：

我艦船：初期位置 $(x, y) = (0, 0)$，追跡速度 V_w

阻止索：ロケット発射速度 V_p

目標艦船：初期位置 (X_0, Y_0)，速度 V_e，最大操舵可能角 ϕ_e

初期発射方位角 θ_0，最大発射方位角 θ_{max}

最大離散計算時間ステップ $(t = 0, 1, \cdots,)T$　　　　を設定する．

2 発射方位角 $\theta = \theta_0$ として，以下の**3-8**を繰り返す．不審船は対処艦艇から逃避し，一方，対処艦艇は目標を追跡している．問題を簡略化するために，対処艦艇は評価の前提2より y 軸に沿って定速追跡中に索を発射する．目標は最大速度 V_e 及び最大操舵角（左右対称）ϕ_e [°$/step$] 内で自由に艦船の運動を制御できる．目標・対処艦船とも双方を視認でき相互の位置を常時把握可能である．目標は対処艦船からの阻止索発射に応じて自由に回避進路を選択できる．対処艦船の索発射時点から着水時までの目標の逃避可能領域の面積により阻止索の運用最適性を評価する．

3 離散時点 $t = 0, 1, \cdots, T$ の目標進出可能領域を単位時間あたりの目標速度ベクトルの合計（包絡線）として得られる上部凸包により決定する．同じ時点で，阻止索ロケット－対処艦船間の阻止索線分も決定する．

4 **3** で求めた同時刻での目標進出可能面と阻止索線分との位置関係により対処の可否を判定する．

4-(1) 交差しない時：t←t+1 として **3** に戻る．

4-(2) 交差する時：図3.6に示すような $[t, t+1]$ で挟まれる領域を阻止可能領域とする．t 及び t+1 の進出面が同じ2時点での阻止索線分により挟まれる領域がその微小時間の進出不可能な（阻止される）領域となるので，各扇形面と線分との交点を求め，囲まれる部分の面積を阻止面積とする．上部凸包を構成する連続する線分と阻止索線分との交点を求め，t←t+1 として **3** に戻る．

5 **3,4** で求まる阻止可能領域の他に図3.7のような因果関係から進出不能な領域を構成する端点を求める．（孤立する領域は前節で説明した最短経路の原理より進出し得ないので阻止面積に加える．）

6 図3.9のような逆向きプロセスによりさらに追加できる阻止可能領域が存在する場合は，その領域の端点を求める．孤立していない場合でも逃避可能領域として図3.10の色付きの部分への回り込みも可能であるが，彼艦船は阻止索を視認できるため，回り込む操舵はしないと考えるのが妥当である．よって図3.10の色付きの部分も阻止面積に加える．

7 **4-6** で得られた阻止可能領域をいくつかの凸領域 V_i に区分し，各凸領域を構成する端点列 (x_k, y_k) $(k = 1, \cdots, n)$ を反時計回りにソートし，各領域ごとに以下の面積公式を利用して面積を計算し，それらを合計して全阻止面積とする．n コの点で構成され

る凸 V_i 領域の外周を C とするとき，以下により面積が計算できる [4],[24]．その際，$(x_0, y_0) = (x_n, y_n)$ とする．

$$
\begin{aligned}
S_i &= \int_{V_i} dxdy = \int_C xdy = \sum_{k=1}^{n} \int_{(x_{k-1}, y_{k-1})}^{(x_k, y_k)} \left(\frac{x_k - x_{k-1}}{y_k - y_{k-1}} y + \frac{x_{k-1}y_k - x_k y_{k-1}}{y_k - y_{k-1}} \right) dy \\
&= \frac{1}{2} \sum_{k=1}^{n} (x_k + x_{k-1})(y_k - y_{k-1}).
\end{aligned}
\tag{3.1}
$$

8 方位角パラメータの上限 θ_{max} になるまで $\theta = \theta + \Delta\theta$ に更新して **2** に戻る．θ_{max} に到達したら，阻止可能面積が最大となる発射方位角 θ_{opt} を出力し計算終了．

次節ではこのアルゴリズムに従い，各パラメータに具体的な数値を入力して検討していく．

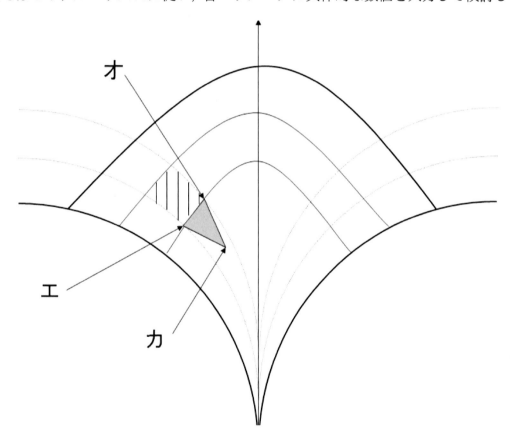

図 3.9: 阻止領域 (逆向きのプロセス)

3.3 数値例

　彼我艦船，索ロケットの物理的特性を考慮して現実的なパラメータ値を設定し，前節のアルゴリズムを用いて，目標不審船の進出可能領域及び阻止面積が阻止索の発射方向にどのように依存するか評価し，最適な発射方向 (=我の最適戦術) を導出する．我彼艦船・索ロケットのパラメータ値を次のように設定した．

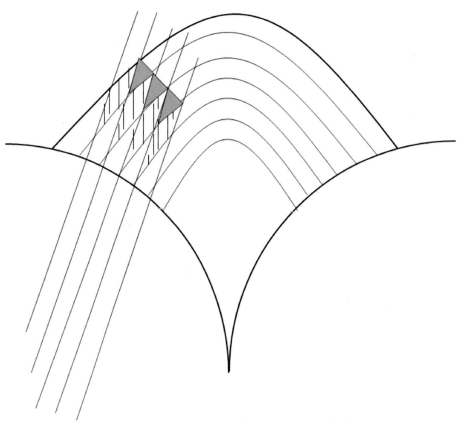

図 3.10: 回り込みを考えない阻止領域

$T = 10, (t = 0, 1, \cdots, 10 \ [sec.]$ まで変化させる．$)$
$\theta_0 = 0°$, $\Delta\theta = 10°$とし , $\theta = 0°$から $\theta_{max} = 90°$まで変化させる ，
$V_w = 20 \ [m/sec.], \ V_p = 50 \ [m/sec.],$
$V_e = 20 \ [m/sec.], \ \phi_e = 5 \ [° \ /sec.]$
阻止索発射時の位置関係 [m]
我艦船: $(x, y) = (0, 0)$
目標艦船: (X_0, Y_0) , x 座標, y 座標とも [30,200] の範囲で 10[m] 間隔で設定する．

　彼我艦船の速度を 40[kt](約 20[m/s]) 程度と仮定し，ロケット-索が着水するまでの所要時間は T=10[秒] とし，時間の刻み幅を 1[秒] とした．これらの数値は，実際のミサイル艇の最大速度を参考に設定した．索ロケットの初速は，着水時までの 10 秒程度での彼我艦船の進出可能距離の 2 倍にやや余裕を持たせた距離として 500[m] の進出を考え，その間の平均ロケット速度として，50[m/s] を設定した．この値は現有の地雷原啓開ロケットの性能と照らし合わせてみても妥当な数値である．目標艦船の最大切り舵は 5[° /s] とする．索ロケットを投射する方位角 θ を，$\theta = 0 - 90°$まで，　10 °刻みで変化させていく．互いに高速で逃避・追跡している艦船から発射する際の方位角制御の精度としては，この程度で十分妥当だと思われる．以上の設定で，まず，代表例として，目標不審船を 45° ,30° ,60°方向に見込む場合の状況例について評価・考察する [28]．

(1) 目標不審船を 45°方向に見込んで発射するケース
　目標を 45°方向に見込む状況のイメージを図　3.11 に示す．代表例として不審船初期位置座標を (50, 50), (100, 100) , (150, 150) とした．45°方向ゆえ，　x 座標と y 座標は同じになる．

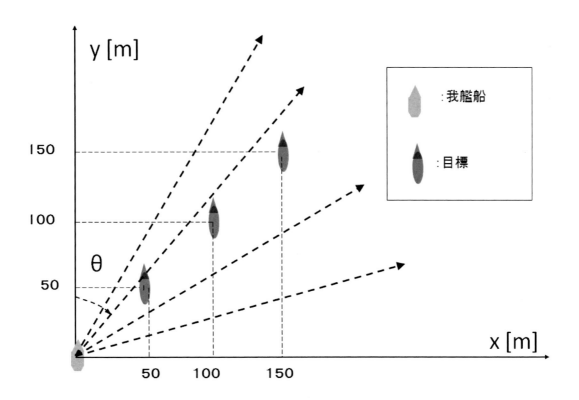

図 3.11: 我艦船と目標艦船の初期位置 (45°方向に見込む時)

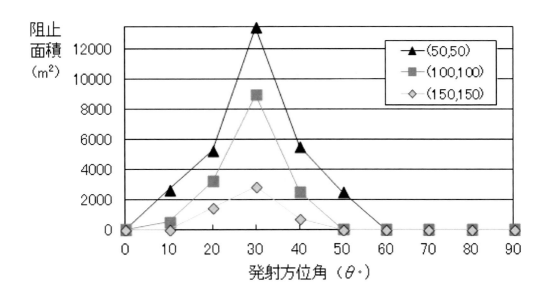

図 3.12: 阻止可能面積の発射方位角 θ 依存性 (45°方向に見込む場合)

この場合の発射方位角に応じた阻止面積の変化を図 3.12 に示す.

　最適な索投射方向は, 目標艦船までの距離によらず, 30°方向であることが計算結果より分かった. 目標艦船が進出できる最大進出可能領域 (図 3.3 参照) の面積は $13422m^2$ であり, 至近位置 $(50, 50)$ で発射できる場合には, この可能領域をすべてカバーする発射が可能である. この場合には, 不審船は, 索ロケットシステムと, 必ずどこかで交錯することになるので, 何らかの直接的な損傷をこうむったり, 索がスクリューに巻きつくことで, 推力が落ちることなどが期待される. 目標までの距離が遠のいた位置で発射するほど, 進出可能領域内で目標が自由に航行できる範囲が拡大することがわかる. また, 当然のことながら, 60°以上の方位角で発射すると, 目標艦船の後ろに発射されるので, いわゆる「後追い」となり目標が自由に進出できるため, 阻止索が全く機能しないことが分かる.

(2) 目標不審船を 30°方向に見込んで発射するケース

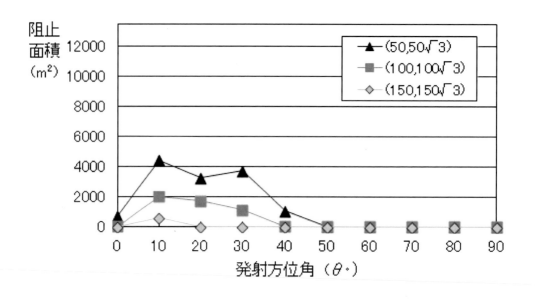

図 3.13: 阻止可能面積の発射方位角 θ 依存性 (30°方向に見込む場合　)

　敵をほぼ前方に見つつ撃ち込むような, 角度が十分にとれない状況で索を発射せざるを得ない場合だと, 方位角に余裕がないため, 阻止面積が極端に少なくなることがわかる. これは, ほぼ, 真後ろに近い状況から発射されるケースで, 逃避している不審船は発射されたロケット－索を見つつ, 進路を大きく右に転向することが可能で, 索との交錯を避ける行動が十分とれるためである. この状況を回避するには, 追跡側が索投射時に少し転向し, あえて不審船に対し, 方位角を取るような態勢で阻止索ロケットを発射する操舵を行うべきであることが示唆される.

(3) 目標不審船を 60°方向に見込んで発射するケース
　(2) の 30°方向に見込む場合に比べると, やや開き気味でロケットを発射すればよい. このケースでも距離によらず, 40°方向に発射するのが最適である. 距離が近い $(50\sqrt{3}, 50)$ の位置の不審船に対し発射できれば, 進出可能領域を完全にカバーできることが分かる.

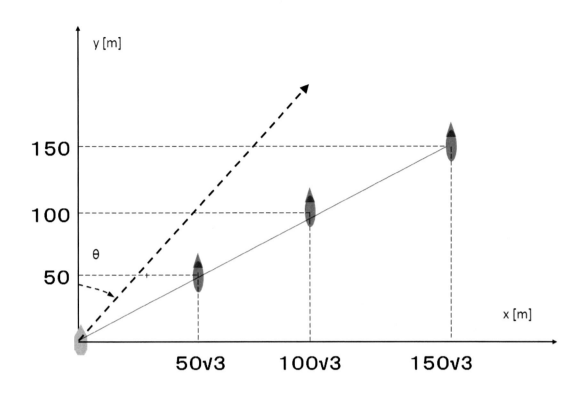

図 3.14: 我艦船と目標艦船の初期位置 (60°方向に見込む時)

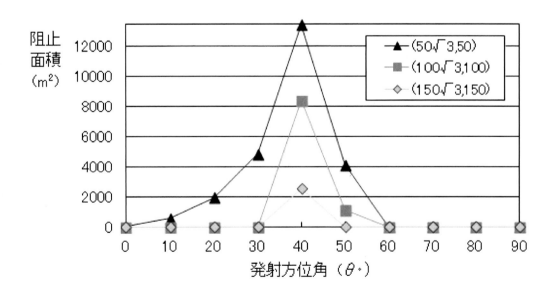

図 3.15: 阻止可能面積の発射方位角 θ 依存性 (60°方向に見込む場合)

　最後に，これらの結果を含む，不審船位置 (X_0, Y_0) が $[30, 200] \times [30, 200]$ で阻止索を発射する場合の，最適な発射方向と，その際の最大進出面積に対する阻止可能面積の比 (カバー率) を初期位置座標ごとにまとめた結果を図 3.16, 3.17 に示す．

　精度の粗い計算を行っているために，x 座標 y 座標とも遠い場合には，カバー率に多少のデコボコが見られる．一方，近くで発射可能なときには，方位角，カバー率とも単調性が見られる．また，これまでの $\theta = 30°, 45°, 60°$ での検討からも推察されるように，不審船を横方向に見込む場合の方が，前方付近に見込むよりもカバー率が向上し，阻止性が向上する結果となっている．特に y 座標が 30-50 程度であれば，かなり遠い位置に向けて発射する場合でも，カバー率が 100% になることがあり，阻止索で有効な対処が行えていることがわかる．こうした様々な追尾位置に対する一連の計算結果から，追跡しながら阻止索を発射する際には，できるだけ横に並ぶような位置に我艦船を占位させ，不審船の進出をさえぎるような方位角でロケットを発射すれば，今回検討する仮想的な装備品の機能を最大限発揮しうることが結論として導出される．ただし，この結果は，彼我の初期値に依存して決まる運用方針であるため，実際に本モデルを適用して機能を発揮させるためには，不審船を追尾する実際の現場で目標を揺動しながら運動能力や最大速度などの基本性能を観測しつつ，モデル入力に必要なパラメータ値を把握する必要がある．

3.4　おわりに

　本研究では，不審船対処のための仮想装備品として，低殺傷性の阻止索を提案し，その運用の最適方針について検討した．この装備品は取得計画はないものの，現有の陸自装備品の転用が可能である．ただし，海上での運用を想定したものではないため，評価の前提として様々な設定や仮定が必要であった．そうした多くの制約の中で，評価尺度として面積を採用したのは有効であったと思われる．

　計算により得られた結果も，直感とほぼズレが無く，阻止索の効果的な運用可能性を示唆しているものと考える．目標艦船を完全に停船させるような位置関係が把握でき，目標不審船に追尾しつつも，ほぼ併走するような態勢で阻止索を投射するのが有効な運用方法であることも見出せた．陸自装備ではロケット飛翔時に後方に展張されていく索に一定間隔で爆薬が装備されているが，こうした効果も今後加味すれば，より停船能力が向上する阻止索となることが期待される．

　本研究に関する今後の課題としては，今回の検討で無視した不審船からの反撃を加味することである．目標に近接することで確かに阻止索は有効に機能するようになるが，同時に敵からの反撃で被害を受けることも十分に予想され，そうした阻止と被害のバランスを考えた最適作戦を検討すれば，より現実的なものとなるだろう．被害評価に併せて不審船に与える，直撃や航行性能の低下など直接・間接的な危害の評価も加味できるような評価尺度も検討すべきであろう．また，実装する際は，陸自装備と異なり，海上の艦船に設置することになるので，動揺を抑制する工夫が海上装備品としての性能を確実にすると思われるので，そうした技術的な課題にも対応していかなければならない．

　不審船事案のような低脅威度の紛争事案が増加傾向にあることを考えれば，通常の武器体系にない低殺傷性の武器の構想や運用研究が今後必要になると思われる．本研究で採用した面積に基づく評価方法は，幾何学的に効果を発揮する他の武器，例えば放水銃やネットガン，暴走族対処用のゲート等の運用での最適化にも応用できる可能性があると考える．

200	10	20	20	20	20	20	10	10	20	20	20	20	30	30	30	30	30	30
190	20	20	20	20	10	10	10	10	20	20	20	20	20	20	30	30	30	30
180	10	20	20	20	10	10	10	20	20	20	20	20	30	30	30	30	30	30
170	20	20	20	20	10	10	10	20	20	30	30	20	30	30	30	30	30	30
160	20	20	20	10	10	10	20	20	20	20	30	30	30	30	30	30	30	30
150	20	20	20	10	10	10	20	20	20	30	30	30	30	30	30	30	40	40
140	20	20	20	20	20	20	20	20	30	20	30	30	30	30	30	30	40	40
130	20	10	10	10	20	20	20	20	20	30	30	30	30	30	30	40	40	40
120	20	10	20	10	30	20	20	30	30	30	30	30	30	40	40	40	40	40
110	20	10	10	10	20	20	30	30	30	30	30	30	40	40	40	40	40	40
100	10	10	10	20	20	30	30	30	30	30	40	40	40	40	40	40	40	40
90	10	20	20	20	30	30	30	30	30	40	40	40	40	40	40	40	40	50
80	20	20	20	20	30	30	30	30	40	40	40	40	40	40	40	50	50	50
70	20	20	20	30	30	30	40	40	40	40	40	40	40	50	50	50	50	50
60	20	20	30	30	30	40	40	40	40	40	50	50	50	50	50	50	50	50
50	20	30	30	40	40	40	40	50	50	50	50	50	50	50	50	50	50	50
40	30	30,40	40	40	40	50	50	50	50	50	50	50	50	50	50	50	60	50
30	30	30,40	40,50	40,50	50	50	50	50	50,60	50,60	50,60	50	50	50	50	50	50	50
y0/x0	30	40	50	60	70	80	90	100	110	120	130	140	150	160	170	180	190	200

図 3.16: 初期位置 (X_0, Y_0) に対する最適な発射方向 [°]

200	2	4	7	9	13	8	13	10	9	9	10	13	9	11	10	11	12	14
190	3	4	8	12	28	21	13	13	12	14	14	15	13	13	15	17	20	21
180	5	7	11	14	24	19	16	13	13	14	15	14	13	15	19	21	23	24
170	6	9	13	19	24	18	14	15	14	14	21	19	18	22	24	26	30	33
160	8	12	14	32	22	17	15	17	18	27	22	19	22	24	28	31	33	15
150	11	14	20	30	22	19	16	32	28	24	21	22	24	26	34	18	19	19
140	13	19	22	32	17	18	41	36	31	22	26	28	32	33	30	25	25	27
130	14	44	34	27	18	19	38	33	27	27	28	38	33	29	25	28	31	35
120	19	42	35	28	20	40	35	41	30	32	46	41	29	34	29	37	43	48
110	21	40	33	23	48	43	41	30	49	46	41	35	38	37	42	51	42	39
100	44	37	30	51	44	42	33	49	46	40	36	29	42	48	44	40	37	33
90	47	43	54	47	42	54	57	52	46	44	59	100	56	50	47	42	30	31
80	38	52	49	47	55	57	52	44	54	100	100	51	48	44	38	37	49	64
70	47	58	49	55	63	57	53	100	100	100	56	52	46	52	68	100	54	53
60	54	56	100	100	57	100	100	100	57	54	54	100	100	100	100	60	47	45
50	58	100	100	100	100	100	100	100	100	100	100	100	100	100	56	51	48	45
40	59	100	100	100	100	100	100	100	100	100	100	100	100	56	52	46	100	100
30	62	100	100	100	100	100	100	100	100	100	100	100	100	100	100	100	100	100
y0/x0	30	40	50	60	70	80	90	100	110	120	130	140	150	160	170	180	190	200

図 3.17: 最適方向発射時の逃避可能領域カバー率 [%]

第4章 自爆テロでの犠牲者を最小化する警備員派遣計画

4.1 世界各地で頻発するテロの現状と様々な対抗策

4.1.1 近年のテロ事案発生状況

2001 年にアメリカで同時多発テロが発生して以降，世界各地において主に民族や宗教に起因するテロ事案が頻発し増加傾向にある．統計データ [30] によれば 1968 年から 2007 年までの 40 年ではテロの発生件数が 34,079 件に上り，51,446 人が犠牲となっている．図 4.1 に示すように特に 2001 年の 9.11 事件からわずか数年の間でテロ事件は 21,361 件も急増し犠牲者も 38,542 人も増加した．1968 年からの発生件数や犠牲者数と比べてみると，実に 6 割ものテロ事件及びその犠牲者がこの数年間で発生したことになる．

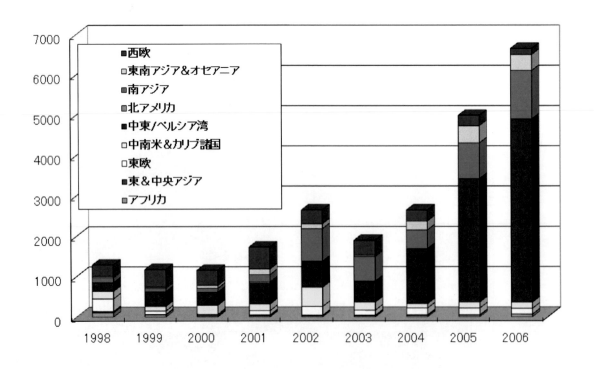

図 4.1: 各地域でのテロ発生件数 (1998-2006)

地域別に見れば，ペルシア湾を取り囲む中東の国々で激増している．アメリカのアフガニスタン侵攻や，イラク戦争後の国内での勢力争いや政治的混乱の扇動と言った不安定要因

が引き金になっていると思われる．また，周辺国のパキスタンやインド，フィリピンなどの国々においても，イスラム原理主義過激派やアル・カーイダ等のテロ組織によるテロ行為が増大した．さらにアル・カーイダの一部は ISIL へと組織を変えて勢力拡大し，イラクやシリアで政府勢力や有志国連合軍との間で一進一退の攻防を繰り返しながら，現在まで勢力を維持している．

ロシアにおいては，チェチェンの独立派勢力がロシアで劇場や学校を占拠する事案を起こしたり，ロシアでの交通機関を狙ったテロを起こしたりしている．また，近年では，イスラム圏での紛争状況から逃れるために，ヨーロッパに大量に流入してきたイスラム系と思われる移民の一部，あるいはホームグローンと呼ばれる，自国内から発生するテロリストによるテロ事案が，フランス，ドイツ，イギリス，スウェーデンなど，これまでテロがあまり発生してこなかった地域においても起こり始めている．トラック等大型車両を用いて人々が集まる場所に突入するケースや，自爆テロが，こうしたテロ事案での主なスタイルである．自爆テロでは，若者や少女までもが実行犯として利用されている状況にあり，こうした悲劇を取り除くべく，早急に対策を講じて対応しなければならない．

このように見てくると，テロ行為はもはや，民族や宗教の垣根を超えて，世界中のいたるところで，様々な背景を理由に普遍的に発生しうる深刻な社会問題となっている．今日，世界各国は深刻な大規模・無差別テロの脅威に直面している．オリンピックを控えているわが国においても，この機会を狙って仕掛けられるかもしれないテロ事案に対して警戒し，具体的な対処方法を模索しなければならない．

4.1.2 テロ抑止に向けた取り組み

頻発し増加傾向にあるテロ犯罪に対し，世界の警察や軍隊等の実行組織，それらを管轄する各国政府は様々な対抗策に取り組み始めている．近年のそうした組織的な取り組みとして以下のような行動が実施されている．

1. テロの温床となる組織の弱体化・壊滅

   9.11 の同時多発テロを引き起こしたテロ組織アル・カーイダは，アフガニスタンにおいて訓練したテロリストを世界に送り出している．同国やその周辺でテロリスト育成のための温床として活動してきた．国際社会は，アフガニスタンをテロリストの温床とみなし，強い意志のもと，「不朽の自由作戦 (OEF;Operation Enduring Freedom)」と名付けたテロリスト育成組織との闘いを開始し，対処し続けている．長期で困難な闘いとなっているが，約40カ国が参加し，陸上での掃討作戦に加え，海上阻止活動も行い，テロの資金となる武器や麻薬等が世界に拡散することを防止する対策に取り組んでいる．また二度とテロの温床とならないよう，国連安保理決議1386に基づき，同国の治安維持を任務とする「国際治安支援部隊 (ISAF)」，復興活動を行う「地方復興チーム (PRT)」が展開し，それぞれ37，27カ国が参加している．こうしたテロ対策は，テロの起点からの壊滅をめざした国際レベルの積極的な対策である．

2. テロ法執行活動の強化 [31]

   テロ事案の未然防止や発生した事件への対処・捜索のための法執行活動は，テロ対策の重要な要素である．アメリカでは，9.11事件直後，法執行機関の捜査権限が強化さ

れた．2001年10月26日に制定された「愛国者法」は，犯罪捜査のために，有線，口頭及び電子通信傍受を行うことを許可し，捜査令状の有効範囲の拡大など捜査権限を強化している．イギリスでは，海空港の立入制限区域に許可なく侵入した者を令状なしで逮捕でき，さらにはテロ阻止のため，特定の指定区域において，人および車両を停止させ，令状なしで捜索することができる権限を制服警察官に与えている．そのほか，テロに関連する行為も犯罪として認識されている．例えば国連では，航空機のハイジャックや人質を取る行為等について，国内法で犯罪化することを義務付けている．さらにその罰則を強化するなどの法整備や機構改革等も各国で行なわれている．これらの取り組みは，テロの未然防止へとつながっている．

3. テロ発見能力の向上

発見能力を向上するためには次の3つの要素が重要であると考えられる．

(1) 情報を収集・共有し，分析する能力を強化すること．外国治安情報機関等との間で情報交換，情報分析体制の強化等を図り，国内に入国しようとする国際テロ犯を発見するとともに，その入国を阻止する．また，情報収集用の機材の整備を進めるなどして，国内に潜伏する国際テロ犯等の追及検挙を徹底する．

(2) 高性能の爆発物検知器を導入し，より高度なテロ発見能力に向上させること．例えば，日本ではテロ犯の入国を水際で防ぐことを目的に，来日した外国人に指紋採取と顔写真撮影を義務づける改正出入国管理・難民認定法が2007年11月20日より施行された．警察庁と協力して指名手配者等のリストと照合し，該当者の入国を阻止したり身柄を確保したりする入国管理システムは，アメリカをはじめ日本にも導入された．

(3) 理論に基づく積極的な警備の運用方法改善に取り組むこと．例えば，テロの資金となる麻薬等の海上を経由した密輸防止が，数理的な理論をベースとする捜索理論やゲーム理論等を用いた取り締まりゲームにより研究されている [13]．こうした研究は，テロを未然防止するために極めて重要な取組みである．

4. テロ対処能力の向上

大規模・無差別テロ等の緊急事態が発生した場合には，迅速かつ的確に，事態の鎮圧，被害の最小化等に努める必要がある．依然として厳しいテロ情勢を踏まえ，テロ事案発生時の対処能力の強化を図るため，次の取組みを進めるべきである．

(1) 装備資材を充実させ，爆薬・化学剤等を使用した実践的訓練を実施すること．

(2) 共同図上訓練で得られた成果等を踏まえて，公的機関は防衛省と共に作成した「治安出動の際における武装工作員等事案への共同対処のための指針」に基づき，自衛隊との共同実動訓練を全国展開する．

(3) 国内外の関係機関との共同実動訓練等を経験している機動隊等の実働組織の緊急事態対処能力の向上を図る．

これまで挙げてきたテロ対策は，アメリカをはじめ，イギリス，イスラエル，日本等，世界各国で国民の安全を確保するための国家の最重要課題として位置づけられている．特にイギリスでは，テロを未然防止することを基本方針とし，政策にも，また科学的な対策をも積極的に取り込むことにより，大規模なテロ事件を阻止することに成功している．

4.2 テロ対処のための警備計画立案方法の提案

上述したテロ対策を大きく区分すれば，政策的な対策と科学的な対策に分けることができる．以下では OR の立場から，テロ対策のための科学的なアプローチを提案する [29]．従来の運用場面での科学的な研究についても調査し，テロに対抗して社会や地域の安全を確立できるような，最善の警備員運用計画を策定する方法を以下で提案する．

テロに関する研究事例としては，人々が集まるような広場でテロ犯が自爆し，その被害による死傷者数の期待値を算出する研究 [25, 16] がなされ，実際のテロ事件での犠牲者数と比較検討されている．また，同様な広場で自爆テロ犯を探知するための埋設型の探知器の最適配置の研究もなされ，自爆テロによる死傷者数の期待値を評価尺度とした非線形整数計画問題として定式化され解かれている [35]．さらに，テロが発生した後に保安や医療関係機関が効率的な対応を行えるよう，テロ攻撃に対する施設配置問題 [2, 5] も提案されている．こうしたテロ事案に対する研究では，被害者数の見積り評価や，保守資材・医療資源の施設配置問題としてのアプローチが多い．また，テロに直接関連していないものの，爆発の効果に対する安全距離や被害巻き添えの可能性を推定する研究 [10, 27] も行われている．

以上のようなテロ事案に対する OR による既存研究に対して，以下ではテロを未然に防ぐために，警戒警備の運用方法を確立することを考える．

1. 警備対象としては，政府機関，原子力発電所等の重要な施設や海空港，鉄道等，テロ攻撃に対して脆弱な施設を想定し，これらの施設に対するテロ攻撃を阻止するために，警備員の効率的な運用が重要な研究課題と考える．

2. 警備担当者は，警察や軍などの地域警備を担う部署や警備専門会社が雇うテロ犯に対して制圧能力がある警備員とする．我が国における現行法範囲内では，警察や軍等の公権力執行機関に限り，現行犯以外での逮捕権を持つ．民間の警備会社員や爆弾探知犬運用会社 [51] には，テロ犯に直接的に対処する権限がないために，物理的な対応は困難である．また，たとえ現行犯としてテロ犯を発見したとしても，その阻止はリスクが極めて高く，自爆テロ阻止行為を自ら進んで実施すると考えるのは困難であると考える．以上の考察より，以下の研究では公的な対処機関による対応を前提とした．ただし海外の警備員の体制についてこの限りではないと思われる．

3. 表4.1のテロ事案別の攻撃手段データが示すように，もっとも一般的なテロ攻撃は，自爆や時限装置による爆弾テロである．

これらの3つの条件を本研究にアプローチする際の前提事項とした．

以下の研究の目的は，利用可能な有限数の警備員を，ある一定期間，警備対象となる広場(以下，アリーナと呼称) で自爆テロ犯に対する警備活動に充当する際に，最適な警備員の配員数を決定する方法を提供することである．本研究を遂行することにより，施設配置型の，どちらかというと静的な最適化問題よりも，むしろ積極的な対処をめざす，動的なテロ阻止警備計画が得られることとなり，テロ行為の抑止に寄与することが期待される．

4.3 モデルの前提と問題の定式化

本節では，まず，モデルの前提を述べつつ細部の状況を説明し，モデルで用いる各パラメータを定義し，次に，動的計画法による警備員配分計画問題として定式化する．

表 4.1: テロの攻撃手段 (1968-2007 年)[30]

戦術	事件	負傷	死亡者数
武力攻撃	7887	14694	13224
放火	1088	332	382
暗殺	2414	1410	3095
バリケード／人質	210	2210	903
爆撃	**19246**	**95860**	**27974**
ハイジャック	232	377	482
誘拐	2308	195	1557
その他	173	440	155
型破りな攻撃	64	3024	3047
不明	457	309	627
合計	34079	118851	51446

4.3.1 前提とパラメータの定義

警備員配分計画をモデル化するにあたり，(1) 警備と捜索方法と (2) 警備員のテロ阻止活動と自爆後の被害発生メカニズムに関して，前提及びパラメータ等を順次説明する.

4.3.1.1 警備・捜索方法

警備責任者は，自爆テロが発生しうる警備対象となる場所 (アリーナ) に警備員を派遣し，一定期間の警備を行わせることを計画している. 派遣可能な警備員から適切な人数を派遣し警備させ，行き交う一般の人々 (以下，市民と呼ぶ.) の安全を確保することを考える.

1. 全警備期間を T 期間 (日，時，分など) とする. 警備終了までの残り時間で運用を考え，開始時刻を T，終了時刻を 0 とする連続時間で，運用全期間 $[T, 0]$ を均等な T コの期間に分割して各期間ごとでの警備を考える. 各期間 $[t, t-1](t = T, T-1, \cdots, 1)$ ごとに派遣可能な警備員 k 人から派遣人数 x 人 ($0 \leq x \leq k$) を決定し，アリーナにおいてテロ犯の発見及び対処に努める. ある期間 $[t, t-1]$ にアリーナ内に存在する市民数を $e(t)$ 人とし，アリーナ内に一様に分布していると仮定する. $e(t)$ は既存のデータより予測可能とする.

2. 各期間のテロ犯の出現確率を λ とし，類似アリーナでの既存データより予測可能とする.

3. 警備するアリーナは様々な形を想定できるが，ここでは爆発時の被害人数の計算を容易にするために，円形のアリーナとする [25].

4. 警備員 1 人がテロ犯を発見できる確率を p とする. p は警備員ごとに異なる設定でも構わないが，以下では簡単化のために同一値とする. 複数の警備員がテロ犯を捜索する場合，様々な捜索方法及び発見確率が考えられるが，当面は以下のような独立捜索 (個々の警備員による探知確率が他の警備員の探知確率に影響を及ぼさないような捜索)

を行うと仮定する. x 人の警備員がテロ犯を独立捜索する場合, (誰も) テロ犯を探知できない確率 $\delta(x)$ は, $\delta(x) = (1-p)^x$ となる.

4.3.1.2 警備員のテロ阻止活動, 被害発生のメカニズム

5. 警備員がテロ犯を探知できない場合は, テロ犯は最も殺傷者の期待値を高められるアリーナの中心地点で確実に自爆を成功させる. その死傷者数の期待値 A_{cas_0} は, 図 4.4 のようにアリーナを爆発中心から M コの同心円で切り分け, 各輪において以下の i, ii, iii を計算した値の積とする [25]. (文献 [25] では人体幅を 0.5[m] とし, 各輪の幅も 0.5[m] としており, 本研究でも同じ寸法を採用して計算を行う.)

i 第 m 輪にいる平均人数 μ_m (付録 E 参照)

ii 第 m 輪にいる人と爆発地点との間に他の人間が存在しない確率 $\gamma(m)$

iii 第 m 輪にいる人に爆発時の破片が一個以上当たる確率 $P_H(m)$

ii と iii の積は m 輪にいる 1 人の人が死傷する確率 (脆弱性) を表し, これに i を掛けることで m 輪における死傷者数の期待値が得られる. さらに, $m = 1, \cdots, M$ の死傷者数の期待値を合計することにより, アリーナ全体における死傷者数の期待値 A_{cas_0} が, 次式のように求められる.

$$A_{cas_0}(M, x + e(t)) = \sum_{m=1}^{M} \mu_m \gamma(m) P_H(m). \tag{4.1}$$

さらに, 警備員と市民それぞれの死傷者数の期待値 $A_0^s(x, e(t)), A_0^c(x, e(t))$ は, アリーナ内で両者が均等に存在していると仮定して比例配分し, 以下の (4.2), (4.3) で求める. (なお, 以下で添字 s と c を一緒に扱う際は u で記述する.)

$$A_0^s(x, e(t)) = A_{cas_0}(M, x + e(t)) \cdot \frac{x}{x + e(t)}, \tag{4.2}$$

$$A_0^c(x, e(t)) = A_{cas_0}(M, x + e(t)) \cdot \frac{e(t)}{x + e(t)}. \tag{4.3}$$

6. テロ犯を探知した場合は, 警備員 x 人が連携してテロ犯に対処して自爆テロ阻止活動を行う (以下, テロ阻止活動と呼ぶ). 具体的なテロ阻止活動は, 警備員がテロ犯を発見した後に警備員全員がテロ犯を捕獲, 射撃あるいは警棒, 警察犬, 防犯スプレーなどのあらゆる攻撃方法で戦い, テロ犯を逮捕又は殺傷等の無力化することをいう. 本研究におけるテロ阻止活動は以下の条件の下で行われると仮定する.

(a) テロ犯 1 人対警備員 x 人の少人数間の戦闘である.

(b) 両者の全員は互いに相手の攻撃範囲内にある.

(c) すべての警備員は同一の脆弱性と攻撃力を持っており, 均質であるとする.

(d) 戦闘に参加している全員は, 互いの存在位置を知って戦っている.

(e) 戦闘結果は勝ち負けの 2 とおりのみを考える.

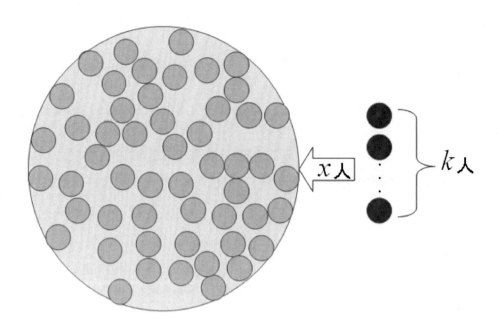

図 4.2: 多数の市民がいる円形アリーナに x 人の警備員を指向する

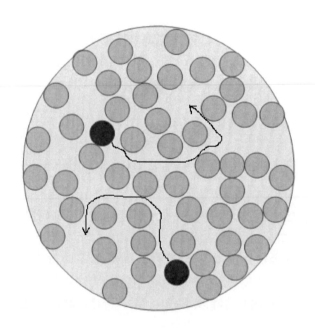

図 4.3: 円形アリーナでの各警備員による独立捜索

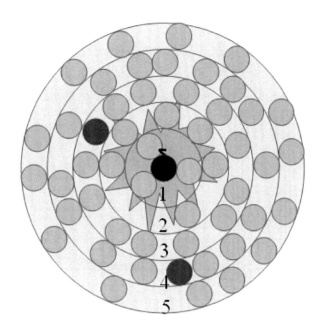

図 4.4: 直径 $M = 5[m]$ のアリーナにおける爆発時の様子

このような戦闘の趨勢は交戦理論で研究されてきた確率論的ランチェスター 2 次則モデル [15] により扱うことができる.

図 4.5: テロ阻止活動

1 人対 x 人の戦闘において，警備員の損耗が起こる前にテロ犯 1 人に損耗が起こる確率 (テロ犯が無力化される確率) は，確率論的ランチェスター 2 次則モデルにより次式となる. ただし，r, b はそれぞれテロ犯と警備員 1 人当りの攻撃能力を表す.

$$D^1 = \frac{b \cdot x}{r \cdot 1 + b \cdot x}. \tag{4.4}$$

逆に，警備員側が 1 名無力化されてしまう確率は次式となる.

$$D^x = \frac{r \cdot 1}{r \cdot 1 + b \cdot x}. \tag{4.5}$$

7. 阻止戦闘の途中でテロ犯が自爆を実行する確率 $\beta(y)$ は，その時点に生存している警備員 y 人に依存すると思われる．y が少ないほど倒された警備員数 $(x-y)$ が多いことを表し，これはまた交戦経過時間ともある程度の比例関係があると思われる．従って y が少ないほど $\beta(y)$ が大きくなると考えて次式を仮定した．

$$\beta(y) = S^{y/x}. \qquad (\text{ただし } 0 < S < 1) \qquad (4.6)$$

S は探知された時点のテロ犯の実行度を表す．$S = 0.2, 0.5, 0.8$ に対する $\beta(y)$ の変化の様子を図 4.6 に示す．

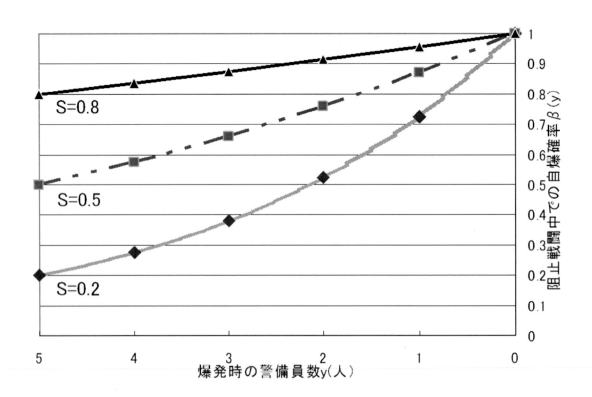

図 4.6: 阻止戦闘中で自爆する確率

8. 上記の前提 6, 7 の下で，少人数間の確率論的ランチェスター 2 次則モデルによるテロ阻止活動における戦闘状況の推移は図 4.7 のように表すことができる．ただし，図 4.7 ではテロ犯と警備員の攻撃能力が等しい $(r = b)$ として描いている．

9. 図 4.7 において，派遣する x 人の警備員による対処で爆弾が爆発せずテロ阻止活動に成功し，y 人が生存する確率を $p_x(0, y)$ で表す．一方，阻止活動に失敗し，爆発時に y 人の警備員が生存する確率を $p_x(1, y)$ で表す．

阻止活動開始時，警備員 x 人のうち y 人が生存してテロ阻止に成功する確率 $p_x(0, y)$ は，以下の i-iii の積により求められ (4.7) 式で表される．

i y 人まで警備員が減少する確率　$\prod_{n=y+1}^{x}(1 - \beta(n))\frac{r \cdot 1}{r \cdot 1 + b \cdot n}$，

ii y 人で阻止戦闘を行っているとき，爆発しない確率　$(1 - \beta(y))$，

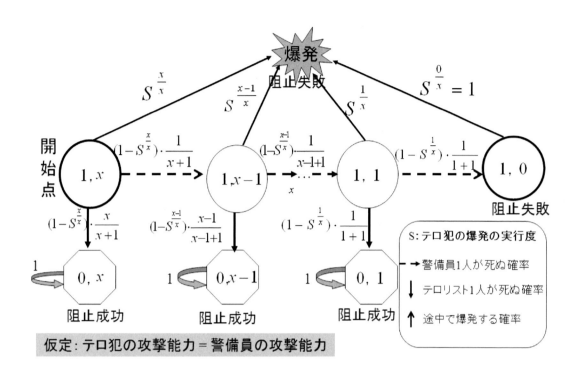

図 4.7: 確率論的ランチェスター 2 次則モデル [15] による戦闘推移図

iii y 人の警備員の勝利確率 $\frac{b \cdot y}{r \cdot 1 + b \cdot y}$.

$$p_x(0, y) = \left[\prod_{n=y+1}^{x} (1 - \beta(n)) \frac{r \cdot 1}{r \cdot 1 + b \cdot n} \right] (1 - \beta(y)) \frac{b \cdot y}{r \cdot 1 + b \cdot y}. \tag{4.7}$$

さらに警備員が生存する可能性として $y = x, \cdots, 1$ のいずれかであるため，最終的な阻止成功確率は次式となる．

$$\sum_{y=1}^{x} p_x(0, y) = \sum_{y=1}^{x} \left[\prod_{n=y+1}^{x} (1 - \beta(n)) \frac{r \cdot 1}{r \cdot 1 + b \cdot n} \right] (1 - \beta(y)) \frac{b \cdot y}{r \cdot 1 + b \cdot y}. \tag{4.8}$$

一方，y 人が残っている状況で自爆してしまい，テロ阻止に失敗する確率 $p_x(1, y)$ は，(4.7) と同様に考えて次式となる．

$$p_x(1, y) = \left[\prod_{n=y+1}^{x} (1 - \beta(n)) \frac{r \cdot 1}{r \cdot 1 + b \cdot n} \right] \beta(y). \tag{4.9}$$

従って，x 人で対処して阻止に失敗する確率は次式となる．

$$\sum_{y=0}^{x} p_x(1, y) = \sum_{y=0}^{x} \left[\prod_{n=y+1}^{x} (1 - \beta(n)) \frac{r \cdot 1}{r \cdot 1 + b \cdot n} \right] \beta(y). \tag{4.10}$$

ただし，(4.8),(4.10) において $y = x$ のとき，$[\cdot]=1$ である．

10. 阻止戦闘の途中，アリーナ内の任意の場所で自爆してしまうときの死傷者数の期待値
は，自爆する位置によって死傷者数が異なる．以下では，図 4.8 のようなアリーナ内で
のすべての人の配置可能場所を考えて，これらのいずれかの場所で爆発が起こった場
合の死傷者数の期待値を平均化して，死傷者数を求める．

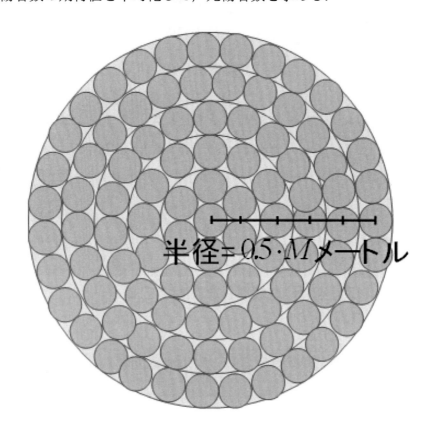

半径 = 0.5 · M メートル

図 4.8: アリーナ内の自爆位置数 (入れる人数のすべての位置)

図 4.8 のように，アリーナの中央から一番外の輪の中心までをアリーナの半径とすると
その長さは 0.5 · M メートルであり，半径を人体の幅 0.5 メートルで割ると，M コの
輪が得られる．ただし，中央に位置する小さな円を第 0 番目の輪とみなして加えるこ
とにより，最終的に直径 M メートルのアリーナは M + 1 コの輪をもつ．m 番目の
輪の中のいずれかの場所で自爆するときの死傷者数の期待値 $Acas_m(M, y + e(t))$ は，
図 4.9 のようにアリーナを爆発の中心から $(M + m)$ 輪で切り分け，各輪の死傷者数を
合計する．すなわち，次式のように計算される．

$$Acas_m(M, y + e(t)) = \sum_{l=1}^{M+m} \mu_{m,l} \gamma(l) P_H(l). \tag{4.11}$$

ここで，$\gamma(l), P_H(l)$ は (4.1) と同様に扱うが，$\mu_{m,l}$ については，爆発の中心からの輪が
アリーナの内部に含まれていない輪 (下図では第 3 − 第 8 輪) ではアリーナ内部に含ま
れている部分に存在する人数に関してのみ計算し，平均人数 $\mu_{m,l}$ を求める [25].

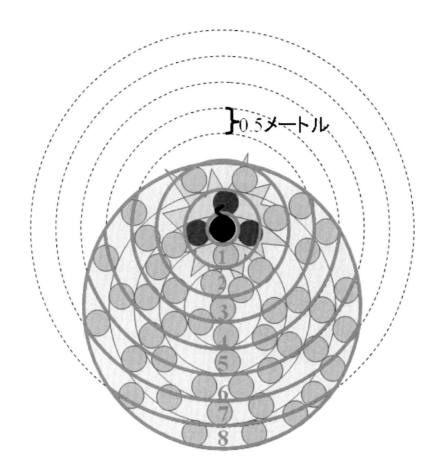

図 4.9: 50 人がいる直径 $M=5$ メートルのアリーナの輪 $m=3$ で爆発が起きる様子

例 1　図 4.9 のような警備員 3 人, 市民 47 人計 50 人がいる直径 $M=5$ メートルのアリーナで, アリーナ中心から $3 \times 0.5 = 1.5$ メートル離れた場所で自爆すると, 死傷者数の期待値は (4.11) により次のように計算する.

$$
\begin{aligned}
Acas_3(5, 3+47) &= \sum_{l=1}^{5+3} \mu_{3,l} \gamma(l) P_H(l) \\
&= 3.18 + 3.12 + 1.62 + 0.76 + 0.34 + 0.14 + 0.05 + 0.01 \\
&= 9.23 \ [\text{人}].
\end{aligned}
\tag{4.12}
$$

阻止戦闘の途中で自爆が起きるときの死傷者数の期待値 $Acas(M, y+e(t))$ は, 各輪 m での自爆できる位置の数 $h(m)$ を, 輪 m で自爆するときの死傷者数の期待値 $Acas_m(M, y+e(t))$ に掛け合わせた後に, 全自爆位置数 $H(M)(= \sum_{m=0}^{M} h(m))$ で割った期待値として評価する.

$$
Acas(M, y + e(t)) = \left[\sum_{m=0}^{M} Acas_m(M, y + e(t)) h(m) \right] / H(M).
\tag{4.13}
$$

例 2　50 人がいる直径 $M=5$ メートルのアリーナ内で爆発するときの死傷者数の期待値 $Acas(5, 3+47)$ は (4.13) により, 次のように計算する.

$$
\begin{aligned}
Acas(5, 3+47) &= \left[\sum_{m=0}^{5} Acas_m(5,50)h(m) \right] / H(M) \\
&= [10.46 \cdot 1 + 10.28 \cdot 6 + 10.04 \cdot 13 + 9.23 \cdot 19 + 7.84 \cdot 26 + 5.69 \cdot 32]/97 \\
&= [763.95]/97 = 7.88 \text{ [人]}.
\end{aligned}
\tag{4.14}
$$

11. 図4.8に示すように，自爆テロ犯を囲んで直接戦える最大人数は6人である．従って警備員 y 人と戦っている途中で爆発すると，$\min\{y,6\}$ 人は確実に死亡すると仮定する．

12. アリーナ内の任意の場所で爆発が発生するときの死傷者数の期待値 $Acas(M, y+e(t))$ を警備員と市民の死傷者数の期待値それぞれに配分すれば以下のとおりとなる．

  i $y \le 6$ の場合

   前提11により，

   警備員の死傷者数の期待値： $A_1^s(y, e(t)) = y$ ，

   市民の死傷者数の期待値： $A_1^c(y, e(t)) = Acas(M, y+e(t)) - y$ ．

  ii $y > 6$ の場合

爆発による警備員の被害は次の2つに区別して計算する．

(a) 直接戦っている警備員 (最前線警備員) への被害

最前線 ($l = 1$) で戦っている警備員6名には確実に被害が生じる．

(b) 後方 ($l = 2, 3, \cdots, M+m$) の警備員への被害

市民と同様に，後方にいる警備員数 ($y-6$) 人は平均的に被害を受けるとする．死傷者数は以下とする．

$$
[Acas(M, y+e(t)) - 6] \cdot (y-6)/(y-6+e(t)).
\tag{4.15}
$$

上記の警備員への2つの被害状況の和 (a)+(b) により，警備員の死傷者数の期待値は次の値となる．

$$
A_1^s(y, e(t)) = 6 + [Acas(M, y+e(t)) - 6] \cdot (y-6)/(y-6+e(t)).
\tag{4.16}
$$

同様に，市民の死傷者数の期待値は次の値となる．

$$
A_1^c(y, e(t)) = [Acas(M, y+e(t)) - 6] \cdot e(t)/(y-6+e(t)).
\tag{4.17}
$$

13. 細分化された警備期間 $[t, t-1]$ ごとで生存する警備員数・市民数とそれ以後に防護できる市民数の期待値を最大化するように，最適な警備員数 x^* を決定する．

各期間に生起しうるすべての事象 (テロ犯の出現，警備員の探知・阻止活動，テロ犯の自爆による被害) を図4.10に示す．この図に示した各警備期間に生起しうる様々な事象と，それに関連してこれまでに導出した評価式を用いて，以下では最適な派遣警備員数の決定問題を動的計画法により定式化し，その最適計画を導く．

4.3.2 動的計画法による定式化

時刻 t に警備員 k 人派遣可能な状況で，それ以降に最適に警備員を配分したとき，警備任務が終了するまでに生存できる警備員数と防護できる市民の累積数の期待値を $FE[t,k]$ とする．$FE[t,k]$ を最大化するように各期間の警備員数 x^* を決定すればよいわけだが，これは動的計画法を用いて解くことができる．$FE[t,k]$ は次の式で表すことができる．なお，以下では独立搜索かつ指向された警備員の全員で対処すると仮定 (これをケース A1 と呼ぶ．) し，基本的なモデル状況とする．

$$
\begin{aligned}
FE[t,k] &= (1-\lambda)(FE[t-1,k]+e(t)) \\
&+ \lambda \max_{0 \le x \le k} \Big[\delta(x)(FE[t-1,k-A_0^s(x,e(t))]+e(t)-A_0^c(x,e(t))) \\
&+ (1-\delta(x))\Big\{ \sum_{y=1}^{x} p_x(0,y)(FE[t-1,k-x+y]+e(t)) \\
&\quad + \sum_{y=1}^{x} p_x(1,y)(FE[t-1,k-x+y-A_1^s(y,e(t))]+e(t)-A_1^c(y,e(t))) \\
&\quad + p_x(1,0)(FE[t-1,k-x]+e(t)-A_0^c(0,e(t)))\Big\}\Big], \\
FE[0,k] &= k .
\end{aligned}
$$

(4.18)

(4.19)

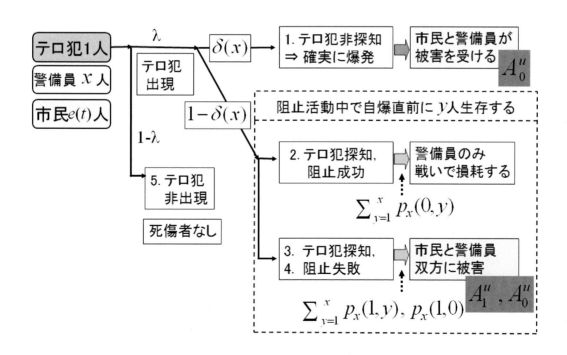

図 4.10: 各期間に生起しうるすべての事象

任務終了時刻 $t=0$ からさかのぼって計算していくので，初期条件として，$FE[0,k]=k$ を設定する．また $FE[t-1,k-A_0^s(x,e(t))]$ で引数 $k-A_0^s(x,e(t))$ が整数にならない場合は，$j < k-A_0^s(x,e(t)) < j+1$ となる整数 j について，$FE[t-1,j]$ と $FE[t-1,j+1]$ の

間で補間して計算する．$FE[t-1, k-x+y-A_1^s(y, e(t))]$ についても同様である．　なお，(4.18) の各項では以下のような別々の期末状況の評価を行っている (図4.10 を参照のこと)．

　1行目：テロ犯が確率 $(1-\lambda)$ で出現しないとき，死傷者が生じず，その期末に警備員と市民ともに無傷で k 人と $e(t)$ 人が残る場合

　2行目：テロ犯が確率 λ で出現し，確率 $\delta(x)$ で探知されることなく，テロ犯がアリーナの中央で自爆に成功する場合

　3行目：テロ犯が確率 λ で出現し，確率 $1-\delta(x)$ で探知され，テロ阻止活動が開始される．警備員 x 人が戦って $y(=1,2,\cdots,x)$ 人が生存して阻止に成功する場合

　4行目：テロ犯が確率 λ で出現し，確率 $1-\delta(x)$ で探知され，テロ阻止活動が開始される．警備員 x 人が戦って $y(=1,2,\cdots,x)$ 人が生存するものの阻止に失敗し自爆される場合

　5行目：テロ犯が確率 λ で出現し，確率 $1-\delta(x)$ で探知され，テロ阻止活動が開始される．警備員 x 人が戦いで全滅して，阻止に失敗する場合

　(4.18) の第2項以後の最大化問題を解くことによって時点 t における最適な派遣人数 $x^* = x^*(t,k)$ が得られる．またその解 x^* を用いて，各時点 t における警備員の生存人数及び市民の累積生存人数の期待値を求めることができる．

[警備員の生存人数の期待値]

　警備員 k 人がいるとき，時刻 t 以降に最適警備計画に従って警備するとき，警備任務が終了するまでに生存できる警備員数の期待値を $F[t,k]$ とすると，次の式により求められる．

$$
\begin{aligned}
F[t, k] &= (1-\lambda)F[t-1, k] \\
&+ \lambda\Big[\delta(x^*)F[t-1, k-A_0^s(x^*, e(t))] \\
&+ (1-\delta(x^*))\Big\{\sum_{y=1}^{x^*} p_{x^*}(0, y)F[t-1, k-x^*+y] \\
&+ \sum_{y=0}^{x^*} p_{x^*}(1, y)F[t-1, k-x^*+y-A_1^s(y, e(t))]\Big\}\Big]. \quad (4.20)
\end{aligned}
$$

ただし，初期条件として，$F[0, k] = k$ と設定する．

[防護できる累積市民数の期待値]

　警備員 k 人がいるとき，時刻 t 以降に最適警備計画に従って警備するとき，警備任務が終了するまでに防護できる市民の累積数の期待値を $E[t,k]$ とすると，次の式により求められる．

$$
\begin{aligned}
E[t, k] &= (1-\lambda)(E[t-1, k]+e(t)) \\
&+ \lambda\Big[\delta(x^*)(E[t-1, k-A_0^s(x^*, e(t))]+e(t)-A_0^c(x^*, e(t))) \\
&+ (1-\delta(x^*))\Big\{\sum_{y=1}^{x^*} p_{x^*}(0, y)(E[t-1, k-x^*+y]+e(t)) \\
&+ \sum_{y=1}^{x^*} p_{x^*}(1, y)(E[t-1, k-x^*+y-A_1^s(y, e(t))]+e(t)-A_1^c(y, e(t))) \\
&+ p_{x^*}(1, 0)(E[t-1, k-x^*]+e(t)-A_0^c(0, e(t)))\Big\}\Big]. \quad (4.21)
\end{aligned}
$$

　ただし，初期条件として，$E[0, k] = 0$ と設定する．なお，上記において $FE[t, k] = F[t, k] + E[t, k]$ である．

以上より，各時点における警備員の適切な派遣人数 x^*，またその人数による警備任務が終了するまでの警備員の生存人数と防護できる市民数の合計の最大期待数 $FE[t, k]$，及び警備員と市民それぞれの残存期待数 $F[t, k], E[t, k]$ が計算できる．

各時点の x^* が分かることにより任務が終了するまでに指向すべき警備員の延べ人数も求めることができる．その人数を用いれば動員するために必要な警備費用のような資源量を予想することができ，モデルの第2評価尺度として扱うことができる．以下では，1人の警備員を指向するたびに1単位の資源が消費されるとする．

[資源消費量の累積の期待値]

警備員 k 人がいるとき，時刻 t 以降に最適警備計画に従って警備した場合の資源消費量の累積 (延べ警備員数) の期待値を $R[t, k]$ とすると，次の式により求められる．

$$
\begin{aligned}
R[t, k] = x^* \quad & + \quad (1 - \lambda) R[t - 1, k] \\
& + \quad \lambda \Big[\delta(x^*) R[t - 1, k - A_0^s(x^*, e(t))] \\
& + \quad (1 - \delta(x^*)) \Big\{ \sum_{y=1}^{x^*} p_{x^*}(0, y) R[t - 1, k - x^* + y] \\
& + \quad \sum_{y=0}^{x^*} p_{x^*}(1, y) R[t - 1, k - x^* + y - A_1^s(y, e(t))] \Big\} \Big].
\end{aligned} \tag{4.22}
$$

ただし，初期条件として，$R[0, k] = 0$ と設定する．

4.4 数値例と感度分析

前節で提案した解法を用いて，まず最適な警備計画と生存できる人数及び資源消費量を観察し，次いでアリーナ内に滞在する市民数が変動する場合の警備計画への影響を分析する．次節では，モデルの様々なパラメータ値を変化させて感度分析を行う．

4.4.1 数値例

以下の各数値例では，全警備期間を10期間に分け，各期の自爆テロ犯の出現確率を $\lambda = 1/30$ とする直径30mのアリーナにおける警備を考える．最大 $k = 10$ 人まで派遣できる警備員は，独立捜索を実施し，指向された警備員の全員で対処を行う (ケース A1)．**4.3.1.2**節で解説した確率論的2次則ランチェスターモデルにおける攻撃能力 r, b は等しいと仮定する．また各警備員の発見確率を $p = 0.5$，テロ犯の実行度を $S = 0.5$ とする．さらに爆発時の殺傷能力のある破片数は文献 [25] にあるように100コとする．

4.4.1.1 各期間に30人の市民が滞在している場合

前章の動的計画法の再帰式 (4.18) を用いると，警備開始後の各時点 t で k 人の警備員が指向可能な時の最適な警備員の指向人数 x^* は表 4.2a のように得られる．ここでは，各警備期間に30名の市民が滞在していると仮定した．

表 4.2a: 状態 (t,k) における最適な警備員の指向人数 x^*

k＼t	10	9	8	7	6	5	4	3	2	1	0
10	6	6	6	7	7	7	7	7	7	7	0
9	6	6	6	6	6	6	7	7	7	7	0
8	5	5	5	5	6	6	6	6	7	7	0
7	5	5	5	5	5	5	5	6	7	7	0
6	4	4	4	5	5	5	6	6	6	6	0
5	4	5	5	5	5	5	5	5	5	5	0
4	4	4	4	4	4	4	4	4	4	4	0
3	3	3	3	3	3	3	3	3	3	3	0
2	2	2	2	2	2	2	2	2	2	2	0
1	1	1	1	1	1	1	1	1	1	1	0
0	0	0	0	0	0	0	0	0	0	0	0

表 4.2a のように $k=0,1,2,3,4$ 人のときは，すべての警備期間において，派遣可能な警備員 k 人全員を指向することが最適であること（$x^*=k$）がわかった．一方，$k \geq 5$ 人の場合は，残り警備期間が多いときは少人数を指向し，残り期間が少なくなれば指向人数を多くするのが最適な結果となった．これは，残り警備期間がまだ残っている間は，警備員を確保しておく必要があるために少数の警備員を指向しているためと考えられる．残り警備期間が短いと，以後の期間のために多数の警備員を確保する必要がなくなるため，各時点に多数の警備員を指向し警備させるのが最適であるという結果となっている．特に，最後の警備員派遣時点 $t=1$ で警備員 $k \leq 7$ 人では指向可能な警備員全員を指向することが最適である．

全期間を通してみれば，$k \geq 5$ 人の場合には従来の最適ミサイル割り当て問題 [15] のような階段状の配分計画が得られているが，$k \geq 8$ 人の場合に見られるような最大限までの派遣可能な資源 k 人全員を使わなくもよい配分計画，すなわち資源投入を控え，資源を節約する計画が得られていることは，入力したパラメータ値の間でバランスした結果だと思われる．また，(4.18) 式の定式化において，警備員の過大投入が期待生存者数 FE の減少を招くメカニズムが組み込まれていることにも関係していると思われる．

時点 t から任務が終了するまでに表 4.2a のような最適な警備行動をとるとき，生存できる警備員と防護できる累積市民の期待値の合計 $FE[t,k]$ は (4.18) より表 4.2b のように計算される．各時点で派遣可能な警備員数が同じであれば，生存人数の累積は期間が多くなるほど多くなる．また同じ時点では，在籍する警備員数が多いほど $FE[t,k]$ の値は大きくなる．

時点 t から任務が終了するまでに表 4.2a のような最適な警備行動をとるとき，消費される資源量の累積 (延べ警備員数) の期待値 $R[t,k]$ は（4.22）より表 4.2c のように計算される．

表 4.2c は利用可能な警備資源 (単位：人・警備期間) に制限があるときに，(最適とはならないが) 警備計画を立案する際に利用可能な情報であると考える．

4.4.1.2　各期間に滞在する市民数が変動する場合

前節では，各期間の市民数を一定として計算を行ったが本節では，各期間で滞在する市民数が変動する場合について評価する．

表 4.3a の一番上の行に示すように，時点 10, 4, 3 では市民が多く来る状況 (50 人) を設定した．(4.18) 式に従って計算を行った結果，k が大きい場合はこれらの期間に多くの警備員

表 4.2b: 生存する警備員と防護できる累積市民数の期待値の合計 $FE[t, k]$

k\t	10	9	8	7	6	5	4	3	2	1	0
10	307.8	278	248.2	218.4	188.7	158.9	129.1	99.3	69.6	39.8	10
9	306.7	277	247.2	217.4	187.7	157.9	128.1	98.3	68.6	38.8	9
8	305.7	275.9	246.2	216.4	186.6	156.9	127.1	97.3	67.6	37.8	8
7	304.7	274.9	245.2	215.4	185.6	155.9	126.1	96.3	66.6	36.8	7
6	303.6	273.9	244.1	214.4	184.6	154.8	125.1	95.3	65.5	35.8	6
5	302.6	272.8	243.1	213.3	183.6	153.8	124.1	94.3	64.5	34.8	5
4	301.5	271.7	242	212.3	182.5	152.8	123	93.3	63.5	33.8	4
3	300.3	270.6	240.8	211.1	181.4	151.7	122	92.2	62.5	32.7	3
2	298.9	269.2	239.5	209.8	180.2	150.5	120.8	91.1	61.4	31.7	2
1	297.1	267.5	237.9	208.3	178.7	149.1	119.5	89.9	60.2	30.6	1
0	295.5	266	236.4	206.9	177.3	147.8	118.2	88.7	59.1	29.6	0

表 4.2c: 各時点 から警備任務終了までの資源消費量の累積の期待値 $R[t, k]$

k\t	10	9	8	7	6	5	4	3	2	1	0
10	64.5	59	53.4	47.8	41.1	34.4	27.7	20.8	13.9	7	0
9	61	55.6	50.1	44.5	38.9	33.3	27.5	20.8	13.9	7	0
8	55.1	50.6	46	41.4	36.8	31.2	25.5	19.7	13.9	7	0
7	51.8	47.4	42.9	38.4	33.8	29.1	24.4	19.7	13.9	7	0
6	47.6	44.1	40.6	37.1	32.6	28	23.4	17.7	11.9	6	0
5	45.2	41.8	37.5	33.1	28.6	24.1	19.5	14.7	9.9	5	0
4	36.8	33.4	30	26.5	22.9	19.3	15.6	11.8	7.9	4	0
3	27.5	25	22.4	19.8	17.1	14.4	11.7	8.8	5.9	3	0
2	18.3	16.6	14.9	13.2	11.4	9.6	7.8	5.9	4	2	0
1	9.1	8.3	7.5	6.6	5.7	4.8	3.9	2.9	2	1	0
0	0	0	0	0	0	0	0	0	0	0	0

表 4.3a: 各時点での最適な警備員の指向人数 x^*

e(t)	50	30	30	20	30	30	50	50	30	30	0
k\t	10	9	8	7	6	5	4	3	2	1	0
10	8	6	6	5	7	7	8	8	7	7	0
9	7	6	6	5	6	6	8	8	7	7	0
8	7	5	5	5	5	5	8	8	7	7	0
7	5	5	5	5	5	5	7	7	7	7	0
6	5	4	4	4	5	5	6	6	6	6	0
5	5	4	5	4	5	5	5	5	5	5	0
4	4	4	4	4	4	4	4	4	4	4	0
3	3	3	3	3	3	3	3	3	3	3	0
2	2	2	2	2	2	2	2	2	2	2	0
1	1	1	1	1	1	1	1	1	1	1	0
0	0	0	0	0	0	0	0	0	0	0	0

を指向するのがよいという結果が得られた．反対に，時点7のように少数の市民 (20人) が滞在する期間には，警備員を少なく指向すればよいという結果も得られた．

このように，アリーナに来る市民数の多寡，すなわちアリーナの重要性が警備員数に影響を及ぼしていることがわかる．

なお，派遣可能な警備員が少数 ($k = 0, 1, 2, 3, 4$ 人) であれば，表 4.2a と同様にアリーナにいる市民数に依存せず，警備員全員を指向する警備計画 ($x^* = k$) が最適となり，この人数の範囲では手持ちの警備員が全員で対処しなければならないという前節と同様な振る舞いが見られる．また，前節と同様，助かる人数の期待値の累積 $FE[t, k]$ と資源消費量の期待値の累積 $R[t, k]$ を求めると，以下の表 4.3b,4.3c のようになる．

表 4.3b: 生存する警備員と防護できる累積市民数の期待値の合計　$FE[t, k]$

k＼t	10	9	8	7	6	5	4	3	2	1	0
10	357.6	307.9	278.1	248.3	228.5	198.7	168.9	119.3	69.6	39.8	10
9	356.5	306.9	277.1	247.3	227.5	197.7	167.9	118.2	68.6	38.8	9
8	355.5	305.8	276.1	246.3	226.5	196.7	166.9	117.2	67.6	37.8	8
7	354.5	304.8	275.0	245.3	225.5	195.7	165.9	116.2	66.6	36.8	7
6	353.4	303.7	274.0	244.2	224.4	194.7	164.9	115.2	65.5	35.8	6
5	352.3	302.7	272.9	243.2	223.4	193.6	163.9	114.2	64.5	34.8	5
4	351.2	301.6	271.9	242.1	222.3	192.6	162.8	113.2	63.5	33.8	4
3	350.0	300.4	270.7	241.0	221.2	191.5	161.7	112.1	62.5	32.7	3
2	348.5	299.0	269.3	239.6	219.9	190.2	160.5	111.0	61.4	31.7	2
1	346.7	297.3	267.7	238.1	218.3	188.7	159.1	109.7	60.2	30.6	1
0	345.0	295.6	266.1	236.5	216.9	187.3	157.8	108.4	59.1	29.6	0

表 4.3c: 各時点 t から警備任務終了までの資源消費量の累積の期待値　$R[t, k]$

k＼t	10	9	8	7	6	5	4	3	2	1	0
10	66.4	59	53.4	47.8	43	36.3	29.6	21.8	13.9	7	0
9	62.9	56.5	51	45.5	40.8	35.2	29.5	21.8	13.9	7	0
8	58.8	52.4	47.9	43.3	38.7	34.1	29.4	21.7	13.9	7	0
7	54.4	50	45.6	41.1	36.6	32	27.3	20.7	13.9	7	0
6	47.6	43.3	39.7	36.2	32.6	28	23.4	17.7	11.9	6	0
5	44.3	40.1	36.6	32.2	28.6	24.1	19.5	14.7	9.9	5	0
4	36.8	33.4	30	26.5	22.9	19.3	15.6	11.8	7.9	4	0
3	27.5	25	22.4	19.8	17.2	14.4	11.7	8.8	5.9	3	0
2	18.3	16.6	14.9	13.2	11.4	9.6	7.8	5.9	4	2	0
1	9.2	8.3	7.5	6.6	5.7	4.8	3.9	2.9	2	1	0
0	0	0	0	0	0	0	0	0	0	0	0

表 4.3b と表 4.3c の数値は前節の表 4.2b と表 4.2c の数値と同様な振る舞いをしていることがわかる．

以上の基本的な検討の結果，本モデルから得られる最適な警備計画 $\{x^*(t, k)\}$ は，従来のミサイル割り当て問題と同様の性質をもち，得られる数値も容易に説明可能であることから，本モデルの定式化が有効であり，妥当な結果が得られていると判断する．次節では本モデルの各パラメータ値を変化させて感度分析を行う．

4.4.2 感度分析

モデルの各パラメータ値を変化させた際の最適警備員派遣計画 $\{x^*(t,k)\}$ と期待生存者数 $FE[t,k]$ への影響について，以下で感度分析を行う．

4.4.2.1 探知確率を変化させた場合の影響

前節では警備員のテロ犯の探知確率を $p = 0.5$ として数値例を検討したが，以下では探知確率を低下させた感度分析を行う． p 値を2つの範囲（ $0.0 \leq p \leq 0.04$, $0.05 \leq p \leq 0.2$ ）に分けた場合の最適警備員数について以下に示す．まず $0.0 \leq p \leq 0.04$ の場合の結果は，以下の表4.4のとおりとなる．

表4.4: 探知確率が $0.0 \leq p \leq 0.04$ のときの最適な指向人数

k＼t	10	9	8	7	6	5	4	3	2	1	0
10	0	0	0	0	0	0	0	0	0	0	0
9	0	0	0	0	0	0	0	0	0	0	0
8	0	0	0	0	0	0	0	0	0	0	0
7	0	0	0	0	0	0	0	0	0	0	0
6	0	0	0	0	0	0	0	0	0	0	0
5	0	0	0	0	0	0	0	0	0	0	0
4	0	0	0	0	0	0	0	0	0	0	0
3	0	0	0	0	0	0	0	0	0	0	0
2	0	0	0	0	0	0	0	0	0	0	0
1	0	0	0	0	0	0	0	0	0	0	0
0	0	0	0	0	0	0	0	0	0	0	0

表4.4から見られるように，探知確率が極端に低いときは，全期間において警備員を指向しないことが最適であるという結果が得られた．これは警備員のテロ犯の探知確率が非常に低いため，警備員を派遣してもテロ犯を見つけることがほぼ不可能であり，テロ阻止活動にまで移行できず，さらに，アリーナに警備員がいたとしても市民と共に爆発の犠牲者になってしまい，被害を拡大してしまうためと考えられる．次に p を少し上げて， $0.05 \leq p \leq 0.2$ の場合の最適警備計画を表4.5に示す．

表4.5のように警備員がテロ犯を探知する確率がやや低い（ $0.05 \leq p \leq 0.2$ ）ときは，できるだけ指向可能な警備員の全員を指向し，探知確率を向上させることが最適な方針であろうという結果が得られた．個々の警備員の捜索能力がこの程度の p の範囲では，全員を投入してでもテロ犯の探知に努める運用方法が，死傷者数を最小化するという点において，最適な運用であるということが示唆される．前節の結果も含めて，探知確率 p についての感度分析をまとめてみると，次の結論が得られる．

警備員の一人当りのテロ犯探知確率 p	最適な運用方針
極端に低い (0.0 ≤ p ≤ 0.04)	警備員を派遣しないこと
やや低い (0.05 ≤ p ≤ 0.2)	各時点とも全資源を投入すること
かなり大きい (0.3 ≤ p ≤ 1.0)	余裕をもって派出すること

表 4.5: 探知確率 $0.05 \leq p \leq 0.2$ のときの最適な指向人数

k＼t	10	9	8	7	6	5	4	3	2	1	0
10	10	10	10	10	10	10	10	10	10	10	0
9	9	9	9	9	9	9	9	9	9	9	0
8	8	8	8	8	8	8	8	8	8	8	0
7	7	7	7	7	7	7	7	7	7	7	0
6	6	6	6	6	6	6	6	6	6	6	0
5	5	5	5	5	5	5	5	5	5	5	0
4	4	4	4	4	4	4	4	4	4	4	0
3	3	3	3	3	3	3	3	3	3	3	0
2	2	2	2	2	2	2	2	2	2	2	0
1	1	1	1	1	1	1	1	1	1	1	0
0	0	0	0	0	0	0	0	0	0	0	0

4.4.2.2　テロ犯の出現確率を変化させた場合の影響

　基本的なケース A1 の検討では，テロ犯の出現確率 λ を $1/30$ として計算したが，本節ではその出現確率 λ を 0.0 から 1.0 の範囲で変化させて感度分析を行う．表 4.6 から表 4.8 に $\lambda = 1/100, 1/10, 1$ の場合の最適警備計画 $\{x^*(t,k)\}$ を示す．テロ犯探知確率はケース A1 と同様，$p = 0.5$ で評価した．$\lambda = 0.0$ の場合は，当然のことながら，いずれの k, t についても最適派出人数 x^* は 0 という結果になった．

表 4.6: テロ犯の出現確率 $\lambda = 1/100$ のときの最適な指向人数 x^*

k＼t	10	9	8	7	6	5	4	3	2	1	0
10	7	7	7	7	7	7	7	7	7	7	0
9	7	7	7	7	7	7	7	7	7	7	0
8	6	6	6	6	7	7	7	7	7	7	0
7	5	6	6	7	7	7	7	7	7	7	0
6	6	6	6	6	6	6	6	6	6	6	0
5	5	5	5	5	5	5	5	5	5	5	0
4	4	4	4	4	4	4	4	4	4	4	0
3	3	3	3	3	3	3	3	3	3	3	0
2	2	2	2	2	2	2	2	2	2	2	0
1	1	1	1	1	1	1	1	1	1	1	0
0	0	0	0	0	0	0	0	0	0	0	0

　λ が $1/100$ から 1 まで増加するにつれて，各時点での警備員の指向人数が徐々に少なくなっていく振る舞いが見られる．これはテロ犯の出現確率の高いときは警備員の損耗が激しいことが予想されるので，期間全体での生存者数を最大にするためには，警備期間の終期まで警

表 4.7: テロ犯の出現確率 $\lambda = 1/10$ のときの最適な指向人数 x^*

k \ t	10	9	8	7	6	5	4	3	2	1	0
10	5	5	5	6	6	6	6	7	7	7	0
9	5	5	5	5	5	5	6	6	7	7	0
8	5	5	5	5	5	5	5	5	6	7	0
7	4	4	4	4	4	5	5	5	5	7	0
6	4	4	4	4	4	4	4	5	5	6	0
5	3	3	3	3	4	4	4	5	5	5	0
4	3	3	3	4	4	4	4	4	4	4	0
3	3	3	3	3	3	3	3	3	3	3	0
2	2	2	2	2	2	2	2	2	2	2	0
1	1	1	1	1	1	1	1	1	1	1	0
0	0	0	0	0	0	0	0	0	0	0	0

表 4.8: テロ犯の出現確率 $\lambda = 1$ のときの最適な指向人数 x^*

k \ t	10	9	8	7	6	5	4	3	2	1	0
10	2	2	2	2	3	3	3	4	5	7	0
9	2	2	2	2	3	3	3	4	5	7	0
8	2	2	2	2	2	3	3	3	4	7	0
7	2	2	2	2	2	2	3	3	4	7	0
6	2	2	2	2	2	2	2	3	3	6	0
5	2	2	2	2	2	2	2	3	3	5	0
4	2	2	2	2	2	2	2	2	2	4	0
3	2	2	2	2	2	2	2	2	3	3	0
2	2	2	2	2	2	2	2	2	2	2	0
1	1	1	1	1	1	1	1	1	1	1	0
0	0	0	0	0	0	0	0	0	0	0	0

備員を留保するような考え方を反映しているためと考えられる．警備最終期 ($t = 1$) においては，基本ケース A1 と同様の結果となっている．

4.4.2.3 市民数を変化させた場合の影響

最後に基本ケース A1 での市民数 30 人から，アリーナに存在する市民数 $e(t)$ を各期とも 10,50,100,1000 人に変化させるときの最適警備計画 $\{x^*(t,k)\}$ を表 4.9 から表 4.12 に示す．

各表の比較から，最適な配備計画 $\{x^*(t,k)\}$ は各期間に存在する市民数に応じて大きく 2 パターンに分けられる．アリーナにいる市民数が 10 から 50 名程度の比較的少数の場合 (表 4.9，4.10) には，警備員の配分を抑えて配備可能な全員を配置せず，後々まで温存するという方針が見られる．一方，アリーナ内に存在する市民数が 100 名以上になると $k = 7,6$ 以外の場合には，手持ちの警備員全員を警備に充てることが最適であるという結果になっている．警備員数が $k = 9,8,7,6,5$ 付近の数値の振る舞いに着目すれば，警備開始のころは警備員を留保し，終期に近づくに連れて，全警備員により警備を行なうという階段型の配備計画パターンが得られている．

アリーナ内の人数を変化させた結果から，一般に，アリーナに存在する市民数が多ければ多いほど，各時点での最適な指向人数は多くなると考えられる．詳細な分析結果から，警備員を派遣しやすい状況が生じていることが分かった．アリーナに存在する市民が多いほど，爆発地点と被害者との間に他者が存在する可能性が高まり，いわゆる，ブロッキングの効果が出てくるため被害が及ぶ確率は減少する．さらに，市民と警備員が均等に存在することを仮定しているので，アリーナ内の人数の増加に対して，警備員 1 人当りの被害率が単調に減少することも，派遣しやすくなる効果が生まれる原因であろう．これらが相乗的に作用して警備員の派遣に，より寛容な状況が生じていると思われる．

表 4.9: 各期の市民数が 10 人のときの最適な指向人数 x^*

k \ t	10	9	8	7	6	5	4	3	2	1	0
10	4	5	5	5	5	5	5	5	5	5	0
9	5	5	5	5	5	5	5	5	5	5	0
8	4	4	4	4	4	4	5	5	5	5	0
7	4	4	4	4	4	4	4	4	5	5	0
6	4	4	4	4	4	4	4	4	4	5	0
5	4	4	4	4	4	4	4	4	4	5	0
4	4	4	4	4	4	4	4	4	4	4	0
3	3	3	3	3	3	3	3	3	3	3	0
2	2	2	2	2	2	2	2	2	2	2	0
1	1	1	1	1	1	1	1	1	1	1	0
0	0	0	0	0	0	0	0	0	0	0	0

表 4.10: 各期の市民数が 50 人のときの最適な指向人数 x^*

k＼t	10	9	8	7	6	5	4	3	2	1	0
10	8	8	8	8	8	8	8	8	8	8	0
9	7	7	7	7	7	8	8	8	8	8	0
8	5	5	6	7	7	7	7	8	8	8	0
7	5	5	5	5	5	7	7	7	7	7	0
6	4	4	5	5	5	6	6	6	6	6	0
5	4	5	5	5	5	5	5	5	5	5	0
4	4	4	4	4	4	4	4	4	4	4	0
3	3	3	3	3	3	3	3	3	3	3	0
2	2	2	2	2	2	2	2	2	2	2	0
1	1	1	1	1	1	1	1	1	1	1	0
0	0	0	0	0	0	0	0	0	0	0	0

表 4.11: 各期の市民数が 100 人のときの最適な指向人数 x^*

k＼t	10	9	8	7	6	5	4	3	2	1	0
10	10	10	10	10	10	10	10	10	10	10	0
9	9	9	9	9	9	9	9	9	9	9	0
8	8	8	8	8	8	8	8	8	8	8	0
7	5	5	5	5	7	7	7	7	7	7	0
6	4	5	5	5	5	6	6	6	6	6	0
5	5	5	5	5	5	5	5	5	5	5	0
4	4	4	4	4	4	4	4	4	4	4	0
3	3	3	3	3	3	3	3	3	3	3	0
2	2	2	2	2	2	2	2	2	2	2	0
1	1	1	1	1	1	1	1	1	1	1	0
0	0	0	0	0	0	0	0	0	0	0	0

表 4.12: 各期の市民数が 1000 人のときの最適な指向人数 x^*

k＼t	10	9	8	7	6	5	4	3	2	1	0
10	10	10	10	10	10	10	10	10	10	10	0
9	9	9	9	9	9	9	9	9	9	9	0
8	8	8	8	8	8	8	8	8	8	8	0
7	7	7	7	7	7	7	7	7	7	7	0
6	5	5	5	6	6	6	6	6	6	6	0
5	5	5	5	5	5	5	5	5	5	5	0
4	4	4	4	4	4	4	4	4	4	4	0
3	3	3	3	3	3	3	3	3	3	3	0
2	2	2	2	2	2	2	2	2	2	2	0
1	1	1	1	1	1	1	1	1	1	1	0
0	0	0	0	0	0	0	0	0	0	0	0

4.5　複数アリーナのモデル

　現実の警備任務を考えた場合，単一のアリーナのみの警備を担当することはまれで，通常は空間的に離れた複数のアリーナを同時に警備する場合が多い．本節では警備対象となるアリーナが複数あるときの最適警備問題のモデルを構築し，数値例により最適解について考察する．以下ではまずモデルの前提を述べる．次にこれまでと同様に動的計画法により警備員配分計画問題として定式化する．最後に数値例を考察する．

4.5.1　前提とパラメータの再定義

　1 つのアリーナの場合と基本的には同じであるが，警備するアリーナが複数あることが唯一異なる点である．したがって，複数アリーナモデルとして以下の前提を追加する．

　1’ 図 4.11 のように，各期間に派遣可能な警備員 k 人のうちから適切な合計人数 x を I ヵ所のアリーナに派遣して，行き交う市民を自爆テロ犯から警備する．ただし，アリーナ i $(i = 1, \cdots, I)$ への派遣警備員数を x_i $(x_1 + \cdots + x_I = x)$ とする．

　2’ 各期の警備任務終了時点で，それぞれのアリーナで生存した警備員の全員は警備本部に戻り，いったん人員現況を掌握した後，次の時点の警備に臨ませる．

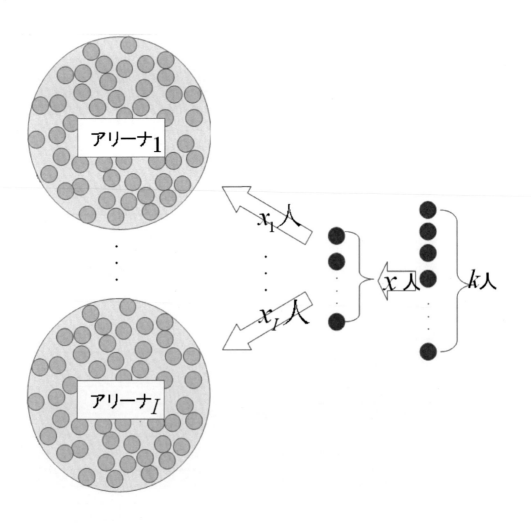

図 4.11: I ヵ所のアリーナに対する警備員の指向

単一アリーナの場合に用いたパラメータにアリーナ番号 i の添字を付けることにより，複数アリーナモデルでのパラメータを再定義しよう．

x_i	：第 i アリーナに指向される警備員の人数
$e_i(t)$	：期間 $[t, t-1]$ に第 i アリーナに存在する市民の人数
M_i	：第 i アリーナの直径 [メートル]
λ_i	：第 i アリーナのテロ犯の出現確率
$\delta(x_i)$	：第 i アリーナにおける警備員 x_i 人によるテロ犯の非探知確率
$p_{x_i}(0, y_i)$	：第 i アリーナでテロ阻止活動に成功する時，警備員 x_i のうち y_i 人が生存する確率
$p_{x_i}(1, y_i)$	：第 i アリーナでテロ阻止活動に失敗する時，警備員 x_i のうち y_i 人が生存する確率 また添字として次の記号を追加する．
u	：警備員の場合は s を，市民の場合は c をとる．
v	：アリーナの中央で自爆する場合 0 を，その他の場所で自爆する場合 1 とする．

例えば，以下の定式化で用いる $A_{i,v}^u(x_i, e_i(t))$ は，第 i 番目のアリーナに警備員 x_i 人と市民 $e_i(t)$ 人が存在するときに，v で爆発が起こったときの u の死傷者数の期待値を意味する．

4.5.2 動的計画法による定式化

4.3.2 節の基本モデルの評価式 (4.18) と同様な考え方に基づいて，複数アリーナのモデルを定式化する．各アリーナでは，次の i,ii,iii を考慮しなければならない．
i 複数のアリーナに生起しうるすべての個別事象
ii その個別事象が起こる確率
iii その個別事象による結果 (その個別事象が生起したことにより，それ以後に生じる警備員及び市民の生存数の期待値)
全アリーナのすべての個別事象の組み合わせに対し，ii と iii の積を各時点 t で合計することで，警備任務終了時までの全アリーナでの生存警備員と防護できる累積市民数の総和の期待値が得られる．複数アリーナモデルの説明を容易にするため，まず2つのアリーナの例を取り上げモデルの定式化を行うこととする．
[2つのアリーナの場合の定式化 ($I=2$)]
k 人の警備員がいる状況で時刻 t 以降に2つのアリーナへの派遣人数を最適に割り当てるとき，警備任務が終了するまでに全アリーナでの生存できる警備員数と防護できる累積市民数の総和の期待値を $FE_2[t, k]$ とすると，次の式で書くことができる．((4.23) を展開した各項の具体的な表現は，図 4.12 を参照のこと)

$$FE_2[t,k] = \max_{0 \le x \le k} \left\{ \max_{x_1+x_2=x} \sum_{j_1=1}^{5} \sum_{j_2=1}^{5} q_{j_1}^1 q_{j_2}^2 \left[G_{j_1}^1 G_{j_2}^2 \left(FE_2[t-1, k-\sum_{i=1}^{2} D_{j_i}^s] + \sum_{i=1}^{2} (e_i(t) - D_{j_i}^c) \right) \right] \right\} \quad (4.23)$$

ただし，$i=1,2$ はアリーナの番号とし，j は各アリーナでの個別事象の種類 ($j=1,2,3,4,5$) で以下を意味する．つまり，j_i はアリーナ i で生じる事象 j である．また初期条件はこれまでと同様 $FE_2[0, k] = k$ と設定する．各個別事象 j_i においてテロ犯の出現確率と探知確率の積を $q_{j_i}^i$，阻止戦闘・爆発による u の人間に生じる死傷者数の期待値を $D_{j_i}^u$ とする．

また (4.23) 式の $[\cdot]$ で使用する演算子 $G^i_{j_i}$ も事象の種類 j_i によって様々に変わる．以上の $q^i_{j_i}, D^u_{j_i}, G^i_{j_i}$ を個別事象毎にまとめたのが次の各項である．

$j_i = 1$（非探知）：演算子 $G^i_1 = 1$,$q^i_1 = \lambda_i \cdot \delta(x_i)$, $D^s_1 = A^s_{i,0}(x_i, e_i(t))$, $D^c_1 = A^c_{i,0}(x_i, e_i(t))$

$j_i = 2$（探知＆阻止成功）：演算子 $G^i_2 = \sum_{y_i=1}^{x_i} p_{x_i}(0, y_i)$,$q^i_2 = \lambda_i \cdot (1 - \delta(x_i))$, $D^s_2 = x_i - y_i$, $D^c_2 = 0$

$j_i = 3$（探知＆阻止失敗＆ $y_i \geq 1$ ）：演算子 $G^i_3 = \sum_{y_i=1}^{x_i} p_{x_i}(1, y_i)$,$q^i_3 = \lambda_i \cdot (1 - \delta(x_i))$, $D^s_3 = x_i - y_i + A^s_{i,1}(y_i, e_i(t))$, $D^c_3 = A^c_{i,1}(y_i, e_i(t))$

$j_i = 4$（探知＆阻止失敗＆ $y_i = 0$ ）：演算子 $G^i_4 = p_{x_i}(1, 0)$,$q^i_4 = \lambda_i \cdot (1 - \delta(x_i))$, $D^s_4 = x_i$, $D^c_4 = A^c_{i,0}(0, e_i(t))$

$j_i = 5$（非出現）：演算子 ，$G^i_5 = 1$,$q^i_5 = (1 - \lambda_i)$, $D^s_5 = 0, D^c_5 = 0$

問題 (4.23) を解く際にこれらのパラメータ及び演算子の置換を行う上で注意すべき点は，$D^u_{j_i}$ 内の y_i が演算子 $G^i_{j_i}$ にある y_i に応じて変化することであり，$D^u_{j_i}$ 等をあらかじめ個別的に計算するのではなく，$D^u_{j_i}$ 及び $G^i_{j_i}$ 等 を (4.23) 式に代入して式を作成した後にそれに従って計算することである．

(4.23) 式の展開例　2つのアリーナに対し警備可能な k 人の警備員から時刻 t に x 人を指向させるものとする．第1アリーナに x_1 人，第2アリーナに x_2 人を派遣させ（$x_1 + x_2 = x$），期間 $[t, t-1]$ にテロ犯が各アリーナに確率 λ_1, λ_2 で出現した場合の，次の2つの個別事象を考える．

(a) 第1アリーナで警備員がテロ犯を探知し，警備員 x_1 人で1人のテロ犯と阻止戦闘を行い，テロ阻止活動に成功する事象（$j_1 = 2$）の場合

(b) 第2アリーナで警備員がテロ犯を探知し，警備員 x_2 人で1人のテロ犯と阻止戦闘を行い，テロ阻止活動に失敗する事象（$j_2 = 3$）の場合

上記の個別事象 (a) かつ (b) に係る (4.23) の項目は，以下のように表現される．

$$q^1_2 q^2_3 \left\{ G^1_2 G^2_3 (FE_2[t-1, k - D^s_2 - D^s_3] + e_1(t) - D^c_2 + e_2(t) - D^c_3) \right\}$$

$$= \lambda_1(1 - \delta(x_1))\lambda_2(1 - \delta(x_2)) \times \left\{ \sum_{y_1=1}^{x_1} p_{x_1}(0, y_1) \sum_{y_2=1}^{x_2} p_{x_2}(1, y_2) \right. \tag{4.24}$$

$$\left. \left(FE_2[t-1, k - x_1 + y_1 - 0 - x_2 + y_2 - A^s_{2,1}(y_2, e_2(t))] + e_1(t) - 0 + e_2(t) - A^c_{2,1}(y_2, e_2(t)) \right) \right\}.$$

すなわち，$(j_1, j_2) = (2, 3)$ の個別事象について，上で定義した記号を (4.23) に代入すれば，(4.24) のような2重和による式が作成されるから，それに従って y_1 を1から x_1 まで，y_2 を1から x_2 まで変化させつつ，$p_{x_1}(0, y_1)p_{x_2}(1, y_2) \times$

$\left\{ FE_2[t-1, k - x_1 + y_1 - 0 - x_2 + y_2 - A^s_{2,1}(y_2, e_2(t))] + e_1(t) - 0 + e_2(t) - A^c_{2,1}(y_2, e_2(t)) \right\}$

の総和をとらなければならない．なお，(4.24) は図4.12の8行目に相当する．

[2つ以上の多くのアリーナに一般化した場合の定式化（$I \geq 2$）]

(4.23) は2つのアリーナに対する定式化であったが，I ヵ所のアリーナにも容易に拡張できる．I ヵ所のアリーナに警備可能な k 人の警備員を，時刻 t 以降に最適な計画に従って派遣するとき，警備任務が終了するまでに I ヵ所のアリーナで生存できる警備員数と防護できる市民の最大累積数の期待値を $FE_I[t, k]$ とすると，(4.23) の類推から次の式で計算される．

$$FE_I[t, k] = \tag{4.25}$$

$$\max_{0 \leq x \leq k} \left(\max_{x_1 + \cdots + x_I = x} \sum_{j_1=1}^{5} \cdots \sum_{j_I=1}^{5} \left[q^1_{j_1} \cdots q^I_{j_I} \{ G^1_{j_1} \cdots G^I_{j_I} (FE_I[t-1, k - \sum_{i=1}^{I} D^s_{j_i}] + \sum_{i=1}^{I} (e_i(t) - D^c_{j_i})) \} \right] \right).$$

ここでも， i はアリーナの番号 $(i = 1, \cdots, I)$ を， j は個別事象の種類 $(j = 1, \cdots, 5)$ を示している．また $q_{j_i}^i, G_{j_i}^i, D_{j_i}^u$ も $I = 2$ の場合と同様に設定できる．(4.25) の計算は各アリーナで生起しうる個別事象の全ての組み合わせについて総和をとらなければならないから， I が大きくなるとその計算量が大変なものになることが予想される．

例えば，派遣可能な k 人のうちの x 人を I コの現場に派遣しようとする場合の数は，0 人派遣することも含めて，反復組み合わせの数 $_IH_x = _{I+x-1}C_x$ とおりにもなる．ここですべてのアリーナへの派遣人数が互いに異なる $(x_i \neq x_j \text{ for } \forall i, j)$ 場合には $I!$ の派遣パターンが存在するので，各パターンごとで以下の計算が別々に必要となる．同一の派遣人数となるアリーナが複数存在する場合でも，例えば，派遣人数の集合 $U = \{x_i | x_i = \alpha\}, V = \{x_i | x_i = \beta\} \cdots$ などとするとき， α 人を派遣するアリーナ数を $|U|$, β 人を派遣するアリーナ数を $|V|$ とすれば，派遣パターン数は $I! / (|U|! \, |V|! \cdots)$ である．

このそれぞれの派遣人数のパターン $\{x_1, x_2, \cdots, x_I\}$ について，各アリーナで生起しうる事象を数える場合には，さらに 2 とおりの検討が必要となる． $x_i = 0 (i = 1, \cdots, I)$ の場合，警備員を i アリーナには派遣しないこととなり，この場合は，(1) テロ犯が来ないか，(2) テロ犯が確実にテロを遂行できるかの 2 とおりの事象が生起しうる．一方，1 人以上派遣するアリーナについては，前の検討のとおり $2x_i + 3$ とおりの事象が生起しうる．以上の考察より，仮に警備員を派遣するアリーナ番号を 1 から $I - z$ までとし，残りの z アリーナには全く派遣しないとすれば，検討すべき状態の組み合わせの数は $2^z \prod_{x_i=1}^{I-z} (2x_i + 3)$ となる．

以上より，各アリーナで生起しうる全事象数は， $I! / (|z|! \, |U|! \, |V|! \cdots)$ と $2^z \prod_{x_i=1}^{I-z} (2x_i + 3)$ との積程度となる．これらの各事象をアルゴリズムに書き下し計算を実行することは極めて困難である．

4.5.3 数値例と考察

本節では，複数のアリーナモデルのもっとも簡単なケースとして 2 アリーナでの数値例を示し考察する．テロ犯への対処方法は，単一アリーナの場合と同様に，アリーナに派遣される全警備員によるテロ対処を想定した．各パラメータ値も単一アリーナの場合と同じとする．

4.5.3.1 同一な性質をもつ 2 つのアリーナ

同一な性質をもつ 2 つのアリーナがある．これらを k 人の警備員で， t 期間を最適に警備する．警備任務終了がするまでに 2 つのアリーナで助けられる累積人数の期待値の和を最大化するように各アリーナへ指向すべき警備員数 x_1^*, x_2^* とその合計 x^* を求めると，表 4.13a が得られる．

表 4.13a の配分計画 $\{x^*, x_1^*, x_2^*\}$ は，**4.4.1** 節の表 4.2a と同様な振る舞いをしていることがわかる．すなわち，表 4.2a の k と x^* を 2 倍にすると，表 4.13a となる．これは，両方のアリーナが同じパラメータ値をもつためである．ただし，

- k が奇数の場合， x_1^* と x_2^* を整数にしか分けられないため，どちらかのアリーナに多くの警備員を指向させることになる．(計算上，アリーナ 2 に多く指向させている．)

- 警備員数 $k = 2$ 人なおかつ一人当りのテロ犯探知確率 p が 0.0 から 0.5 のときのみ，それぞれのアリーナへ一人ずつを指向するよりもどちらかに 2 人 (全員) を指向した方

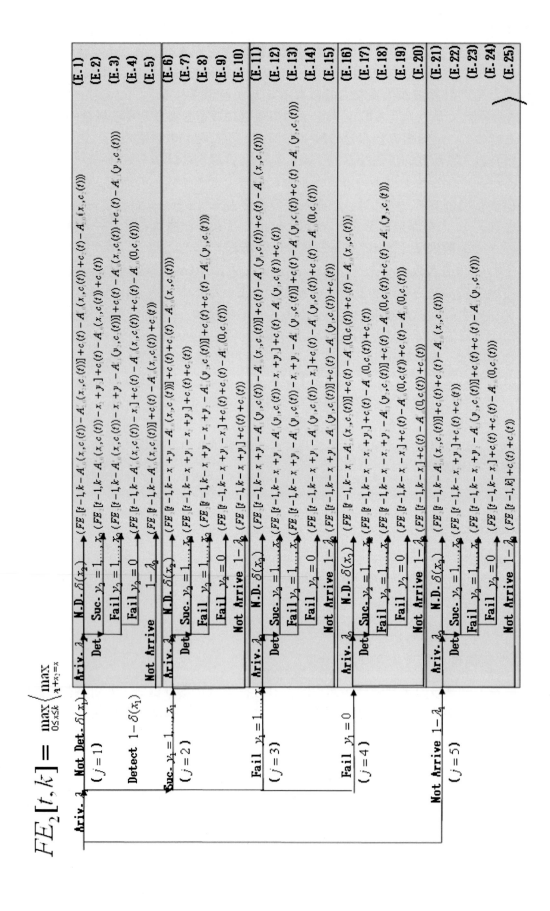

図 4.12: 2 アリーナに生起しうるすべての事象の定式化

表 4.13a: 同一な 2 つのアリーナへの最適な派遣警備員数 $\{x^*, x_1^*, x_2^*\}$

k\t	10			9			8			7			6			5			4			3			2			1		
	x*	x1*	x2*	x*	x1*	x2*	x*	x1*	x2*	x*	x1*	x2*	x*	x1*	x2*	x*	x1*	x2*	x*	x1*	x2*	x*	x1*	x2*	x*	x1*	x2*	x*	x1*	x2*
20	14	7	7	14	7	7	14	7	7	14	7	7	14	7	7	14	7	7	14	7	7	14	7	7	14	7	7	14	7	7
19	14	7	7	14	7	7	14	7	7	14	7	7	14	7	7	14	7	7	14	7	7	14	7	7	14	7	7	14	7	7
18	14	7	7	14	7	7	14	7	7	14	7	7	14	7	7	14	7	7	14	7	7	14	7	7	14	7	7	14	7	7
17	14	7	7	14	7	7	14	7	7	14	7	7	14	7	7	14	7	7	14	7	7	14	7	7	14	7	7	14	7	7
16	14	7	7	14	7	7	14	7	7	14	7	7	14	7	7	14	7	7	14	7	7	14	7	7	14	7	7	14	7	7
15	14	7	7	14	7	7	14	7	7	14	7	7	14	7	7	14	7	7	14	7	7	14	7	7	14	7	7	14	7	7
14	12	6	6	12	6	6	12	6	6	12	6	6	14	7	7	14	7	7	14	7	7	14	7	7	14	7	7	14	7	7
13	10	5	5	12	6	6	12	6	6	13	6	7	13	6	7	13	6	7	13	6	7	13	6	7	13	6	7	13	6	7
12	10	5	5	12	6	6	12	6	6	12	6	6	12	6	6	12	6	6	12	6	6	12	6	6	12	6	6	12	6	6
11	10	5	5	10	5	5	10	5	5	10	5	5	11	5	6	11	5	6	11	5	6	11	5	6	11	5	6	11	5	6
10	10	5	5	10	5	5	10	5	5	10	5	5	10	5	5	10	5	5	10	5	5	10	5	5	10	5	5	10	5	5
9	9	4	5	9	4	5	9	4	5	9	4	5	9	4	5	9	4	5	9	4	5	9	4	5	9	4	5	9	4	5
8	8	4	4	8	4	4	8	4	4	8	4	4	8	4	4	8	4	4	8	4	4	8	4	4	8	4	4	8	4	4
7	7	3	4	7	3	4	7	3	4	7	3	4	7	3	4	7	3	4	7	3	4	7	3	4	7	3	4	7	3	4
6	6	3	3	6	3	3	6	3	3	6	3	3	6	3	3	6	3	3	6	3	3	6	3	3	6	3	3	6	3	3
5	5	2	3	5	2	3	5	2	3	5	2	3	5	2	3	5	2	3	5	2	3	5	2	3	5	2	3	5	2	3
4	4	2	2	4	2	2	4	2	2	4	2	2	4	2	2	4	2	2	4	2	2	4	2	2	4	2	2	4	2	2
3	3	1	2	3	1	2	3	1	2	3	1	2	3	1	2	3	1	2	3	1	2	3	1	2	3	1	2	3	1	2
2	2	0	2	2	0	2	2	0	2	2	0	2	2	0	2	2	0	2	2	0	2	2	0	2	2	0	2	2	0	2
1	1	0	1	1	0	1	1	0	1	1	0	1	1	0	1	1	0	1	1	0	1	1	0	1	1	0	1	1	0	1
0	0	0	0	0	0	0	0	0	0	0	0	0	0	0	0	0	0	0	0	0	0	0	0	0	0	0	0	0	0	0

表 4.13b: 生存する警備員と防護できる累積市民数の期待値の合計 $FE_2[t,k]$

k\t	10	9	8	7	6	5	4	3	2	1	0
20	615.5	556	496.4	436.9	377.3	317.8	258.2	198.7	139.1	79.6	20
19	614.5	555	495.4	435.9	376.3	316.8	257.2	197.7	138.1	78.6	19
18	613.5	554	494.4	434.9	375.3	315.8	256.2	196.7	137.1	77.6	18
17	612.5	553	493.4	433.9	374.3	314.8	255.2	195.7	136.1	76.6	17
16	611.5	552	492.4	432.9	373.3	313.8	254.2	194.7	135.1	75.6	16
15	610.5	551	491.4	431.9	372.3	312.8	253.2	193.7	134.1	74.6	15
14	609.5	549.9	490.4	430.9	371.3	311.8	252.2	192.7	133.1	73.6	14
13	608.4	548.9	489.4	429.8	370.3	310.8	251.2	191.7	132.1	72.6	13
12	607.4	547.9	488.3	428.8	369.3	309.7	250.2	190.7	131.1	71.6	12
11	606.4	546.8	487.3	427.8	368.2	308.7	249.2	189.6	130.1	70.5	11
10	605.3	545.8	486.3	426.7	367.2	307.7	248.2	188.6	129.1	69.5	10
9	604.2	544.7	485.2	425.7	366.2	306.6	247.1	187.6	128.1	68.5	9
8	603.1	543.6	484.1	424.6	365.1	305.6	246.1	186.6	127	67.5	8
7	601.8	542.4	482.9	423.4	364	304.5	245	185.5	126	66.5	7
6	600.6	541.2	481.7	422.3	362.8	303.4	243.9	184.4	125	65.5	6
5	599.2	539.8	480.4	421	361.6	302.2	242.7	183.3	123.9	64.4	5
4	597.8	538.4	479.1	419.7	360.3	301	241.6	182.2	122.8	63.4	4
3	596	536.7	477.5	418.2	358.9	299.6	240.3	181	121.6	62.3	3
2	594.4	535.2	475.9	416.7	357.5	298.2	239	179.7	120.5	61.3	2
1	592.6	533.5	474.3	415.2	356	296.8	237.7	178.5	119.3	60.2	1
0	591	531.9	472.8	413.7	354.6	295.5	236.4	177.3	118.2	59.1	0

　が $FE_2[t,2]$ は大きくなるという結果が得られた ((1,1) 配備の $FE_2[t,2]$ < (0,2) 配備の $FE_2[t,2]$).

4.5.3.2　市民数が異なる 2 つのアリーナ

　基本的なパラメータ値は前節と同様とするが，アリーナ 1 には各期に 50 人の市民が存在し，アリーナ 2 には各期に 30 人が存在するとする．(4.23) 式により最適な指向人数 x^* 及びそれぞれのアリーナへ指向すべき人数 x_1^*, x_2^* を計算すると表 4.14 が得られる.

表 4.14: 市民数が異なる (50 人/30 人)2 つのアリーナへの最適な派遣警備員数 $\{x^*, x_1^*, x_2^*\}$

k\t	10			9			8			7			6			5			4			3			2			1		
	x*	x1*	x2*	x*	x1*	x2*	x*	x1*	x2*	x*	x1*	x2*	x*	x1*	x2*	x*	x1*	x2*	x*	x1*	x2*	x*	x1*	x2*	x*	x1*	x2*	x*	x1*	x2*
20	15	8	7	15	8	7	15	8	7	15	8	7	15	8	7	15	8	7	15	8	7	15	8	7	15	8	7	15	8	7
19	15	8	7	15	8	7	15	8	7	15	8	7	15	8	7	15	8	7	15	8	7	15	8	7	15	8	7	15	8	7
18	15	8	7	15	8	7	15	8	7	15	8	7	15	8	7	15	8	7	15	8	7	15	8	7	15	8	7	15	8	7
17	15	8	7	15	8	7	15	8	7	15	8	7	15	8	7	15	8	7	15	8	7	15	8	7	15	8	7	15	8	7
16	15	8	7	15	8	7	15	8	7	15	8	7	15	8	7	15	8	7	15	8	7	15	8	7	15	8	7	15	8	7
15	14	8	6	14	8	6	15	8	7	15	8	7	15	8	7	15	8	7	15	8	7	15	8	7	15	8	7	15	8	7
14	14	8	6	14	8	6	14	8	6	14	8	6	14	8	6	14	8	6	14	8	6	14	8	6	14	8	6	14	8	6
13	13	8	5	13	7	6	13	7	6	13	7	6	13	7	6	13	7	6	13	7	6	13	7	6	13	7	6	13	7	6
12	12	7	5	12	7	5	12	7	5	12	7	5	12	7	5	12	7	5	12	7	5	12	7	5	12	7	5	12	6	6
11	11	6	5	11	6	5	11	6	5	11	6	5	11	6	5	11	6	5	11	6	5	11	6	5	11	6	5	11	6	5
10	10	5	5	10	5	5	10	5	5	10	5	5	10	5	5	10	5	5	10	5	5	10	5	5	10	5	5	10	5	5
9	9	5	4	9	5	4	9	5	4	9	5	4	9	5	4	9	5	4	9	5	4	9	5	4	9	5	4	9	5	4
8	8	4	4	8	4	4	8	4	4	8	4	4	8	4	4	8	4	4	8	4	4	8	4	4	8	4	4	8	4	4
7	7	4	3	7	4	3	7	4	3	7	4	3	7	4	3	7	4	3	7	4	3	7	4	3	7	4	3	7	4	3
6	6	3	3	6	3	3	6	3	3	6	3	3	6	3	3	6	3	3	6	3	3	6	3	3	6	3	3	6	3	3
5	5	3	2	5	3	2	5	3	2	5	3	2	5	3	2	5	3	2	5	3	2	5	3	2	5	3	2	5	3	2
4	4	2	2	4	2	2	4	2	2	4	2	2	4	2	2	4	2	2	4	2	2	4	2	2	4	2	2	4	2	2
3	3	2	1	3	2	1	3	2	1	3	2	1	3	2	1	3	2	1	3	2	1	3	2	1	3	2	1	3	2	1
2	2	2	0	2	2	0	2	2	0	2	2	0	2	2	0	2	2	0	2	2	0	2	2	0	2	2	0	2	2	0
1	1	1	0	1	1	0	1	1	0	1	1	0	1	1	0	1	1	0	1	1	0	1	1	0	1	1	0	1	1	0
0	0	0	0	0	0	0	0	0	0	0	0	0	0	0	0	0	0	0	0	0	0	0	0	0	0	0	0	0	0	0

　表 4.14 に見られるように，各アリーナへ指向する人数 x_1^*, x_2^* は，市民数の多いアリーナに多数の警備員を指向する傾向があることが明らかである．これは 4.4.1.2 節で考察したのと同様に，重要なアリーナに対して重点的に警備員が配分されている例である.

4.5.3.3　テロ犯の出現確率が異なる 2 つのアリーナ

　基本的なパラメータ値はこれまでと同様とするが，テロ犯の各アリーナへの出現確率 λ_1, λ_2 が異なり，それぞれ 1/30,1/300 とする．(4.23) による最適な指向人数 x^* 及びそれぞれのアリーナへ指向すべき人数 x_1^*, x_2^* は表 4.15 のように計算される.

　表 4.15 に見られるように，指向可能な警備員数に余裕がある $k \geq 14$ では出現確率によらず均等に警備員を指向すべきという結果になった．一方警備員に 余裕がない $k \leq 13$ においては，よりテロ犯の出現確率が高いアリーナ 1 に多くの警備員を配置すべきという計画が得られている．特に $k = 12, 9, 7, 6, 5$ の場合については，残り期間が少なくなるにつれてアリーナ 2 から，テロ犯出現の可能性が高いアリーナ 1 の方に，1 名をシフトすべきとする計画が得られており，警備資源に制約がある場合の微妙な意思決定のための材料がこの表によ

表 4.15: テロ犯の出現率が異なる 2 つのアリーナへの最適な派遣警備員数 $\{x^*, x_1^*, x_2^*\}$

k\t	10			9			8			7			6			5			4			3			2			1		
	x*	x1*	x2*	x*	x1*	x2*	x*	x1*	x2*	x*	x1*	x2*	x*	x1*	x2*	x*	x1*	x2*	x*	x1*	x2*	x*	x1*	x2*	x*	x1*	x2*	x*	x1*	x2*
20	14	7	7	14	7	7	14	7	7	14	7	7	14	7	7	14	7	7	14	7	7	14	7	7	14	7	7	14	7	7
19	14	7	7	14	7	7	14	7	7	14	7	7	14	7	7	14	7	7	14	7	7	14	7	7	14	7	7	14	7	7
18	14	7	7	14	7	7	14	7	7	14	7	7	14	7	7	14	7	7	14	7	7	14	7	7	14	7	7	14	7	7
17	14	7	7	14	7	7	14	7	7	14	7	7	14	7	7	14	7	7	14	7	7	14	7	7	14	7	7	14	7	7
16	14	7	7	14	7	7	14	7	7	14	7	7	14	7	7	14	7	7	14	7	7	14	7	7	14	7	7	14	7	7
15	14	7	7	14	7	7	14	7	7	14	7	7	14	7	7	14	7	7	14	7	7	14	7	7	14	7	7	14	7	7
14	14	7	7	14	7	7	14	7	7	14	7	7	14	7	7	14	7	7	14	7	7	14	7	7	14	7	7	14	7	7
13	13	7	6	13	7	6	13	7	6	13	7	6	13	7	6	13	7	6	13	7	6	13	7	6	13	7	6	13	7	6
12	12	6	6	12	6	6	12	6	6	12	7	5	12	7	5	12	7	5	12	7	5	12	7	5	12	7	5	12	7	5
11	11	6	5	11	6	5	11	6	5	11	6	5	11	6	5	11	6	5	11	6	5	11	6	5	11	6	5	11	6	5
10	10	6	4	10	6	4	10	6	4	10	6	4	10	6	4	10	6	4	10	6	4	10	6	4	10	6	4	10	6	4
9	9	5	4	9	5	4	9	5	4	9	5	4	9	5	4	9	6	3	9	6	3	9	6	3	9	6	3	9	6	3
8	8	5	3	8	5	3	8	5	3	8	5	3	8	5	3	8	5	3	8	5	3	8	5	3	8	5	3	8	5	3
7	7	4	3	7	4	3	7	5	2	7	5	2	7	5	2	7	5	2	7	5	2	7	5	2	7	5	2	7	5	2
6	6	4	2	6	4	2	6	4	2	6	4	2	6	4	2	6	4	2	6	4	2	6	4	2	6	4	2	6	5	1
5	5	4	1	5	4	1	5	4	1	5	4	1	5	4	1	5	4	1	5	5	0	5	5	0	5	5	0	5	5	0
4	4	4	0	4	4	0	4	4	0	4	4	0	4	4	0	4	4	0	4	4	0	4	4	0	4	4	0	4	4	0
3	3	3	0	3	3	0	3	3	0	3	3	0	3	3	0	3	3	0	3	3	0	3	3	0	3	3	0	3	3	0
2	2	2	0	2	2	0	2	2	0	2	2	0	2	2	0	2	2	0	2	2	0	2	2	0	2	2	0	2	2	0
1	1	1	0	1	1	0	1	1	0	1	1	0	1	1	0	1	1	0	1	1	0	1	1	0	1	1	0	1	1	0
0	0	0	0	0	0	0	0	0	0	0	0	0	0	0	0	0	0	0	0	0	0	0	0	0	0	0	0	0	0	0

り提供されていると考える．警備資源がさらに制限される $k \leq 4$ の状況では，完全にアリーナ 1 の方に警備資源が割り当てられている．

以上の数値例より，2 アリーナモデルから得られる最適な警備計画 $\{x_1^*(t,k), x_2^*(t,k)\}$ は，現実的な状況においても容易に適用可能であることから，2 アリーナでのモデルの定式化も有効であり，妥当な計画が得られると判断する．3 ヵ所以上の場合にも一般的な評価式 (4.25) により $\{x_i^*(t,k)\}$ を求めることができる．

4.5.3.4　計算の複雑さの考察

前節の複数のアリーナのケースでも考察したように，警備員を派遣するアリーナ数の増加に伴い，計算量が急激に増加していく．計算量は他のパラメータにも大きく依存するが，以下では，様々な (T, k) に対する理論的な計算量と実際の計算時間の様子について数値例を見ながら考察する [21]．指向可能人数 $k = 5, 10, 15, 20, 30$ の場合の計算時間について，単一アリーナのケースを図 4.13 に，2 つのアリーナのケースを図 4.14 に示す．

まず，時間パラメータ T に関して考察すると，任意の I アリーナについて，$FE_I[t,k]$ を計算するためには，$FE_I[t-1,k]$ の値を用い，さらに $FE_I[t-1,k]$ を計算するためには $FE_I[t-2,k]$ を用いる，という具合に，再帰的な計算を繰り返すことから，時間に関しては線形で計算量が増大していくことは，ほぼ自明である．すなわち，時間に関する計算量の増加が線形であることから，時間の単位を細かく刻んだり，長い期間で計算することに関しては，計算量の増大の観点からは，それほど問題とならない．

次に派遣可能人数 k に関して考えると，各アリーナで交戦開始後の残存警備員パラメータ y は 1 から最大 x まで変化することが 2 パターンあり（$j_i = 2, 3$ のケース），その他の $j_i = 1, 4, 5$ ケースは各 1 とおりずつである．すなわち，ある x について合計で $2x + 3$ とおりの計算が必要である．x は 1 から $k(\neq 0)$ まで変化しうるので，$\sum_{x=1}^{k}(2x+3) = k^2 + 4k$ と

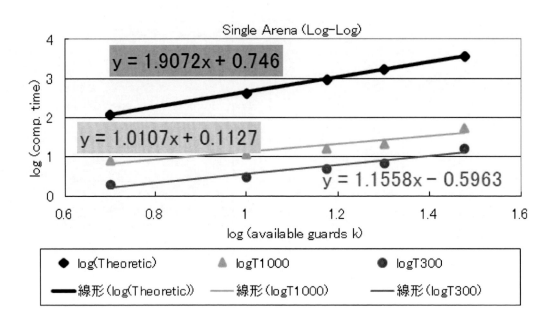

図 4.13: 派遣可能人数 k と計算時間の関係 (1 アリーナ)

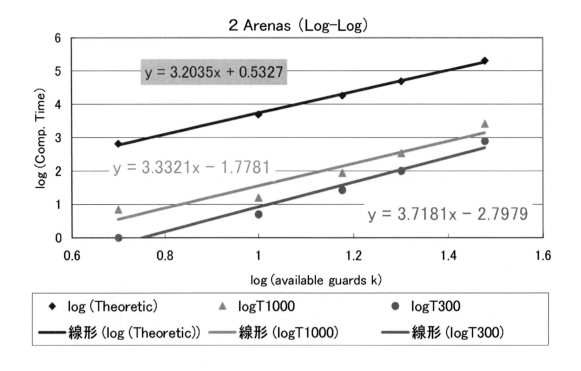

図 4.14: 派遣可能人数 k と計算時間の関係 (2 アリーナ)

おりあり，$k = 0$ の場合には2とおりあるので，1アリーナの場合には，全部で $(k^2 + 4k + 2)$ とおりの計算量となる．

　以上より単一アリーナのケースでは，　$O(Tk^2)$ の計算量を要することがわかる．単一アリーナのケースで，$k = 5, 10, 15, 20, 30$ の場合の計算時間をプロットし，両対数グラフで回帰式を描くと図4.13が得られる．この直線の傾きが k の依存性を示し，原理的には2になるはずである．各 k に対して計算量を正確に求め，理論的に描いた回帰直線の傾き1.9は，予想される次数（直線の傾き）2にかなり近い値となった．一方実際の計算時間は $T = 300, 1000$ の場合で計算してみると，次数が1より少し大きい程度となっていることから，k に関しては，ほぼ1次のオーダーで計算量が増大していることが分かった．これはアルゴリズムのいずれかの部分で計算が省略されているものと思われ，理論値よりもかなり少ない次数となっているので，計算負荷の観点から好ましい結果が得られていることがわかる．

　次に，2つのアリーナのケースでは $O(Tk^4)$ の計算量を要することが理論的な解析より確認された．2つのアリーナのケースで，k に関する計算量を詳細に検討すると，3.2次のオーダーで計算量が増大することがアルゴリズムの考察から分かった．単一アリーナのケースと同様に $T = 300, 1000$ の場合で実際に計算時間を求め，Log-Log で回帰直線の傾きを求めてみると，理論値よりもわずかに大きいものの，ほぼ予測される次数となる結果が得られている．

　これらの結果から，アリーナが1つ増えるごとに，利用可能な警備人数に関して，k^2 のオーダーずつ計算量が増大していくことが推測されるために，複数のアリーナに派遣する警備員数を同一プログラムで同時に計算することは避けたほうが，計算量の観点からも，プログラムの記述のしやすさからも，無難であると思われる．いっぺんに多くのアリーナへの派遣人数を同時に決定するのではなく，適当な人数ブロックごとにあらかじめ分割しておき，それぞれの（少数の派遣現場を含む）ブロックごとに対して，本プログラムを適用することが賢明である．

4.6　おわりに

　本章では，自爆テロが発生しうる市民が行き交う広場（アリーナ）で警備活動を実施する際に，一定の警備人員・警備期間の条件のもとで，最適な警備員配分計画を立案するモデルを構築し，数値例によりその特徴を観察した．今回の検討で得られた成果と今後の課題を以下にまとめる．

4.6.1　本研究によって得られた成果

1. 自爆テロによる犠牲者数を出来る限り抑えるような警備員派遣計画モデルを構築した．このモデルにより派遣警備員数を最適に決定することができ，人的資源の有効な利用方法が確立された．数値例を通して，より現実的な状況を記述するための基本的なモデルとして利用できそうなこともわかった．

2. 今回得られた派遣人数の計画の特徴は，残りの警備期間がまだ多いときは少人数を指向し資源消費を抑え，残り期間が少なくなると多人数を指向するのが最適であるという，射弾配分モデル [15] と同様な結果を確認することができた．ただし，パラメータの設定値によっては，射弾配分計画の計算例とは異なり，任務期間の終期に多くの資

源が残っていても，それを全て資源投入する必要がない計画も得られた．これは今回の警備計画モデルで新たに見られた知見である．

3. 警備員のテロ犯発見能力に応じた最適な警備員配分の運用方法を提案することができた．自爆のような大惨事を避けるため，テロ犯発見能力の向上が，いかに重要であるかを数値例から示すことができた．

4. テロ犯の出現可能性が高く，警備員の損耗が高いと予想されるときには，警備任務が終了する時点までにたくさんの市民を守れるように，最終時期まで警備員を残すように，警備期間の初めのころには少数の警備員を派遣することが最適な運用方法であることが示唆された．

5. アリーナに来る市民数の多寡が警備員数に比例的に影響を及ぼすことがわかった．

6. テロ犯を発見した後に速やかな阻止活動が要求される場合，ある程度の警備員数でテロ阻止活動を行うことが警備資源の節約の面から有効であり，現実的な対処方法の一つであることが示唆された．

7. 異なる特性をもつ複数のアリーナに対する警備員配分計画モデルへの拡張を行った．アリーナの特性である市民の密度やテロ犯の出現確率を変化させた場合，市民が集まりやすいアリーナ，テロ犯が出現する可能性が高いアリーナに，より多くの警備員を派遣させるのがよいことが示唆された．また残り期間と派遣可能人数に応じた，微妙な配分を決定することも可能である．

4.6.2　今後の課題

現在までの研究で，まだ十分に扱いきれていない課題として，以下の項目を挙げる．

1. アリーナの大きさ・形状・市民数を加味したテロ犯探知確率

　　本研究では，警備員の1人当たりのテロ犯探知確率を設定値として用いているが，本モデルにとって，もっとも望ましいのは，アリーナの大きさ・形・市民数等の物理的な特性を加味したテロ犯探知確率を定式化して，より現実的な評価に迫ることである．現在，テロ活動の手段が多様化しつつある状況で，それに対抗する様々なテロ犯の識別・検知できる装置が開発され改良されている．そのような状況の中で探知確率を定式化するのは，極めて困難な挑戦ではあるが，その可能性について検討したい．例えば，仮想的な環境 (街区や駅など) や実環境でも，(模擬的な) テロ犯を探知するような訓練を実施し，蓄積データから定量化する実験なども有効であろう．

2. 様々なアリーナの形状による爆発効果の把握

　　本研究では，爆発の効果による死傷者数の期待値の計算を容易にするために，アリーナの形を円形と想定して扱ったが，モデルの細部を拡張するため，また如何なる状況に対しても適用可能にするために，円形以外のアリーナ，あるいは障害物があるようなアリーナにおける死傷者数の期待値を定式化する手法を確立すべきである．特に通常の空間は四角形が基本なので，そうした空間に対応できるような被害算定モデルの構築が必要である．

3. テロ阻止活動の準備の所要時間

　本研究において，テロ阻止活動の準備の所要時間という概念はないが，実際にテロ犯を探知してからテロ阻止活動を開始するまでの時間は，テロ阻止活動の成否に大きく影響する．準備の所要時間に影響を及ぼすようなアリーナの大きさや地理的な障害物，参加人数等を加味してテロ行為開始までの所要時間の期待値を定式化し，さらに警備計画を立案するモデルに組み込む可能性について検討すべきである．なお [37] によれば，現行のセンサあるいは将来のセンサにより自爆テロ犯探知後，最低 10 秒間が自爆テロ犯を対処するために必要な時間として想定されている．この 10 秒間がモデルの有効性を左右する要因として，将来重要になってくるかもしれない．

4. テロ犯の自爆する意思

　本研究では，テロ犯の自爆する意思を表現する確率 $\beta(y)$ を次のように仮定した．

$$\beta(y) = S^{y/x}. \qquad (ただし, 0 < S < 1, \ 0 \leq y \leq x) \tag{4.26}$$

S は探知された時点のテロ犯の実行度を表す．今回の検討では $\beta(y)$ は交戦時間の関数であると考え，すなわち，残存警備員数の減少に比例すると考えて上式のように定式化した．この関数は，S の値によらず y の凸関数であるが，自爆テロ犯の心理を考えると凹関数の方がより適当かもしれない．自爆テロ犯は狂気の極限状況なので何ともいえないが，警備員との戦闘を開始した直後に，「もう爆発させたい，自爆テロ成功のために交戦時間を長引かせたくない」と考えるとすれば，交戦開始直後の y が $x \to (x-1) \to (x-2)$ 付近で $\beta(y)$ が急増し，さらに y が減少するに連れて増分 $d\beta(y)/dy$ も少なくなるような凹関数が妥当かもしれない．この点に関しては自爆テロ犯から直接，感情を表現する関数を聞き出すことが不可能なので，自爆テロの心理の研究なども参考としたい．

5. 警備期間が異なる複数のアリーナ

　本研究の複数のアリーナの場合では当初，警備期間を同じ一定期間としているが，アリーナにテロ犯が出現すると思われる期間が異なることもあるだろう．例えば，あるアリーナでイベントなどが開催される期間にはテロ犯の出現する可能性があるが，その期間を過ぎると，テロ犯が出現する可能性が無くなり，この時点で警備する必要も無くなる．複数のアリーナで警備期間が異なる場合には，それに対応できるような最適警備員配分計画の定式化を行う必要があるだろう．

6. 有限な警備回数の制約を加えるモデル

　本研究では，警備員の警備できる回数の制限がなく,警備員さえいれば指向可能としている．しかし 1 回の 1 人警備員を派遣するのに消耗されるような資源 (資金) が現実にはある．例として，警備員の手当，燃料，探知犬・検知器の整備費等による物資的な制約や警備に伴う精神的な疲労から回復するための休養期間などである．指向可能な人数のみならず，こうした物資的・精神的要因からの有限な警備回数の制約を加えて，より現実的なモデルについて検討することが必要である．その際は，整数計画問題などとして新たに考え直す必要があるかもしれない．

7. 実際のアリーナへの本モデルの適用

　　本研究の最終的な目標は，本モデルを実際のアリーナに適用することである．取得可能と思われるパラメータによりモデル構築を行ってきたが，実データを用いて評価を行い，得られる実施計画に問題点があれば，原因を探り出して解決していく作業が必要である．様々な実運用場面での試算を繰り返し，より完成度の高い実用的なモデルを目指したい．

　　自爆テロも含めたテロ行為は，イデオロギーや宗教問題，民族問題等，現代社会が抱えている様々な矛盾を基盤として生起すると考えられ，地上から根絶することは不可能であろう．テロ行為自体も，情勢の変化や新たな知識や利用可能な機材の出現とともに，多様化していくだろう．私たちはそうしたテロ事案に対し，未然防止の努力を放棄することがあってはならない．今回の研究に基づいて，テロ事案に対して最適なプランを提示することで，自爆テロ抑止に効果を及ぼすことを期待する．また今後のテロ対策手段構築のための一助となれば幸いである．

第5章　確率論的決闘モデルによる車列警護分析

5.1　車列警護の問題

　本章では防御対象とする重要人物や重要物資を車両に搭載して移動する際に，車列を組んで警護しつつ移動していく効果的な方法（車列警護）について議論する．日本における車列警護の例としては，ニュース等でよく見るように，国賓等を迎える際に，国賓が乗車している車両を通過させる道路を交通規制したり，通行時のいくつかの重要地点に検問を敷いたりして，関係車両以外の立ち入りを極力禁じて，防御対象の安全な移動を図ろうとしている情景が思い浮かぶ．また，米大統領等の移動においては，こうした交通規制に加え，多数の護衛車両や偵察のための車両，救急車などが随伴し，長大な車列を形成して対象を警護することも行われている [8].

　先進諸国においては，車列警護は，一般に警察，あるいは状況によっては軍事組織が担当するが，イラクなどの情勢が不安定な地域においては，行政組織が十分に機能せず，事前に通行路の安全を確保することが難しいこともある．そうした場合には警護対象車両を中心に，その前後に警護車両を配し，車列を形成する車両どおしが，互いに連携しあいながら警戒する事となる．こうした業務を担う組織としては，民間の軍事会社なども存在し [53]，警察や軍事組織の人員が十分に確保できない地域での警備や後方業務を実施し，近年，大幅にその需要が増大してきている．

　自衛隊においても国際平和協力活動が本来任務に加えられたことにより，イラクなど治安状況が悪い地域で，警護車列を組んで移動する運用も必然的に考慮しなければならなくなった．そうした運用時には武器を携行し，また，最悪の場合には，武器を行使せざるをえないこともあるだろう．自衛隊の車列移動での防護を民間警備会社に依頼する事態は考え難く，車列の運用方法を自ら立案して移動しなければならない．

　以上のように車列警護任務を概観してみると，各界の VIP 移送場面が，一般的には重要な任務であると思われる．一方で，その効果的な運用方法についての議論は，任務の秘匿性もあると思うが，あまり具体的な資料は見受けられない．こうした状況から，以下では，車列警護を OR 的な観点から分析することを試みる [55].

　車両警護を分析する際の典型的な状況としては，VIP 搭乗車両 (列) が移動している状況で，要人等に危害を加えようとする場合には，攻撃者が VIP 搭乗車両 (列) に密かに接近して，あるいは待ち伏せして，十分に近づいた位置から射撃や爆撃などの攻撃を仕掛ける，というような状況が一般的であると思われる．相対的に接近する攻撃者と防御者との間での戦闘を描写する OR モデルとしては，これまでに確率論的決闘モデルが研究されている [14].歴史的にはやや古く，米ソ間での ICBM の撃ち合いを想定したモデルとして，1960 年代に盛んに研究された．攻撃者や防御者の運動特性や武器の単発撃破確率 (SSKP) などを加味し

て交戦プロセスをモデル化し，両者の生存確率や勝利確率，交戦時間などを分析した．以下では，警護車両 (列) とテロ車両との間で銃撃戦が生起する状況に決闘モデルを適用し，双方の銃撃戦後の生存確率や被害確率を計算し，車列で移送する際の，より安全な移動方法について具体的な知見を得ることを目的として検討を行う．また，具体的な例として，2003 年にイラクで発生した在イラク日本大使館の参事官及び書記官が車両で移動中に銃撃を受け犠牲となった事案について，以下で展開するモデルを用いて分析を行い，より良い警備のあり方について考究する．

5.2　確率論的決闘モデルと車列警護モデル

　警護車列で移動中の交戦状況を分析するために参考とした確率論的決闘モデル [14] について簡単に紹介する．確率論的決闘モデルは，1960 年代の米ソ間の ICBM を相互に撃ち合うという過酷な状況をモデル化する目的で，米国のランド研究所の研究者を中心に熱心に研究された．多数の兵力間の戦闘を記述するモデルとしては，連立微分方程式をベースとするランチェスタモデルが有名であるが，ICBM 部隊というきわめて少数の兵力間での交戦を記述するためにこのモデルが創案された．主力部隊の能力を単純化する一方，異種兵力や交戦中の火力指向の変換，攻撃者の近接運動，SSKP の距離分布等，非定常なパラメータをもつミクロな交戦プロセスの構造を考慮して定式化され，勝利確率や交戦継続時間などが分析結果として出力された．こうした一連のモデル研究のうち，今回参考としたのは，静止する防御者に対して攻撃者が一定速度で接近してくる状況での確率論的決闘モデルである．以下，その概要を説明する．

5.2.1　攻撃者が接近してくる確率論的決闘モデル

　静止する防御者 B に対して，攻撃者 R は，一定速度 v で防御者に向かって進みながら射撃する．攻撃者の進撃開始時間 $t = 0$ を時間の起点とし，そのときの R の位置を S とする．時点 $t = 0$ より双方射撃を開始するものとする．

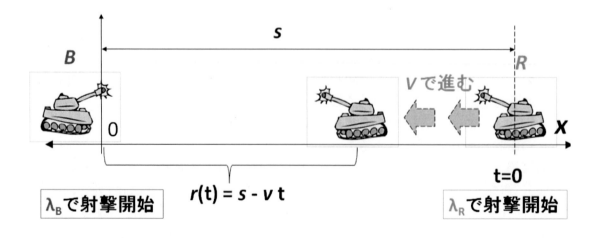

図 5.1: 交戦状況

　B,R ともに射撃の発射時間間隔 (単位は [発/単位時間]) は，発射率 λ_i $(i = B, R)$ の指数分布に従うと仮定し，両者間の距離が r の地点で i が発射する射弾 1 発が相手を死傷させる確

率（単発撃破確率；SSKP）を $p_i(r)$ とする．従って i が距離 r で生存している場合，相手を撃破する単位時間当たりの確率（撃破速度）は次式で表される．

$$k_i(r) = \lambda_i p_i(r). \quad (i = B, R) \tag{5.1}$$

$k_i(r)$ は，相対距離が r の地点にいるときに，単位時間内に i が敵を撃破する確率であり，地点 r まで i が生存しているときの条件付撃破確率（単位時間当たりの条件付撃破確率）である．また各時点での射撃は独立であるとする．時刻 t まで，攻撃しあう両者が生存している確率を $q(t)$ とすると，微少時間 Δt 経過後の両者の生存確率 $q(t + \Delta t)$ との間には，次の関係式が成り立つ．

$$q(t + \Delta t) = q(t)[1 - \{k_R(r(t)) + k_B(r(t))\}\Delta t] + o(\Delta t). \tag{5.2}$$

ただし，$r(t) = S - vt$, $o(\Delta t)$ は高位の無限小である．$\Delta t \to 0$ の極限を考えて $q(0) = 1$ の初期条件で微分方程式を解くと次式が得られる．

$$q(t) = \exp\left(-\int_0^t \{k_R(r(t)) + k_B(r(t))\}dt\right). \tag{5.3}$$

これより，攻撃開始時より時刻 t までに i が敵を撃破する確率 $P_i(r(t))$ は，各瞬間ごとでの撃破の可能性 (生存確率と撃破速度の積) をそれまでの時間で積分することにより，以下の式で求められる．

$$P_i(r(t)) = \int_0^t k_i(r(z))q(z)dz. \quad (i = B, R) \tag{5.4}$$

$P_i(r(t))$ は $k_i(r)$ 同様，i が t まで生存して敵を撃破する条件付確率である．次節では，このモデルの枠組みを参考として，警護車両と銃撃テロ犯との決闘モデルを構築する．

5.2.2　警護車列とテロ車両との交戦状況

　対象となる戦闘状況は，積極的に攻撃を加える攻撃側車両と，それに対して応戦する防御側車列による，直接照準射撃による戦闘である．直接照準射撃とは，射撃の目標物を直接目で見て狙って射撃するということである．交戦車両間の位置関係と攻撃態様を図5.2に示す．
　図のイメージは，車列を銃撃する際の一般的な状況を想起したものであり，直線経路上を移動している警護車列と，並行する別の直線上を対向して進行してくるテロ車両との間で銃撃戦が生起すると想定する．図ではテロ車両と防御車列が対向するとしているが，もちろん，相対速度の設定によっては，追走で後ろから追い越すような状況や，静止して待ち受けている状況でもかまわず，そうした状況も含めて検討できるモデルとしている．いずれにせよ，両者が相対的に接近した状況で銃撃戦が生起し，その結果，車両が被害を受ける可能性について計算する．この状況に，上で説明した確率論的な決闘モデルを適用して車列警護のモデル構築をすすめる．モデル記述のために，次の記号を定義する．

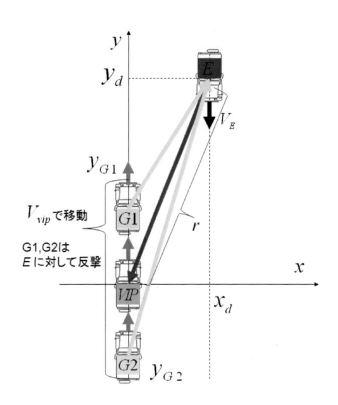

図 5.2: 交戦車両間の位置関係と攻撃態様

VIP	警護対象車両
G_1, G_2	警護車両 (G_1 が進行方向前方, G_2 が後方に配備)
E	テロ車両
y_d	銃撃開始時の E の y 軸上の位置
y_{G1}	G_1 の y 軸上の位置
y_{G2}	G_2 の y 軸上の位置
x_d	E の x 座標
V_{VIP}	警護車列の速度
V_E	E の速度
r	VIP と E との直線距離 $\left(= \sqrt{x_d^2 + y_d^2}\right)$
t	E 射撃開始後の経過時間（連続的）
n	射撃発射回数（離散的）
t_r	G_1, G_2 の反撃開始時刻
t_{mg}	双方の攻撃持続時間
α	射撃方向の変化に伴う旋回角度定数 $(1/rad.)$

　前小節で説明した確率論的決闘モデルと異なる設定を明確にしつつ，以下に交戦状況についてまとめる．

1. 警護車列は図 5.2 のように VIP 車両を原点とし，その前後の y_{G1}, y_{G2} の位置に 2 台の G が挟むような車列を組んで $+y$ 方向に一定速度 V_{VIP} で移動している．（警護車両が 1 台のケースも，後で検討する．）　相対速度を採用し，VIP 車列の速度を 0 とし，VIP

車両位置を原点に固定した座標系で計算を行う.

2. 対するテロ車両 E は，VIP,G に対向して $-y$ 方向に速度 V_E で移動する.

3. E は，時刻 $t = 0$ より VIP のみに対して，テロリストが容易に入手できるような簡素な銃 (拳銃，小銃，機関銃などの目視により直接照準するような銃) により射撃を開始する．VIP の原点座標に対し，攻撃開始時の E の位置を y_d，また警護車列との横距離を x_d とする.

4. 警護する G_1, G_2 は E からの射撃を受け始めた後，一定の反応時間 $t_r(\geq 0)$ 後から，2 台同時に射撃で応戦を開始する．使用する銃はテロリストと同程度の拳銃・機関銃等とする．また G_1, G_2 の応戦中の G_1, G_2 の一発ごとの射撃のタイミングは簡単化のために同じとする．射撃が継続する時間は E, G_1, G_2 のいずれも限定的であり，時間は t_{mg} とする．同一タイミングの単発射撃をラウンドと呼び，ラウンド数を n とする． (例えば，機関銃の 1 マガジン内の銃弾数を想定する.)

5. テロ車両，警護車両の射撃間隔は，いずれも各車両ごとで独立したパラメータに従う指数分布とする.

6. VIP 車両は要人の護衛が主任務のため，E より銃撃を受けても反撃しないものとする.

7. 跳弾，道路の状況などの副次的な影響は考えない．銃弾が発射された後の運転への影響 (直進性の変化，加減速変化など) も考慮しない．攻撃に対する車両自体の強度も一定値とする．ただし目標に対して銃を振り向け続けて射撃する影響は以下で考慮する.

既存研究の確率論的決闘モデルにおいては，交戦者相互の大きさや防御力は考慮されていなかった．これはそもそも，検討対象とした核攻撃に対しては，目標物の大きさよりも，かなり広い面積が被害を受け，また，防御についても核シェルター程度の強度しか無い建物が大半なので，防御の検討がほとんど意味を持たなかったためだと思われる．しかし今回の検討では，車両に対する小火器での攻撃を想定していることから，銃撃戦中の射撃の正確さと被弾後の被害について区分し，従来の決闘モデルでは考慮されてなかった，単発撃破確率のモデル化をまず行う.

　車両が銃撃などの攻撃を受ければ，当然のことながら，警護車両・VIP 車両ともに何らかの回避行動をとるために，銃撃の結果生じる被害は時々刻々と変化し，以下の検討で示す結果とは異なる結果が得られるはずである．しかし，それでもその短期間の襲撃においては，一定の割合で被害を受け続け，また，テロ車両に対し応戦しうるものと考えて，定常的な双方の攻撃が短時間両者間で成立し，双方が損害を被ると仮定したうえで，以下検討を行う.

5.2.3 命中率モデルと単発撃破確率モデル

　今回の攻撃対象が車両という比較的大きな目標であること，また，移動しつつ攻撃することに注意しながら，まず，目標を銃撃する際の命中率について検討し，次に着弾後に目標撃破に成功する確率 (SSKP) についてモデルを組み立てる.

　攻撃目標は大きいものの，動揺している車両からの銃撃であるため，正確な照準射撃は困難であると思われる．ここでは，射撃時に目標が視野の中に占める面積と，視野そのものの

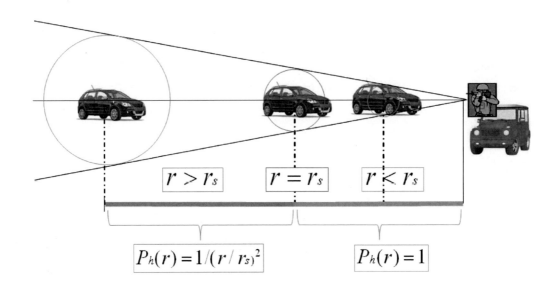

図 5.3: 命中率モデルの概念図

面積との比に注目した．図 5.3 では，遠い目標であるほど，視野を示す円が拡大しているように見えるが，実際は，視野の大きさは等しく，その中に目標が占める大きさが，遠い位置であれば，小さく，逆に，近くにいれば，視野内で目標が大きく見えることを示している．目標が視野の中に占める面積と視野の面積が等しくなった時，確実に命中できると仮定し，それより近い距離内では確実に目標のいずれかの部分に着弾することができるとする．この際，確実に目標に命中させるしきい距離を r_s とすると，視野内の目標の大きさが距離の 2 乗に反比例する物理的な関係から，目標までの距離を r とすれば，命中率 $P_h(r)$ を以下の式で定義できる．

$$P_h(r) = \begin{cases} 1/(r/r_s)^2, & (r > r_s \text{のとき}) \\ 1. & (r \leq r_s \text{のとき}) \end{cases} \tag{5.5}$$

さらに移動しつつ射撃する場合は，狙う方向が変化することに応じた誤差が生じる．小銃等による射撃で，角度変化を伴う狙いの誤差を考慮するためには，銃の旋回角度による命中率への影響を次のように加味する．射撃での n 発目と $n-1$ 発目の間の角度変化は，それぞれの瞬間での目標までの直線距離を r_n, r_{n-1} とすれば，次のように計算できる．(図 5.4 参照)

$$\Delta\theta = \theta_n - \theta_{n-1} = \arcsin(x_d/r_n) - \arcsin(x_d/r_{n-1}). \tag{5.6}$$

この値に銃を振り向ける動作による角度のブレの定数 α をかけて，$1 - \alpha\Delta\theta$ を角度変化に伴う誤差を加味した命中率の表現とする．これに $P_h(r)$ をかけることで，距離変化と角度変化を同時に加味した命中率が表現されるものとする．ただし，$1 - \alpha\Delta\theta$ は，0 以上 1 以下に収まるように，α を適当な値にあらかじめ調整しておくものとする．また，射撃を開始する 1 発目においては，$\Delta\theta = 0$ とする．

次に着弾後のテロ車両，VIP 車両がこうむるダメージについて議論する．発射される弾丸の威力や被弾した車両のダメージは，それぞれの発射・被弾状況に応じて大きく変化するはずである．しかし，そうした様々な個別状況を系統的なモデルとして組み立てることが困難であることから，以下では車両に命中した射弾 1 発が車両内の人員を死傷させる確率として，

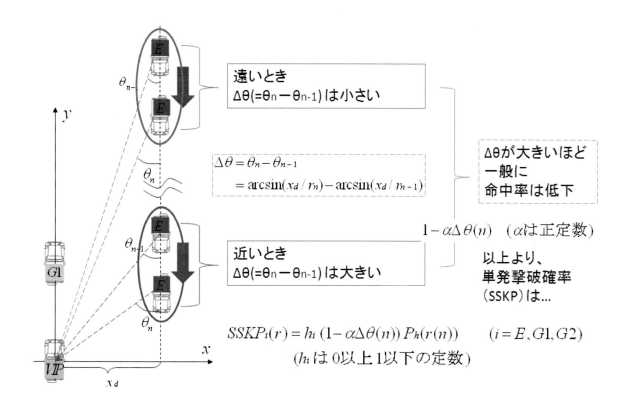

図 5.4: 射撃方向による SSKP への影響

一定の確率 h_E, h_{G1}, h_{G2} (ただしいずれも 0 以上 1 以下の定数) を設定する．以上定義した 3 つの要素，死傷確率，命中率 $P_h(r)$ 及び方位角のブレを掛け合わせて，銃弾を発射する車両 i が，相対する敵へ n ラウンド目の銃弾を発射し命中させ，内部の人員に何らかの被害を与える確率 (単発撃破確率)SSKP として，以下の式で表現する．

$$SSKP_i(n) = h_i(1 - \alpha\Delta\theta(n))P_h(r(n)). \qquad (i = E, G1, G2) \tag{5.7}$$

この確率は前述の確率論的決闘モデルでの撃破確率とは若干ニュアンスが異なるが，車内の人員が何らかの被害をこうむれば，死傷させられ，反撃できないような状況に陥る確率として，従来の研究での計算と同様に考えて，以下の生存確率の計算に用いていく．

5.2.4　警護車両と銃撃テロ車両との決闘モデル

テロ車両 E に対して G_1, G_2 が反撃している状況で時刻 $t(\geq t_r)$ での E の生存確率を $q_E(t)$ とする．このとき微小時間 Δt 経過後の生存確率 $q_E(t + \Delta t)$ は以下の式である．

$$q_E(t + \Delta t) = q_E(t)\{1 - (SSKP_{G1} + SSKP_{G2} - SSKP_{G1} \cdot SSKP_{G2})\Delta t\}. \tag{5.8}$$

$SSKP_{G1} \cdot SSKP_{G2}$ を差し引くのは，2 台の警護車両からの反撃でのオーバーキルを除去するためである．また，仮に警護車両が前後にいずれか 1 台しか付かない場合は，$SSKP_{G1} = 0$ あるいは $SSKP_{G2} = 0$ とすれば，そのままこの式を利用できる．さらに，前述の核攻撃を想定した決闘モデルでは，まさに "生存" の有無を意味したが，ここでの "生存" の意味は銃

撃してくる能力の有無程度の意味での生存であり，生死までは要求しなくても良いだろう．
時間に関する極限をとり（$\Delta t \to 0$），リアクションタイム経過後にしか反撃できないこと
$q_E(t_r) = 1$ に注意して微分方程式を解くと，次の式が得られる．

$$q_E(t) = \exp\left(-\int_{t_r}^{t} [1 - (1 - SSKP_{G1}(z))(1 - SSKP_{G2}(z))]\, dz\right). \tag{5.9}$$

ただし，SSKP は，(5.7) 式に示すように 1 ラウンドごとに離散的であるため，$(n-1)$ ラ
ウンドまでの攻撃による E の生存確率 $s_E(n-1)$ は，以下の式で計算される．

$$s_E(n-1) = \exp\left(-\sum_{j=1}^{n-1} \{1 - (1 - SSKP_{G1}(j))(1 - SSKP_{G2}(j))\}\right). \tag{5.10}$$

これより，ちょうど n ラウンド目に E が撃破される確率 $p_E(n)$ は，

$$p_E(n) = \{1 - (1 - SSKP_{G1}(n))(1 - SSKP_{G2}(n))\} s_E(n-1) \tag{5.11}$$

であり，また n 発目までに撃破される確率 (累積確率) は以下の $P_E(n)$ である．

$$P_E(n) = \sum_{m=1}^{n} p_E(m). \tag{5.12}$$

VIP 車両に対しても同様に計算され，以下の生存確率 $s_{VIP}(n-1)$ と (累積) 撃破確率
$P_{VIP}(n)$ が求められる．(ただし，この場合はテロ車両 1 台のみが，時刻 $t = 0$ から攻撃する
ので，同じ n であっても，攻撃開始の時間差があり，これが被害状況の差にも関係するので
パラメータ値の設定などに注意を要する．)

$$s_{VIP}(n-1) = \exp\{-\sum_{j=1}^{n-1} SSKP_E(j)\}, \tag{5.13}$$

$$p_{VIP}(n) = SSKP_E(n) s_{VIP}(n-1), \tag{5.14}$$

$$P_{VIP}(n) = \sum_{m=1}^{n} p_{VIP}(m). \tag{5.15}$$

さらにこれらの $P_E(n), P_{VIP}(n)$ を用いて，警護車両とテロ車両との相対的な有効性を判
定するために撃破効率 D を以下の式により定義する．

$$D = P_E(n)/P_{VIP}(n). \tag{5.16}$$

これは，テロ車両と VIP 車両が，同じ弾数 (正確にはラウンド数) を受けた際にこうむる被
害の交換比に他ならない．この値が 1 を越えればテロ車両がこうむる損害が VIP 車両がこう
むる被害よりも大きいことになり，合理的判断ができるテロ犯ならば，攻撃は仕掛けてこな
いはずである．(しかしながら，テロリストは妄信的なことが多く，自己犠牲を省みず攻撃
を仕掛けてくる点がやっかいである．)　一方，この値が 1 を下回る状況では，VIP 車両の
方が，より被害をこうむる状況であり，警護車列側としては残念な状況であるといえる．た
だし，この評価尺度は我にとって，だいぶ甘めに (我に有利に) 評価している感は否めない．
それは，同じラウンド数 n で比較している点である．警護車両も一般的に専守防衛である
ことから，警護側から先に発射することは無い．したがって，事案が生起している時々刻々

の状況ではテロ側が発射するラウンド数 n の方が確実に多いはずである．警護側が反撃を開始する t_r 以前にはテロ車両は全く被弾しないので，ダメージはゼロである．その後，あわてて t_r から反撃開始し，テロ車両にも被害が生じ始めるので，t_r 後の各瞬間 t では，明らかにテロ側の発砲ラウンド数の方が多いはずである．ただそうした過渡的な状況での銃撃効果を時々刻々と捉えることは各時点でのシミュレーションなどで分析するほかなく，交戦状況でいかようにも結果が変化することが予想されたので，ここでは，同じラウンド数での被害結果についてのみ比較することにする．

5.3 日本外交官襲撃事案についての適用

2003 年にイラクで発生した日本参事官・書記官乗車の車両が銃撃を受けて死亡した事件 [3] について，上記で構成したモデルを適用し分析を試みる．

5.3.1 状況説明

2003 年 11 月 29 日，午前 11 時（現地時間），イラク北部で，軽防弾装備の四輪駆動車 (トヨタ・ランドクルーザー，黒) で移動中の奥克彦・在英大使館参事官 (45)，井ノ上正盛・在イラク大使館 3 等書記官 (30)，イラク人運転手が襲撃され，殺害された．現地警察によると，バグダッドから北へ向かう片側 2 車線の幹線道路を走行中，後ろから追いついた車が，左側を並走しながら自動小銃を乱射し，そのまま逃走した可能性が高いという．2 人が乗っていた車両には，29 発の弾痕がすべて左側に残されていた．うち 1 発はフロントガラスまで突き抜けていた．日本大使館の車と分からないようにするために，ナンバープレートは外に出さず走行する防御策もとっていた．在イラク大使館では通常，職員らが外出する際，武装警備員を同行させることにしているが，本件のケースでは同行しなかったために十分な警護支援が得られなかった．

5.3.2 パラメータ値の設定

このような凄惨な襲撃事案について，犠牲を取り戻すことは不可能であり，また，事件の調査もすでに終結しているが，仮に外交官車両の前後に応戦能力のある警護車両を適切な間隔で配置し警護させるならば，どのような効果が見込めるか，前節までに提案したモデルを，図 5.5 の状況について適用し，現実的と思われる以下のパラメータ値を設定して試算を行う．

$$V_{VIP} = 25[m/sec.]$$
$$V_E = -30[m/sec.]$$
$$t_r = 0[sec.]$$
$$y_d = -10[m]$$
$$x_d : 10 \sim 30[m]\ で変化$$
$$r_s = 10[m]$$
$$h_E = h_{G1} = h_{G2} = 0.05$$
$$双方とも \alpha = 2\ かつ\ n = 30[発 = ラウンド]$$

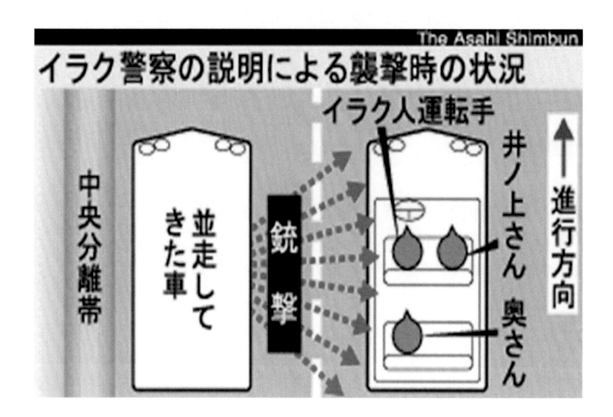

図 5.5: 襲撃状況説明図 [3]

$$y_{G1} = |y_{G2}| : 10 \sim 50[m] \text{ で変化させる.}$$

　テロ車両の速度 V_E をマイナスとし，さらにその絶対値を VIP 車両よりも大きく設定することで，後ろから追い抜く状況を表現している．この設定で，VIP 車両 (とその警護車両) は時速 90 [km/h] でテロ車両は時速 108 [km/h] であり，両車ともかなりの高速で移動すると仮定している．反撃開始のタイムラグ t_r は 0 [秒] としているが，これもかなり理想的な設定である．また，テロ車両との横距離 x_d もかなり距離がある設定にして，VIP 側にとって非常に有利な設定の下で試算を行ってみる．

5.3.3　計算結果と考察

　横距離 x_d と前後の警護車両までの距離 y_{G1}, y_{G2} を変化させた場合の交換比の変化を図 5.6 に示す．横距離 x_d が最大 30[m] もとれる，かなり現実離れした (我に有利な) 道路を，VIP 車両の前後に 50[m] 間隔で 2 台の警護車両 G_1, G_2 を随行させて時速約 100[km/h] にて走行している．この車列に対して後方より，E が追い抜きながら射撃を行い，警護車 G_1, G_2 も間髪を入れずに応戦開始をするのである．にもかかわらず，被害の交換比はすこぶる悪い結果である．前後の警護車両との間隔 y_{G1}, y_{G2} が横距離 x_d と同程度以下でないと交換比が 1 以上の有効な対処となりえない．現実的にありそうな $x_d = 10[m]$ の場合でも，前後の警護車両との距離が 10[m] 程度以下でなければ，我に有利な状況は起こりえない．前後の警護車両の間隔が広がるほど，交換比は低下していく．間隔が広がることで，テロ車両までの距離が長くなり，警護車両の反撃能力が低下していくためである．

　上下5本の折れ線グラフを相互に比較すれば，テロ車両との横距離 x_d が短いほど，下方の折れ線へと移行し，交換比が悪化，すなわち，我にとって不利で対処が困難な状況になる．これもテロ車両の射撃精度が相対的に向上することから自然なことである．これらの状況から，全般的に警護車両が反撃する機能を十分に発揮できる状況は皆無であるといえる．警護車両を配置することは，x_d や y_{G1}, y_{G2} によらず，威圧的な効果を与えることを期待するほうが大きいと思われる．

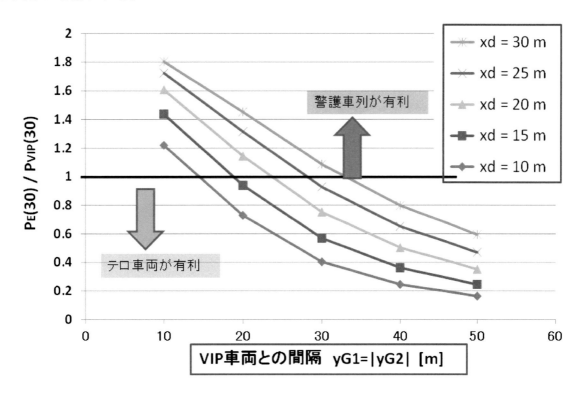

図 5.6: 前後の警護車両間隔 y_{G1}, y_{G2} 及び横距離 x_d が変化する際の交換比

　こうした試算結果になった一因は，被弾後に乗員が被害を受ける確率 h_E, h_{G1}, h_{G2} を同じ値に設定してしまったことが挙げられよう．銃を転向させながら射撃する能力や想定される小火器の威力などはテロリストでも警護要員でも大きな差は無いと思われるが，予算が許せば，車体の強度を大きく変えることは可能である．実際の VIP 車両には軽防弾装備が備わっていたようであるが，さらに車体の鋼板やガラスを厚くするなど，防弾装備を強化すれば，テロリストからの小火器の発砲に対しては，かなりの防御効果が見込めるはずであり，h_E を低く抑えることが可能なはずである．すなわち，$h_E < h_{G1}, h_{G2}$ の設定で試算を行っていれば，もう少し交換比は改善され，前後の車両間隔や横距離に余裕が取れるはずである．ただし，そのような設定で計算を実施するためには，実際に使用されそうな小火器を，対象となる防弾化車両に撃ち込んでみて，実際に h_E, h_{G1}, h_{G2} の大きさを見積もるような試験をあらかじめ実施しておく必要がある．

　交換比が振るわない結果となったもうひとつの理由は，テロ車両が被弾する状況下で攻撃を実施する際の "攻撃能力の割引" を加味していない点である．確率論的決闘モデルでも同様であるが，提案するモデルは，生存していれば攻撃能力は 100 ％発揮できるという暗黙の前提で評価を行っている．警護車列側は，2 種類のビークル，警護車両と VIP 車両が存在し，VIP 車両は一方的に被害を受けるのみで，射撃を実施しない前提である．一方，前後の警護車両は応戦のための射撃を実施するのみである．テロリストの攻撃対象がもっぱら VIP 車

両のみなので，警護車は交戦期間を通じて無傷であり，常に 100 ％の応戦能力を発揮できる前提にある．対するテロ車両は先制攻撃を実施しても，警護車両から応戦され，被弾してダメージを受けながら VIP 車両のみに攻撃し続ける．VIP 車両への攻撃と警護車両からの被弾によるダメージが同時に生起する状況では，当然のことながら，攻撃能力は低下していくはずである．本モデルでは，そこまで細かな設定はしていないために，テロ車両の攻撃能力を過大評価している可能性がある．こうした点が，我に不利な交換比となってしまっている一因にもなっている．

　実際に襲撃された状況は，後方からの追い越しざまの攻撃であったが，仮に前方からテロ車両が対向して進んできた場合の試算結果を図 5.7 に，また，テロ車両が静止して警護車列を待ち伏せし，攻撃を仕掛けてくるケースの結果を図 5.8 に示す．相対速度の違い以外は，上記の追い越しざまの場合と同じパラメータ値を採用して試算を行った．

　前方から向かってくるテロ車両が，すれ違いざまに攻撃を仕掛けてくる状況は，我にとっては完全に有利 (テロリストにとって全く不利) な攻撃パターンである．すれ違う一瞬しか有効な攻撃が実施できないため，どのような警護態勢でも交換比が 1 を下回ることは無い．また，待ち伏せ攻撃を仕掛けるような状況でも，時速 100[km] 程度で通過する車列に対しては，横距離，前後の警護車との間隔によらず，ほぼ警護車列側が有利な交戦結果となることが図から読み取れる．

　こうした計算例から考えれば，後方からの追い越しざまの銃撃が，我にとってもっとも不利な攻撃であり，こうした後方からの急襲に対して防護することがもっとも重要な警護であるといえよう．仮に 1 台しか警護が得られないような状況では，警備車両は後方に配置すべきであることが，これらの計算結果から示唆される．

　次に，テロリストによる突然の銃撃から，遅れて反撃開始するまでの反応時間 t_r が，0〜3 秒まで，1 秒刻みで評価した結果を図 5.9〜図 5.12 に示す (図 5.9 は図 5.6 と同じ)．リアクションタイムの差による交換比の変化はほとんどないように見られる．テロ車両からの銃撃後の反応時間が多少遅れても（0-2sec），交換比が 1 を超える範囲はそれほど影響ない．ただし，3 秒以上経過してからの反撃では，前後の警護車両間で反撃能力にアンバランスが生じるため，特に横距離が近いときには交換比の振る舞いが変化してくる．この例では $x_d = 10[m]$ のときには，前車両とテロ車両との距離が近づくために前 G からの撃破能力が効いてくる．その結果，交換比が 1 を超えるような VIP 車両との間隔は，従来よりも約 5m 増大（15→20m に変化）しても構わない．ただし横距離が遠い他のケースについてはほぼ同じ結果となっている．

　図 5.13〜図 5.18 は警護車両が 1 台しかつけられない場合の計算結果である．図 5.13,5.14 は追い越しざまに，図 5.15,5.16 は前方から対向して進んでくるケースを，また，図 5.17,5.18 は静止して待ち受けつつ攻撃してくるケースでの結果を示している．また，図 5.13,5.15,5.17 は VIP 車両の前方に警護車両を配置し，図 5.14,5.16,5.18 は VIP 車両の後方に配置した場合である．

　前方または後方に 1 台しか警護車両が付けられないケースでは，いずれの場合でも交換比が 1 を超えることはなく，警護車列側にとっては，全く不利な状況が続く．至近距離を長時間通過する追い越しケースのみで前後の配車による交換比の差が顕著であり，対向してくるケースや静止して待ち伏せしているケースでは，前後の配置の違いによる差はほぼ無い．ただし，前方・後方に置くケースを比較した場合，明らかには見えないものの，後方に配備した方が，幾分，交換比が良いようである．前方に配置した場合，攻撃態様の仮定より，前方警

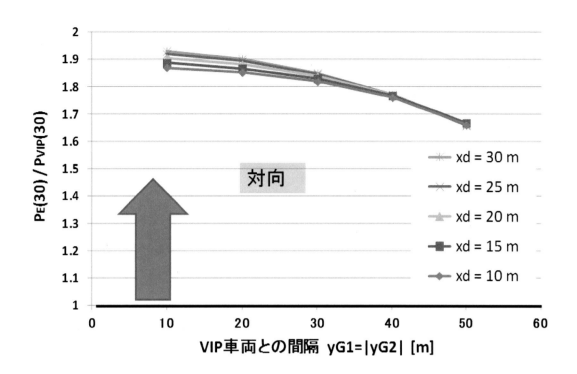

図 5.7: 対向移動時の戦闘結果の交換比

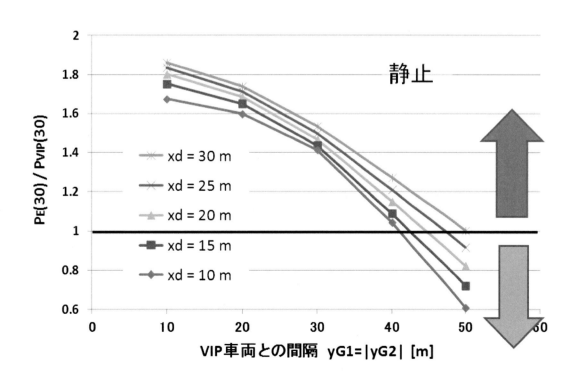

図 5.8: テロ車両が停止している時の戦闘結果の交換比

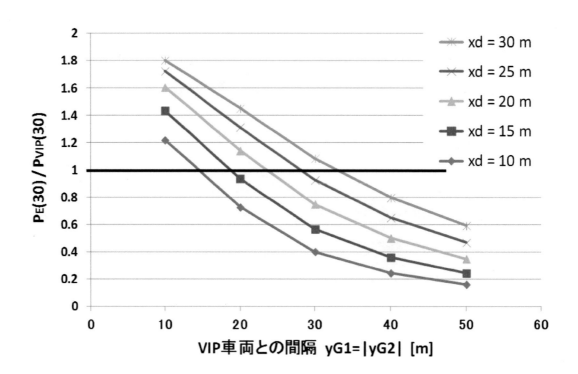

図 5.9: $t_r = 0$[秒] (図 5.6 と同じ)

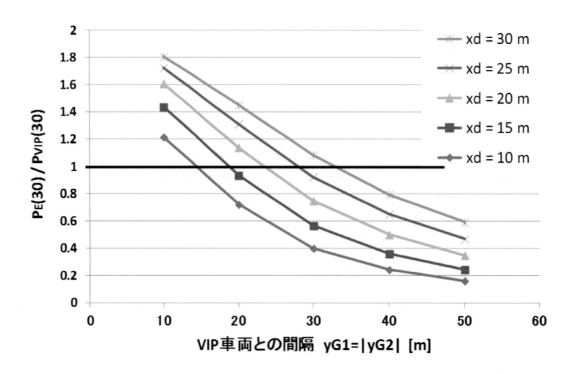

図 5.10: $t_r = 1$[秒]

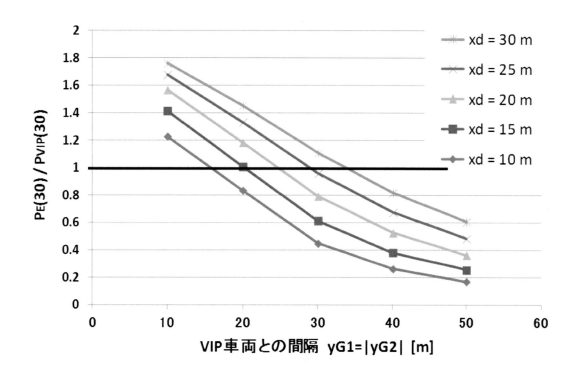

図 5.11: $t_r = 2[秒]$

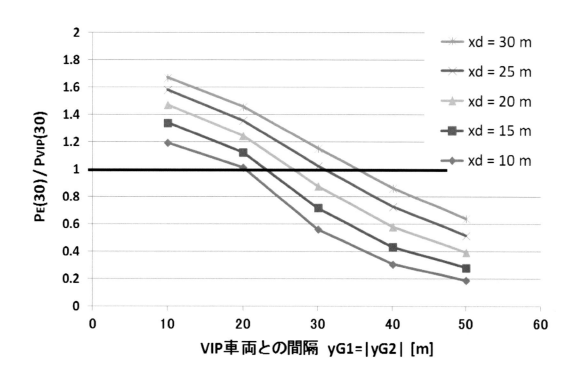

図 5.12: $t_r = 3[秒]$

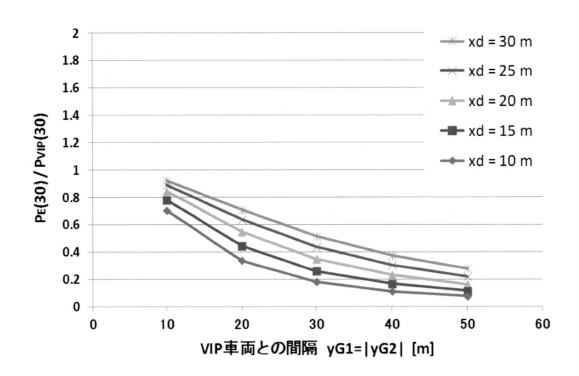

図 5.13: 警護車両が1台の場合の交換比 (追い越し攻撃；警護車は前方配置)

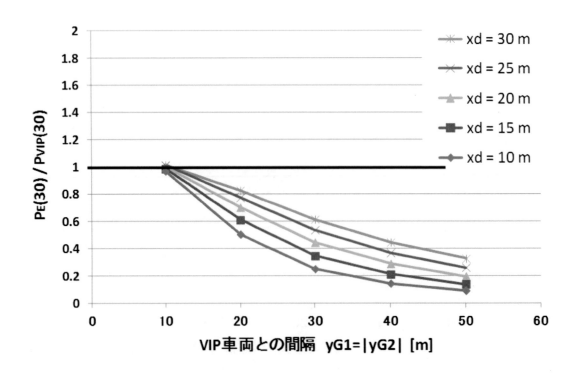

図 5.14: 警護車両が1台の場合の交換比 (追い越し攻撃；警護車は後方配置)

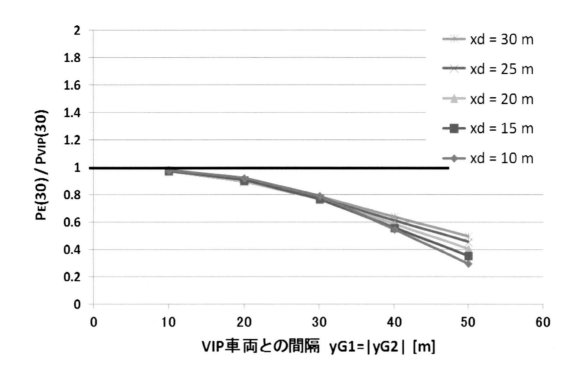

図 5.15: 警護車両が 1 台の場合の交換比 (対向攻撃；警護車は前方配置)

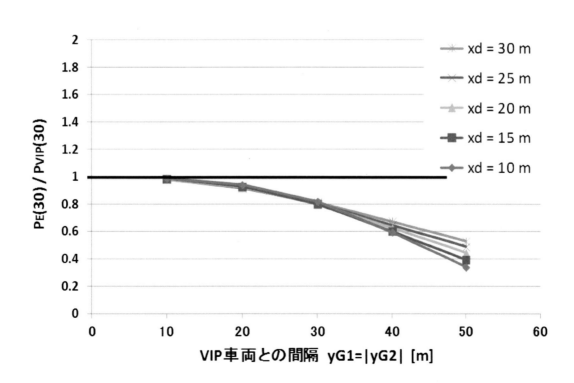

図 5.16: 警護車両が 1 台の場合の交換比 (対向攻撃；警護車は後方配置)

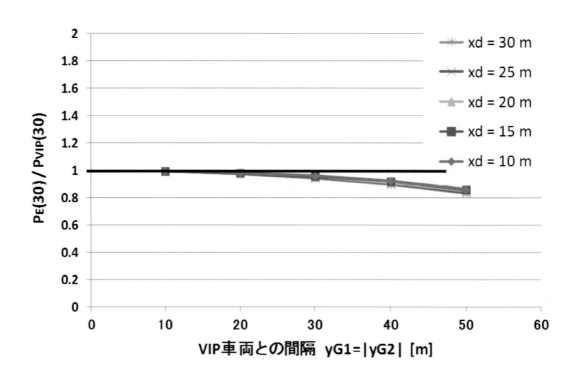

図 5.17: 警護車両が 1 台の場合の交換比 (待ち伏せ攻撃；警護車は前方配置)

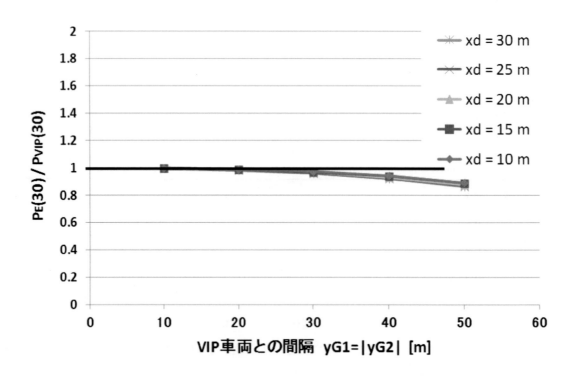

図 5.18: 警護車両が 1 台の場合の交換比 (待ち伏せ攻撃；警護車は後方配置)

護車が武器を振り回す角度が大きくなる反撃対応をとらざるを得なくなり，SSKP が低下する．このために，後方から反撃する場合よりもテロ車両を撃破する能力が低下することが，計算結果を詳細に分析することで分かった．こうしたことからも 1 台しか警護が付けられない場合は，後方に配置した方がよいことが改めて示唆される．

5.4 車列警護モデルのまとめ

車列警護時での銃撃戦を想定し，警護車列側・テロ車両側双方の被害見積もりから交換比を算出するモデルを確率論的決闘モデルを参考に構築し，警護の効果に関する検討を行った．今回のモデルの構築と数値的な検討により車列警護を数理的に解析する考え方を示し，より良い運用方法についての示唆を与えられたと考える．数値例での検討結果より明らかになったことは至極当たり前のことであるが，以下にまとめる．

- VIP 車列はなるべく横距離をとるように警戒しながら移動を心がけるべきである．逆にテロ車両は，VIP 車両になるべく (後方から) 接近してから襲撃すべきである．

- 前後 2 台の警護車両では，今回のパラメータ設定では，物理的な抑止効果はそれほど期待できず，むしろ，プレゼンスによる心理的な効果のほうが期待される．警護車が 1 台しか利用できない状況では，後方に警護車両を配置した方が実質的にも有効である．

- 警護車側からの反撃が可能な場合は，被弾後，多少のタイムラグがあってから反撃を開始しても交換比はほぼ変わらない．

今回の検討では車体への被害は実質的には命中率のみで撃破確率 SSKP を表現した．しかし，実際は，銃弾の効果や車両の抗たん性による部分まで考慮する必要があるし，何よりも内部の搭乗者へのダメージを見積もる必要がある．実用化のためには，この部分を中心に，実際の状況に即した SSKP 値を実験的に求めていく努力が必要である．また，その他に，想定される銃撃戦での具体的な攻撃・防御能力に関する基礎的なパラメータ値も，実際に射撃を行ったり，あるいは，適当な物理的・数値的シミュレーションを実施したりして収集する必要がある．

さらにテロ事案が頻発する地域では，銃撃よりも，むしろ IED(=Improvised Explosive Devices) と呼ばれる即席爆弾による攻撃の方が多発しており，被害も増加傾向にある．この IED 攻撃に対処するモデルに関しては次の章で議論する．

その前に，次節では，前章で採用した自爆テロ犯のアリーナ中心での自爆による被害見積もり評価モデルを利用して，自爆テロ犯と警備員との間の決闘モデルを構築し検討を行う．

5.5 自爆テロ犯と警備員の決闘モデル

前節までのモデル構築を参考に，以下では，自爆を企図する爆弾テロ犯が円形アリーナ (の中心部) に接近し自爆を試みようとしている攻撃に対し，アリーナを警備している警備員がテロ犯の接近を阻止し，自爆を防止しようと対峙する状況を想定した両者間の決闘モデルの構築と検討を試みる [20]．

　世界の様々なニュースで見るように，政情が不安定な地域や国々では，政府組織や一般市民が，反政府組織や狂信的な宗教団体により，自爆テロや即席爆弾 (IED) によるテロの標的となり，被害をこうむる事案が多々発生している [12]．以下の検討では，多数の市民が集散する場所 (前章と同様にアリーナと呼称する．) で警備員が警備している状況に，自爆テロ犯がひそかに進攻してきて，警備員が発見後，テロ犯との間で阻止戦闘を繰り広げる状況を想定する．進攻してくる自爆テロ犯と警備員との間の交戦を，確率論的決闘モデル [14] の枠組みを利用して記述することで，自爆テロ防止のための方策や通常兵力間の交戦とは異なる特性について探ることを目的とする．

5.6　モデルの前提

　以下では，多数の市民が存在・通行するアリーナで警備員 (G) が警備している状況に，爆弾を抱えた自爆テロ犯 (B) がアリーナ中心まで接近して，自爆テロを実行することを企図している図 5.19 のような状況を想定する．モデルの前提を以下のように設定する．

1. 計算の単純化のために，アリーナを直径 M の円形領域とする．また，防御のための遮蔽物などがない開放的な空間とする．

2. テロ犯は時刻 $t = 0$ からアリーナ中心に向かって一定速度 V_B でひそかに接近を開始する．初期位置からアリーナ中心までの距離を $S(= V_B t_E)$ とする．最終時刻 t_E においてアリーナ中央で自爆を決行する．自爆するための爆弾以外の武器は携行していない．

3. アリーナ内には警備員が y[人]，市民は $c(t)$[人] 存在する．警戒中ではあるが，警備員・市民ともアリーナ内に一様に存在している．

4. 警備員は，接近するテロ犯をパラメータ μ_d の指数分布に従って発見しうる．また，発見したテロ犯に対して阻止戦闘を開始する時刻を t_d $(; 0 < t_d < t_E)$ とする．

5. 戦闘開始後，各警備員は，それぞれ同一の指数分布 (パラメータ λ_G) に従う発射速度で一斉に銃弾を発射し，テロ犯の無力化に努める．発射する銃弾 1 発あたりの阻止確率 (SSKP) は，アリーナ中心からテロ犯がいる位置までの距離 $r(t)$ に依存し，$p_G(r(t))$ とする．また，この際の阻止戦闘は，おそらく咄嗟応戦となるために，対処可能な阻止戦闘時間は t_{mg} に限定される (アリーナ中心までの移動残り時間が t_{mg} 以下であればその時間)．この時間はごく短かい一定時間とし，この間，$c(t)$ は変化しない．

6. テロ犯は発見されない限りアリーナ中心位置まで接近を試みつつ，被探知・交戦状況に応じて自爆を決意する．発見されて警備員から攻撃を受けても，自爆しようとする意志が強いために，速度 V_B を維持したままアリーナ中心に向けて近づこうとする．攻撃を受けている t_{mg} 間には自爆を試みる．警備員により完全に無力化されると，爆弾を作動させられずに自爆テロが阻止されてしまう．爆弾が爆発する際の被害者数の期待値 $Acas(r(t), y + c(t))$ は [25] での計算方法を拡張した方法により計算する．

7. テロ犯は進攻開始時より最終的な自爆位置に至るまでの間，同様の確からしさ $f_B(t)$ で自爆しうる．ただし，探知された後は，残された時間 $[t_d, t_E]$ で確実に自爆しようとするような一様分布へと変化する．

これらの前提による戦闘シナリオにもとづいて，以下では警備員とテロ犯の行動を定式化し，阻止戦闘中の諸特性について分析する．

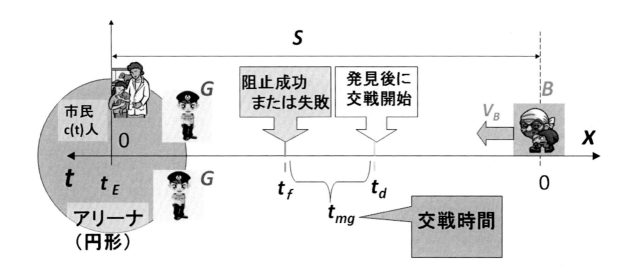

図 5.19: 警戒中のアリーナに自爆テロ犯が進攻する様子

5.7　定式化

テロ犯の進攻開始後，t_E までに探知できなければ，テロ犯は確実にアリーナの中央まで移動し自爆テロを実行できる．テロ犯がアリーナ中心まで到達できる確率は，以下の積分値(上側確率) となる．

$$\int_{t_E}^{\infty} \mu_d e^{-\mu_d t} dt = e^{-\mu_d t_E}. \tag{5.17}$$

このとき，アリーナの中心で確実に自爆するので，期待被害者数は $Acas(0, y + c(t))$ により求めることができる．(ただし，$t \geq t_E$)

一方，テロ犯がアリーナ中心に到達する前に時刻 t_d までに発見される確率は次式により求められる．

$$\int_{0}^{t_d} \mu_d e^{-\mu_d t} dt = 1 - e^{-\mu_d t_d}. \quad (0 < t_d < t_E) \tag{5.18}$$

また自爆する確率 $f_B(t)$ は，前提 7. より被探知時刻 t_d の前後で異なり，以下の式となる．

$$f_B(t) = \begin{cases} 1/t_E, & (0 \leq t \leq t_d) \\ 1/(t_E - t_d). & (t_d \leq t \leq t_E) \end{cases} \tag{5.19}$$

テロ犯は自爆地点であるアリーナ中心に向かって一定速度で近づくと想定している．その間の自爆の意思は，中心地点までのどこかで必ず自爆するものとして，(1/所要時間) という一様な確率とした．これはいつ自爆してもいいと考えていて，移動中の各瞬間の前後で意思

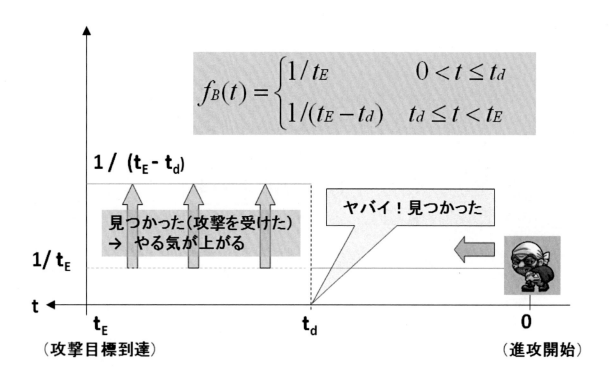

図 5.20: SB の自爆の意思関数 $f_B(t)$

・阻止戦闘を開始する t_d までに探知する確率

$$\int_0^{td} \mu_d e^{-\mu_d t} dt = 1 - e^{-\mu_d t_d} \qquad (0 < t_d < t_E)$$

・一方、テロリストは阻止戦闘とは独立して $f_B(t)$ の意思により、自爆を決行するので、t_d に阻止戦闘が始められる確率は、

$$P_D(t_d) = \left(1 - \frac{t_d}{t_E}\right)\left(1 - e^{-\mu_d t_d}\right)$$

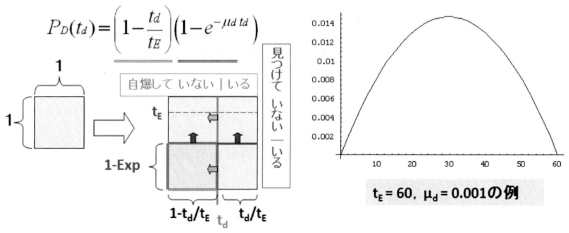

図 5.21: 自爆テロ犯を見つけ自爆していなければ阻止戦闘が始まる

が増減しない，という前提ゆえ，このような一定値の設定とした．ただし，探知され (て攻撃を受け始め) た後は，その時点で $f_B(t)$ が再定義されて，より高い一様確率に変化するものとした．

　次に阻止戦闘が生起するための条件を考える．阻止戦闘が始まるのは，自爆テロ犯を時刻 t_d までに探知し，その時点で両者とも生存している事象ゆえ，戦闘が生起する確率は $[0, t_d]$ で探知し，かつ，その間に起爆させていない事象との積事象が生起する確率として以下の確率 $P_D(t_d)$ で計算される．

$$P_D(t_d) = \left(1 - \frac{t_d}{t_E}\right)\left(1 - e^{-\mu_d t_d}\right). \tag{5.20}$$

　図 5.21 に示すように，たて横 1×1 の正方形で確率を考えれば，アリーナ中心に近づくにつれて自爆していない確率は減少していく．(正方形内の垂直な線分が右から左に移動していくイメージ)　一方で，探知確率は時間経過とともに上昇する．(正方形内の水平線分が下から上に移動していくイメージ)　ゆえに，正方形内の左下隅の四角形の面積が攻撃を開始できる確率を表すことになる．図の右側には，目標 (アリーナ中心) に接近を開始してから，ちょうど中間時刻付近で，戦闘が始まる確率が最大となる分布の様子を示している．

　次に t_d で阻止戦闘が始められれば，交戦時間 t_{mg} 後の両者の生存確率や警備側が勝つ確率，すなわち，自爆テロ犯の無力化に成功する確率，逆にテロ犯が爆弾のスイッチを押して自爆が発生してしまう確率が計算できる．(ただしあくまでも，テロ犯を発見し，自爆させていないことが，これらの計算が意味を持つ点に注意せよ．) まず，交戦途中の時刻 t' $(t_d \leq t' \leq t_d + t_{mg})$ までに双方とも生存している確率 $q(t')$ は (5.3) 式と同様に，以下により与えられる．(ただし $k_G(r(t)) = y\lambda_G p_G(r(t))$)

$$q(t') = \exp\left[-\int_{t_d}^{t'} \left(k_G(r(t)) + f_B(t)\right) dt\right]. \tag{5.21}$$

この式から阻止戦闘が開始された結果，テロ犯が無力化される (Not Bomb) 確率 P_{NB} が以下の式により計算される．

$$P_{NB}(r(t_d)) = \int_{t_d}^{t_d + t_{mg}} k_G(r(t))q(t)dt. \tag{5.22}$$

一方，阻止戦闘中に自爆スイッチが押されて (Bomb) 自爆テロの阻止に失敗する確率 P_B は，次式で与えられる．

$$P_B(r(t_d)) = \int_{t_d}^{t_d + t_{mg}} f_B(t)q(t)dt. \tag{5.23}$$

爆弾が爆発すると，アリーナ内の警備員と市民には，爆発地点からアリーナ中心までの距離に応じた犠牲者 Cas が生じうる [25]．この結果，戦闘中の自爆による被害者数の期待値 $Acas$ は以下の式で計算される．

$$Acas(r(t_d), y + c(t)) = \int_{t_d}^{t_d + t_{mg}} Cas(t)f_B(t)q(t)dt. \tag{5.24}$$

　これらの計算式に基づき，典型的なパラメータ値を代入して，以下，計算例を示す．

5.8　数値例

徒歩で接近する自爆テロ犯1名を想定して，以下のパラメータ設定により計算した．

$S : 60[m], M : 30[m], y : 1 - 3[人], c(t) : 30[人],$

$V_B : 1[m/sec.], \mu_d : 1/1000, t_{mg} : 3[sec.], \lambda_G : 10, p_G(r(t)) = 0.02 \times (1 - r/300)^4$

警備員が1名から3名で対処する状況を想定した．警備員の人数によらずテロ犯を探知する指数分布パラメータは1/1000 (期待時間1000に相当；ほぼ探知できないと思われる設定)，直径30m のオープンなアリーナには30名の市民がいるとする．警備員の武器は小銃クラスを想定し，有効射程を300[m] として接近すると命中精度が向上するとした．

この設定で，アリーナ中心からの各地点で阻止戦闘が開始された場合に，1-3 人の警備員で自爆テロ阻止に成功する確率PNB と失敗する確率PB を図5.22に示す．阻止成功確率PNB は，自明であるが，警備員数が多いほど大きい (上に凸な曲線群；上から順に PNB_3, PNB_2, PNB_1)．中心に近づくに連れて緩やかに増加するが，中心付近では急速に減少する．これは，中心から離れている範囲では，交戦が始まっても，警備員が阻止する確率の方がテロ犯が自爆する確率よりも相対的に大きいためである．テロ犯は目標であるアリーナ中心まで遠いうちは，自爆を控える設定にしているためである．逆に，アリーナ中央付近に近づくにつれ，急速に自爆テロを決行しやすくなる設定のため，阻止成功確率は低下し，阻止に失敗する確率 (＝自爆テロを成功させる確率) は急増する．

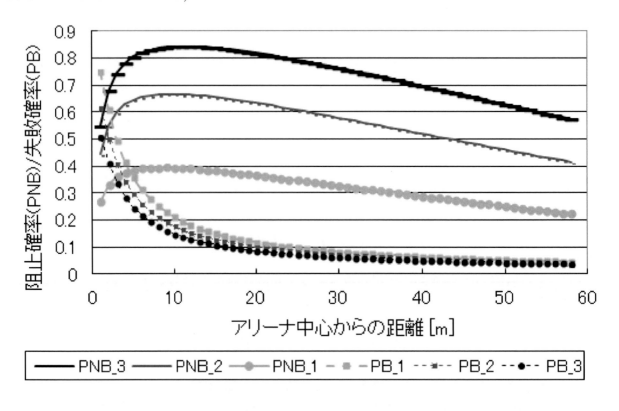

図 5.22: 自爆阻止成功確率 (PNB) と自爆阻止失敗確率 (PB)

ただし，これらは，いずれも阻止戦闘を開始できる状況，すなわち，テロ犯を発見し，自爆されていない場面での阻止成功・失敗確率であり，テロ犯の探知の可能性もあわせて考慮すると阻止の失敗・成功確率は図5.23〜図5.25のようになる．阻止戦闘の開始の有無を加味した場合 (計算上は $P_D(t_d)$ の掛け算)，阻止の成功や失敗の可能性は，おおむね2ケタ程度低

下することがわかる．これは，現実的には，戦闘開始に至らずに自爆されてしまうケースが
ほとんどであるため，阻止戦闘後の勝敗の議論が，ほとんど意味を持たないことを示してい
る．阻止に成功する確率は移動の途中付近がピークであり，これは，図 5.21 の右図の阻止戦
闘が開始される確率にほぼ追随した結果となっている．警備員数が増大するにつれて，阻止
する確率も大きくなることがわかる．一方，阻止戦闘が発生した場合に阻止に失敗する確率
は警備員数にはほとんど依存せず，図 5.22 同様にもっぱら中心までの距離に応じて増加して
いることがわかる．ただし，中心付近では図 5.21 に示すように，探知確率が急速にゼロに近
づく特徴に引きずられるため，わずかに低下している．

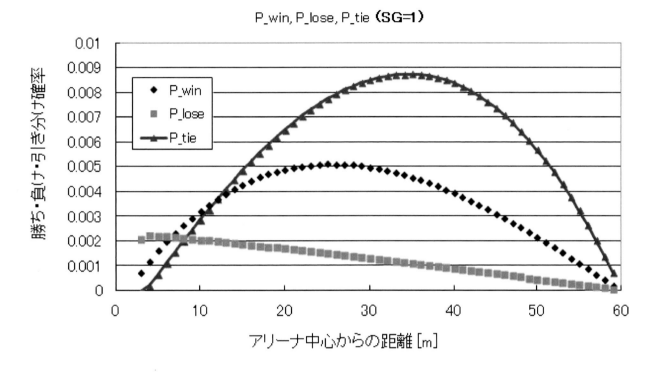

図 5.23: 勝つ/負ける/引き分ける確率 (警備員 1 人の場合)

　自爆阻止に失敗する際の被害者の期待人数 Acas を図 5.26 に示す．cas0-3,cas0-2,cas0-1 は
警備員が警戒してるが対処できない場合，一方，cas-1,cas-2,cas-3 は警備員が存在し探知・対
処が実施される場合のアリーナ全体での被害者数を示す．直径 $M = 30[m]$ のアリーナ内に
一様に市民と警備員が存在していることから $S = 60[m]$ から中心に近づくにつれ，特に 30[m]
付近以内から被害者数が急増する様子が計算される．警備員数の違いによる被害者数の差は
少ないことから，警備人数を増加させても，阻止による被害人数の低減はほぼ期待できない．
ただし，阻止戦闘が始まれば，犠牲者数のカーブは下に凸な曲線群へと移行し，対処できな
い場合の上に凸な曲線群との差分だけ被害者数の低減が期待できる．その差分が最大となる
のが，アリーナ中心から 10m 前後で阻止戦闘が実施される場合である．実際には困難である
が，自爆テロ犯をまず発見し，阻止戦闘を始められることが，きわめて重要であることが，
この結果からも示唆される．

　最後に (警備員 SG+市民 Ctz) の犠牲者数と自爆テロ犯 SB(1 人) との被害人数との交換比
を図 5.27 に示す．自爆テロ犯の犠牲者数は，計算上，小数での被害人数を許容している．自

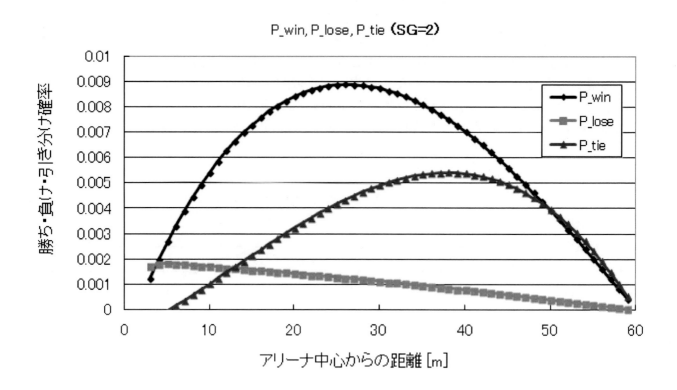

図 5.24: 勝つ/負ける/引き分ける確率 (警備員 2 人の場合)

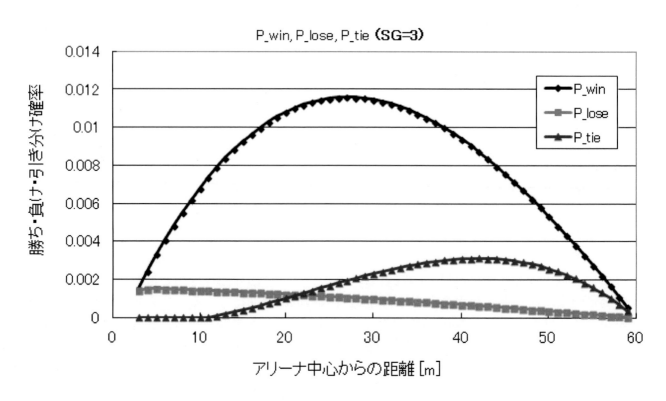

図 5.25: 勝つ/負ける/引き分ける確率 (警備員 3 人の場合)

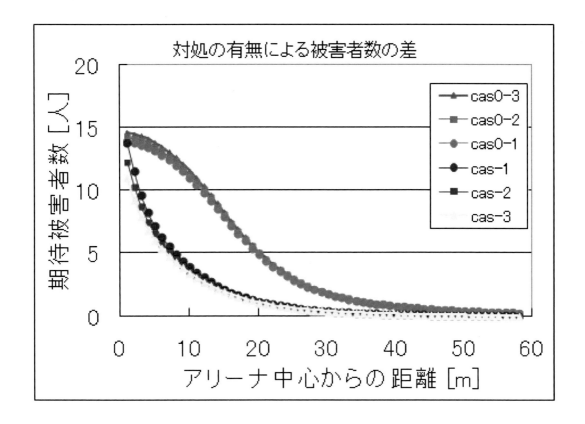

図 5.26: 期待被害者数 A_{cas}

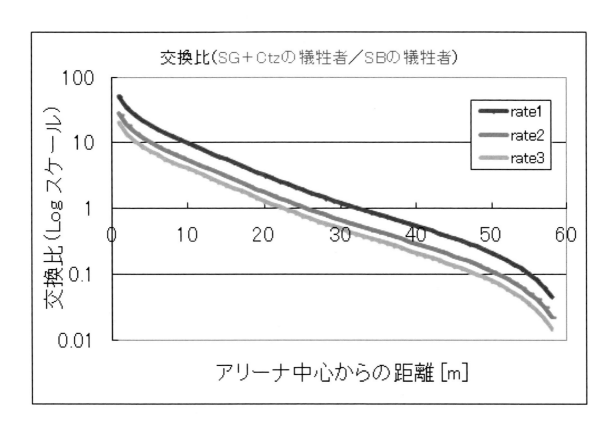

図 5.27: 交換比

爆テロが発生する位置に応じて，このように犠牲者数の比の変化が大きいことが分かる．また，警備員数に応じて単純に 2 倍，3 倍の関係にはなってないが，警備員数が多いほど，分母であるテロ犯の期待撃破人数が大きくなることが交換比の差の主要因である．アリーナ直径は $M = 30[m]$ なので，半径は $15[m]$ であるが，中心から $15[m]$ の地点では，すでに交換比が 1 を越えており，我にとって不利な状況になってしまっている．交換比を 1 以下に抑えるためには，(上記の計算でのパラメータ設定では) 中心からおおむね $25[m]$ 以遠での対処が必要になるが，そうしたアリーナ外での発見・阻止は想定になく，また，円形アリーナ外のどの方向から侵攻してくるか分からない自爆テロ犯にわずか数人で対応することはほぼ不可能といえよう．

5.9　自爆テロ犯と警備員の決闘モデルのまとめ

　本章の後半では確率論的決闘モデルを利用して，自爆テロ犯と警備員の対決を扱うモデルを構築し分析を行った．数値例でも検証したように，阻止戦闘が開始できれば，派遣警備員によるテロ阻止や自爆に伴う期待被害者数の低減が期待できる．ただし，実際のところ，自爆テロ犯の発見・対処は極めて困難であるために，現実的には阻止のための警備員派遣効果は薄い．警備員がプレゼンスする意義の方が重要であろう．

　今回設定したモデルの数値例では，自爆テロ犯が進攻してくる状況に対する分析例を紹介したが，入力パラメータ値を再検討して移動速度の設定や運動の相対性を変更すれば，ビークルを使用した自爆テロや道路サイド爆弾のような事案の検討にも今回提案するモデルが利用可能であると考える．ただし，こうした検討を行う場合も含めて，本モデルを実用化するためには，妥当な入力パラメータ値を取得すること，具体的には実機を用いた多量の物理的な実験や数値シミュレーションによるダメージの把握等が必要である．

第6章　ゲーム理論モデルを利用してIED に対抗する

　本書では，これまでテロ対処のモデルとして，前々章では，動的計画法を利用して自爆テロが発生しうる広場への警備員派遣計画について，被害を最少化する派遣計画の立案方法を提案し検討した．また前章では確率論的決闘モデルの枠組みを利用して，要人警護の車列に銃撃を試みるテロリストや，アリーナに爆弾を抱えて接近する自爆テロ犯と対決する前提で，相互の期待被害者数を比較し，交換比により警備の効果を測定する方法を提案した．本章では，爆弾を用いた別のテロの形態として，砲弾などを加工した即席爆弾 (IED;Improvised Explosive Devices) が仕掛けられているかもしれない道路を車両で移動する際に，出来る限り安全に通過する方法を模索するモデルを構築し，数値例を通して検討を試みる [57].

6.1　道路際に仕掛けられた即席爆弾への対処

　イラクやアフガニスタンなどを中心に，IED とよばれる即席爆弾が現地で活動を続ける PKO 部隊の大きな障害となっている [26, 52, 54]．車両により地域をパトロールしたり，輸送のために移動したりしている最中に，道路際にひそかに仕掛けられた IED が突然起爆され，車両や搭乗員が被害をこうむるという事案が多数報告されている．

　IED は，砲弾や地雷といった，現地で容易に入手できる有り合わせの爆発物を材料として製作される．このため，特定の形状や大きさ，特徴などはなく，一見すると爆弾に見えないような加工もでき，発見することは極めて困難である．特にイラクやアフガニスタンでは，大量の不発弾や地雷が戦後に放置されていることから，様々な大きさや破壊力の IED を容易に製造可能である．起爆方法としては，ワイヤーを張り巡らせて，そこに対象物が触れた時点で爆発させる方法や，汎用的なリモコンや携帯電話などで起爆させる方法がある．対人や対車両だけでなく，戦車や装甲車に対しても時間差で起爆させるものも存在する．

　IED も含め，過去の車両に関連した爆弾テロ事案を簡単に振り返る．世界初の車両を使った爆破事件は，1920 年 9 月にニューヨーク・ウォール街で起きた．アナキストであるマリオ・ブダが馬に引かせた四輪荷車に爆弾を詰め，ウォールストリートとブロードストリートの交差点で爆破させた事件だった．爆発により，死者 35 名，負傷者は 100 名以上にも及んだ．最近では 1995 年にオクラホマで，社会保障局，麻薬取締局，アルコール・タバコ・火器及び爆発物取締局など連邦政府の出先機関が入ったアルフレッド・P・マラー連邦ビルに 4000 ポンドもの爆弾を積んだトラックを建物の正面玄関前に駐車させ爆発させた．2004 年にはスペインのマドリードの鉄道において，10 回にも及ぶ連続爆破事案が発生し，192 人が死亡，2000 人以上が負傷した．

　PKO 活動ではゲリラや反政府勢力からの攻撃に日々さらされているが，なかでも IED による被害は年々増加傾向にある．IED による無差別攻撃は，世界中のテロリストによって行

われており，多くの一般市民が攻撃に巻き込まれ犠牲となっている．また，米軍兵士の死者の 60 パーセント以上は IED が原因であると言われている．図 6.1 はアフガニスタンにおける米軍の死者数の推移を示したものである．図から明らかなように，近年では IED による犠牲者数が過半数にも達していることから，IED への対応は喫緊の課題である．こうした潜在的な IED 攻撃に対処するために，ミリタリー OR 的な見地から効果的な対処方法を提案しなければならず，そうした IED への対処モデルとその有効性を示すことが本章の目的である．

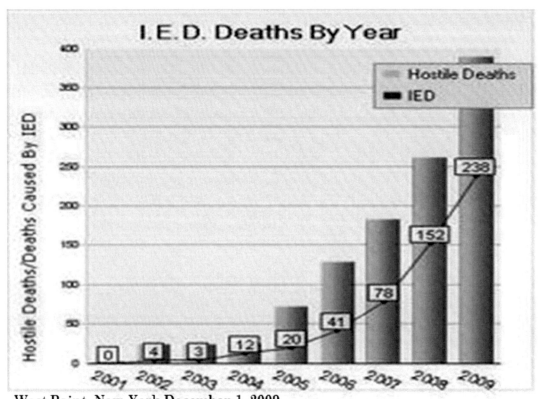

図 6.1: アフガニスタンにおける米軍の死者数と IED による死者数の推移

　米軍では IED への対抗策として，IED を科学的に探知するシステムの開発を行なっているが，そうした新技術の完成を待つほかに，現在ある技術による対抗策も模索されている．起爆方法の 1 つが，携帯電話を使用した遠隔操作であることから，携帯電話の電波帯に対する強力な妨害電波発信機を輸送車列の護衛車両に搭載している．しかし IED が不発であった場合には，再度の使用機会もありうるので，ゲリラ側の有利さに対しては決定打となっていない．有線での爆破や，振動や接触，時限装置により起爆させる IED に対しては，電波妨害は無意味である．このような IED の特性上，PKO 軍が対抗策を講じても，テロリスト側もまた手法を変えて対抗してくるために，いたちごっこに陥り，また IED の形態も多種多様であることから，予測を行うことが難しく，効果的な対策はいまだに見出せていない．

　自衛隊に眼を向けてみると，1991 年 (平成 3 年) に初の海外実任務として掃海部隊がペルシャ湾に派遣された．これを契機として，武力紛争に巻き込まれる恐れが少ない地域を中心に，救難，輸送，土木工事などの後方支援（兵站）業務，あるいは司令部要員など，非武装ないし軽武装の要員・部隊が派遣されるようになった．これまでの活動の枠を超えた積極的

な国際協力が求められるようになり，以前にも増して，海外での活動する任務が増えていく傾向にある．こうした状況に対して，防衛省は移動に使う車両や走行方法の変更を検討している．具体例として，外部に装甲を施した装輪装甲車などで隊員を輸送する際の走行方法について，これまでの運用では，4両が10m間隔で走行していたのを，間隔を広げて走行することにより，被害を最小限に抑えるような運用改善を模索している [45].

こうした運用状況の改善を踏まえ，以下では，紛争地域や危険地帯でのパトロール活動を行うPKO部隊の車両と，道路際に仕掛けたIEDにより妨害活動を企図するテロリストの間の攻防を，ゲーム理論を用いて2人ゼロ和ゲームとしてモデル化し，より安全な車両運行方法についての知見を得ることを目的とした検討を行う．評価尺度としては，IEDの爆発に伴う車両の被害確率 (SSKP) を採用し，PKO車両，IED起爆テロリスト両者の戦術の組に対してSSKPを数値計算する．両者の取りうる戦術を系統的に変化させ，個々の条件の組合わせごとで利得 (SSKP) を計算して支払い行列を作成し，2人ゼロ和行列ゲームを解くことにより，PKO側とテロリスト側の最適戦略及びその時のゲームの値を求める．この結果，より安全な車両での移動方法が求められることになる．

次節ではモデル化するための基本的な状況設定を行い，モデル化のための前提をまとめ，2人ゼロ和行列ゲームモデルを構築する．

6.2 モデルの構築

PKO側の車両が走行する道路付近にIEDが仕掛けられており，それを適当なタイミングでテロリストが起爆することで車両が被害を受ける状況を想定する．IEDが1回爆発した際に車両がこうむる被害 (SSKP) を評価尺度として，以下でその計算方法について説明する．

6.2.1 被害確率 (SSKP) の計算方法

ミリタリーORの射撃モデルにおいては，発射された砲弾が目標付近に弾着し，目標が破壊される状況は，ランダムな要素を持つ確率的な現象であると考える．同時に，射手を含めた発射システムが備える多種多様な心理的・物理的特性が反映された結果であると考える．射撃・爆撃の結果は目標撃破の程度によって評価され，その尺度として目標撃破確率が広く採用されている．具体的な評価尺度として，1回の射撃・爆撃によって目標直撃，あるいは目標付近に弾着し，目標が破壊されたり被害を受け機能が発揮できなくなる確率を単発撃破確率 (SSKP; Single Shot Kill Probability) という概念 [15] で評価している．

この SSKP の2次元平面内での計算方法を利用した被害確率の求め方を以下に説明する．簡単化のために射撃目標が原点 $(0,0)$ に静止しているとする．この設定では，目標は原点の1点にしか局在しないように捉えられるが，実際は，車両にしろ兵士にしろ，ある有限の広がりをもった実体であるので，目標中心 (通常は目標の重心) が $(0,0)$ に一致しているとする．以下では標準的な用語を定義しつつ，モデルを記述する．

発射される1発の砲弾は，通常は目標中心位置 $(0,0)$ を狙って発射される．しかしながら，発射後は射撃システム等に起因する様々な要素や，風，コリオリ力などの環境要素などからも影響を受け，少しずれた，ある座標 (x, y) に着弾する．複数回の射撃を行えば，この座標は，必ずバラつく．これらをまとめて見れば，砲弾の着弾点は平均的な着弾位置の周りに散布する (確率) 変数と捉えられ，2次元平面に連続分布する正規分布 (正規確率密度関数) に従

うと捉えることができる．この確率密度関数を弾着分布関数と呼び $f(x,y)$ で表記する．この分布は特性パラメータとして，平均 (μ_x, μ_y) 及び分散 (σ_x^2, σ_y^2) を持ち，これらはいずれも射撃結果から測定可能である．射撃の名手であれば，μ_x, μ_y の各成分，また分散の各成分 σ_x^2, σ_y^2 も，限りなく0に近い値に発射できるはずである．

　一方で，狙われている目標側は，砲弾が近くで爆発することで被害をこうむる．任意のある位置 (x,y) に弾着した結果の目標の被害の受け具合を，損傷関数 $D(x,y)$ で表現する．この関数の特徴として，目標中心 $(0,0)$ から離れるにしたがって減少する関数 (より一般的には非増加な関数) で定義されるべきである．損傷関数は，数学的に簡便な取り扱いができるように，クッキーカッター型損傷関数，カールトン型損傷関数，正規分布型損傷関数のいずれかを用いて計算されることが多い．クッキーカッター (CC) 型損傷関数とは，クッキーを焼く際に，クッキー生地から星や人形の形などをクッキーカッターで抜き取るようなイメージで，クッキーカッター内の一定の範囲内では確実に (=確率1で) 被害を受け死傷するのに対し，その枠から少しでも外側に位置する点では，少しも被害を受けない (確率=0) とするような，損傷具合を0-1で局在化させる被害関数設定である．以下では計算を簡単にするために，このクッキーカッター型損傷関数を用いて計算を進める．カールトン型損傷関数や正規分布型損傷関数を用いて計算すれば，より精緻な被害表現も可能であるが，計算が面倒になるために以下では採用しない．興味がある読者は，専門書を参考にしていただきたい [15]．

　原点 $(0,0)$ に位置する目標に対する半径 a の円形クッキーカッター型損傷関数は以下のように表すことができる．

$$D(x,y) = \begin{cases} 1, & (x^2 + y^2 \le a^2 \text{のとき}) \\ 0. & (x^2 + y^2 > a^2 \text{のとき}) \end{cases} \tag{6.1}$$

　この設定では関数形から明らかなように，半径 a の円内への弾着では完全に被害をこうむるが，その外に落ちれば，全く被害をこうむることは無い．

　弾着分布 $f(x,y)$ を前述した2次元正規分布で表現する．弾着中心を (μ_x, μ_y)，分散を (σ_x^2, σ_y^2) とすれば，以下の式で表される．

$$f(x,y) = \frac{1}{2\pi\sigma_x\sigma_y} \exp\left(-\frac{(x-\mu_x)^2}{2\sigma_x^2} - \frac{(y-\mu_y)^2}{2\sigma_y^2}\right). \tag{6.2}$$

　SSKPは，落下してくる砲弾1発の爆発による損傷関数 $D(x,y)$ と，その弾着分布 $f(x,y)$ との積から計算される目標の被害確率であり，特定目標に対する当該兵器の有効性を数値により示すものである．2次元目標に対するSSKPを (6.1),(6.2) 式を用いて表現すれば，以下の式で定義される．

$$SSKP = \iint_{-\infty}^{\infty} f(x,y)D(x,y)dxdy. \tag{6.3}$$

注意していただきたいのは，この式における積分区間は2次元平面全体で定義されているが，以下で実際に数値計算する際には，有限の領域のみで単純化して計算せざるを得ない点である．この制限は，被害が広範囲に及ぶような原子爆弾のような場合には，有限な半径 a の外でのダメージを切り捨ててしまうことから，被害を過小評価してしまい，適切でないこともあるが，車両や人体などの比較的小さな目標が砲弾や銃撃によりダメージをこうむる状況であれば，十分妥当な被害見積もりであるとみなせる．

以下では，テロリストの仕掛けた IED 付近を PKO 車両が通過する状況に，上記の (6.3) 式を当てはめて被害確率を算出する．車両が通過する道路付近の状況として，図 6.2 に示すような x 軸に沿った道路を想定する．モデル化にあたり，さらに以下の各項目を設定する．

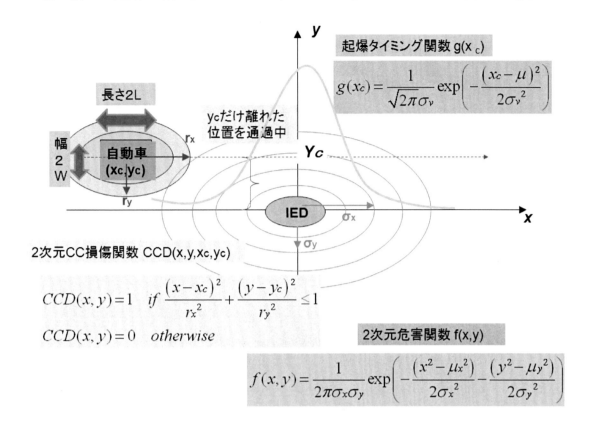

図 6.2: 移動する車両の様子と IED との位置関係

1. パトロール中の PKO 車両 (長さ $2L$，幅を $2W$) は IED 付近を一定速度で通過しつつある．各瞬間の車両 (重心) 位置を (x_c, y_c) とするが，IED の存在を予知できないため，速度を変化させたりハンドルを不規則に動かすなど変則的な運転は行っておらず，y_c は一定とする．

2. テロリストは適当な位置にあらかじめ IED を仕掛けており，PKO 車両が付近を通過しようとすると，IED を起爆させ車両に損害を与える．車両が被る被害は簡単化のためにクッキーカッター型損傷関数 $CCD(x, y, x_c, y_c)$ を仮定し，爆発により損傷を受ける範囲は楕円形領域の範囲とし，その広がりをパラメータ r_x, r_y で表す．これより，車両中心 (x_c, y_c) から $(x_c \pm r_x, y_c \pm r_y)$ の範囲内の楕円領域で被害が生じるとする．車両の被害域パラメータ値 r_x, r_y は，車体の強度，爆発規模，爆発時の位置関係などに依存するが，事前の予備的な車両爆撃試験などにより定量化可能とする．

3. 計算の簡略化のため，IED が 1 個の場合は原点 $(0, 0)$ に固定され，テロリストの意思により起爆できる．起爆のタイミングは走行方向に広がる 1 次元正規分布とし，そのパラメータを (μ, σ_v) とする．ただし μ はテロリストが起爆する位置の傾向 (平均 x 座標位置) を意味し，σ_v は PKO 車両速度に比例的に依存したり，テロリストの意識などに依存する起爆タイミングのブレを長さで換算したものである．また，起爆させる

　　テロリストは，その能力に応じて起爆しうる時間幅 (区間幅) $[x_{cL}, x_{cU}]$ を持つ．早くても x_{cL} から，遅くても x_{cU} までにはスイッチを確実に押すイメージである．

4. IED が及ぼす危害範囲 (危害関数) は，パラメータ σ_x^2, σ_y^2 を分散とする 2 次元正規分布型の危害関数 $f(x, y)$ により表現する．パラメータ値は爆弾の規模，対象物の強度，態勢などにより事前に定量化可能とする．

　　これらの前提をもとに，走行する PKO 車両の直近で IED が爆発する際にこうむる SSKP について，計算方法を説明する．以下で SSKP 計算する際に注意を要する点は，SSKP の定義式 (6.3) では，目標中心が座標原点 $(0, 0)$ であったが，図 6.2 の状況設定では，仕掛けられた IED 位置が原点 $(0, 0)$ であるのに対し，車両中心位置 (x_c, y_c) が移動する座標 (ただし，IED 存在予測不能の仮定より y_c は一定) であることである．また，2 重積分で定義される SSKP の数値を求める際は，付録 C の近似公式 [1] で計算する．

　　IED が爆発した際に周りに及ぼす危害効果 $f(x, y)$ は状況設定により IED が 1 個の場合は原点 $(0, 0)$ に設置されているので (6.2) 式より以下の式となる．

$$f(x, y) = \frac{1}{2\pi\sigma_x\sigma_y} \exp\left(-\frac{(x-0)^2}{2\sigma_x^2} - \frac{(y-0)^2}{2\sigma_y^2}\right) = \frac{1}{2\pi\sigma_x\sigma_y} \exp\left(-\frac{x^2}{2\sigma_x^2} - \frac{y^2}{2\sigma_y^2}\right). \quad (6.4)$$

　　一方，通過する PKO 車両が被る損害は時々刻々と中心位置 (x_c, y_c) が $+x$ 方向に移動していきながら，(6.1) 式で仮定したようにクッキーカッター型の被害をこうむるとして，以下の式 CCD で表現する．この場合，車両が被害を受ける領域として x 方向半径 r_x，y 方向半径 r_y とする楕円形領域とする．

$$CCD(x, y, x_c, y_c) = \begin{cases} 1, & \left(\frac{(x-x_c)^2}{r_x^2} + \frac{(y-y_c)^2}{r_y^2} \leq 1 \text{のとき}\right) \\ 0. & (\text{それ以外のとき}) \end{cases} \quad (6.5)$$

　　以上に定義した $f(x, y)$ と $CCD(x, y, x_c, y_c)$ との積を 2 次元平面内で積分すれば，1 爆発あたりの SSKP が計算できる．ただし車両の長さを $2L$，幅を $2W$ としているので積分領域もその範囲に限定する．

$$SSKP(x_c, y_c) = \int_{x_c-L}^{x_c+L} \int_{y_c-W}^{y_c+W} f(x, y) CCD(x, y, x_c, y_c) dx dy. \quad (6.6)$$

　　この SSKP は車両が (x_c, y_c) に位置する瞬間の SSKP であるが，車両が移動している ($= x_c$ のみが変化していく) 状況で，テロリストは独自のタイミングで起爆スイッチを押す．起爆のタイミングの確率密度関数として，平均起爆位置 $x = \mu$ を中心とする 1 次元正規密度関数 $g(x_c)$ と仮定すると，以下の式となる．

$$g(x_c) = \frac{1}{\sqrt{2\pi}\sigma_v} \exp\left(-\frac{(x_c-\mu)^2}{2\sigma_v^2}\right). \quad (6.7)$$

σ_v はテロリストがスイッチを押すタイミングの "ブレ" を表現するパラメータであり，一般に PKO 車両速度 v に比例して増減する．(もちろんテロリストの精神状態，ウデにも依存する．) 仮定によりテロリストは $[x_{cL}, x_{cU}]$ の範囲でのみスイッチを押しうるので，車両が

設定された状況の道路を通過する際にこうむる SSKP の平均値 (単位長さ辺りの SSKP) は最終的に以下の式で計算される.

$$\overline{SSKP(y_c)} = \frac{1}{x_{cU} - x_{cL}} \int_{x_{cL}}^{x_{cU}} g(x_c) SSKP(x_c, y_c) dx_c. \tag{6.8}$$

一般に, 積分区間幅 $x_{cU} - x_{cL}$ が長くなるほど, 上式の積分部分の値は増大することは自明である. ここでは, 個々のテロリスト間でのスイッチを押すタイミングの良さを比較する目的で, 単位長さあたりの SSKP として規格化している.

次に複数車で車列を構成して通過する場合の欺瞞効果や通過情報が暴露されている場合の SSKP への影響について検討する.

6.2.2 複数台の車列による欺瞞効果

単独車両で通過する場合は (6.8) で計算される被害を直接被ることになるが, 例えば各車両の内部が見えないような複数台の車両で要人を護送する際は, 車両台数を増やすことによる欺瞞効果で各車両ごとの SSKP を低減することが期待される. 例えばアメリカ合衆国大統領が移動する際は 20 台以上の車列が構成されるし, 日本においても要人を空港から官邸へ移送する際などは, 10 台程度の車列を構成することが多い. 仮に N 両で車列を構成する場合, 平均化された SSKP は, n 番目の車両の中心位置を (x_{cn}, y_c) とすれば (6.8) 式を各車両で計算した結果の平均として, 以下の式で求めることができる.

$$\overline{\overline{SSKP(y_c)}} = \frac{1}{N} \sum_{n=1}^{N} \overline{SSKP(x_{cn}, y_c)}. \tag{6.9}$$

通常の警護の運用では車列の中心付近に重要度が高い車両を配置し, 前後に離れるほど重要度が低い車両を配置することが多いと思われるが, ここでは, 各車両の SSKP を単純に平均化することでの欺瞞効果を期待している.

6.2.3 通過情報暴露の影響

前節までは攻撃対象である PKO 車両 (列) が目の前を通過しているという状況を作為してモデル化を行ってきたが, 実際には PKO 車両が IED の前を通過するか否かの情報の有無により攻撃生起が変化する. 長時間の待ち受け攻撃で, IED が仕掛けられた現場にテロリストが居ない場合もありうる. その場合には, 有人で起動させる IED であれば攻撃が行われないので被害が発生しない. また, テロリストが IED の前で攻撃待機状態であっても, 目標の通過情報がテロリストにどの程度把握されているかに応じて, 与える被害程度, SSKP の期待値は異なるはずである. 以下では, 目標通過情報 (=時刻に関する, いつ車両が通過するか? の確率分布) に関して, 代表的な連続型の分布である, 一様分布, 指数分布, 正規分布を仮定して, これらの分布での特定の状況に対する情報量と, もっとも単純な状況の情報量との比をとり, (6.8) 式に掛けることで, 通過情報の秘匿性を反映した SSKP の割引を考慮することを考える [40].

　よく知られているように，平均情報量(またはエントロピー) H_p は，その情報源がどれだけ情報を暴露しているかを測る尺度であり，P が離散確率変数である場合は以下の式で表される．

$$H_p = -\Sigma P \ln P. \tag{6.10}$$

一方，連続確率変数のエントロピーは以下の式で表される．

$$H_p = -\int_{-\infty}^{\infty} P(x) \ln P(x) dx. \tag{6.11}$$

ここで，エントロピーをモデルに組み込むために最も単純な状況として，テロリストの目の前を目標となるPKO車両が通過するかしないかという2者択一の状況を考える．このときの情報量 $H_{(1/2)}$ は (6.10) から近似的に

$$H_{(1/2)} = -\frac{1}{2}\ln\frac{1}{2} + \left(-\frac{1}{2}\ln\frac{1}{2}\right) = 0.69 \tag{6.12}$$

と求められる．これに対し正規分布(パラメータ (ν, a))のエントロピー H_n は (6.11) より

$$H_n = -\int_{t_L}^{t_U} \frac{1}{\sqrt{2\pi}a} \exp\left(-\frac{(t-\nu)^2}{2a^2}\right) \ln\left(\frac{1}{\sqrt{2\pi}a}\exp\left(-\frac{(t-\nu)^2}{2a^2}\right)\right) dt. \tag{6.13}$$

ただし t_U, t_L は対象とする時間の上限及び下限を表す．指数分布(パラメータ λ)の場合のエントロピー H_{ex} も (6.11) より

$$H_{ex} = -\int_{t_L}^{t_U} \lambda \exp\left(-\lambda t\right) \ln\left(\lambda \exp\left(-\lambda t\right)\right) dt \tag{6.14}$$

となる．一様分布でのエントロピー H_u は (6.11) より

$$H_u = -\int_{t_L}^{t_U} \frac{1}{t_U - t_L} \ln\left(\frac{1}{t_U - t_L}\right) dt. \tag{6.15}$$

　これらを使えば，もっとも単純な状況と比べて，現状がどれほどあやふやなのかが，エントロピーの比をとり，SSKPを割り引くことで定量的に表現することが可能となる．すなわち，式 (6.8)，あるいは複数台であれば，式 (6.9) に相当する3重積分に情報による割引分を外側からかければよい．

$$SSKP(y_c) = \frac{H_{(1/2)}}{H_p} \iiint f(x,y)D(x,y,x_c,y_c)g(x_c)dxdydx_c. \tag{6.16}$$

正規分布型の情報が得られている場合は，何時から何時までで何時ごろが一番確からしいという，PKO車両が通過する期間とその中での重点的な時間に関する情報が暴露されている状況と考えられ，以下で評価する．

$$SSKP(y_c) = \frac{H_{(1/2)}}{H_n} \iiint f(x,y)D(x,y,x_c,y_c)g(x_c)dxdydx_c. \quad \text{(正規分布)} \tag{6.17}$$

指数分布型は情報取得状況は，「〜までに通過する」という終わりの期限が切られた情報が暴露されている状況といえる．

$$SSKP(y_c) = \frac{H_{(1/2)}}{H_{ex}} \iiint f(x,y)D(x,y,x_c,y_c)g(x_c)dxdydx_c. \quad \text{(指数分布)} \tag{6.18}$$

一様分布な情報取得状況では，通過する期間は分かっているが，期間内では常に一様な情報量でしかないために，最もあやふやな状況といえる.

$$SSKP(y_c) = \frac{H_{(1/2)}}{H_u} \iiint f(x,y)D(x,y,x_c,y_c)g(x_c)dxdydx_c. \quad (一様分布) \qquad (6.19)$$

　以上で定式化した $SSKP(y_c)$ において，PKO 側は，(1) 道路際からの距離 y_c, (2) 車両速度 σ_v, (3) 車両サイズ L, W, (4) 車両強度 r_x, r_y, (5) 車列構成台数 N, (6) 通過タイミング情報の暴露のしかた I を選択できる. 一方，テロリスト側は，(1) 設置 IED 数, (2) 設置場所及び配置, (3) 威力 (σ_x, σ_y), (4) 起爆タイミング μ, (5) 反応区間 $[x_{cL}, x_{cU}]$ を選択できる. 両者がこれらの要素のいくつかを適切に選択し，それらを組み合わせることで，双方の戦術に対する支払い (SSKP) が計算できる. そうした一連の戦術の組み合わせから支払い行列を構成し，PKO 車両とテロリストとの間の 2 人ゼロ和行列ゲームとしてモデル化し，その行列ゲームを解くことで，彼我の最適戦略及びその時のゲームの値を決定する.

　両プレーヤによる 2 人ゼロ和行列ゲームの解法の一般的な流れは，PKO 側が戦略 (道路際からの距離, 車両速度, 車両強度, 車両サイズ, 車列構成台数, 通過タイミング情報の暴露のしかた) を適当に選択し，対するテロリスト側も上記の戦略 (設置 IED 数, 場所, 配置, 各 IED ごとの炸薬量, 起爆タイミングと反応範囲) からいくつかを選択し，それらの組み合わせから支払い行列表を構成する. 以下の表 6.1 はそれらの組み合わせとして，PKO 側が m とおりの戦略を持ち，テロリスト側が n とおりの戦略を持つと仮定している. 以下では双方の戦略の組み合わせについて，PKO 側が選択した戦略を $yi(; i = 1, \cdots, m)$ の添え字で示し，テロリスト側が選択する戦略を添え字 $xj(; j = 1, \cdots, n)$ で表示するとする. これらの戦略の組に対する SSKP(=各セル内の値) は，前節で定義された (6.8) や (6.9) でそのセルの戦略に対応するパラメータ値を入力することで計算される. そうした個々のセルの SSKP を，表に示すように $\overline{SSKP(PT_{xj}, PP_{yi})}$ として表示する.

　テロリストは与えるダメージを最大化したいので，表の各列に相当するテロリスト側の戦略を確率的に合成して支払の最大化を企図する. 一方，PKO 側はその逆で，各行の混合戦略をとることで，支払い最小化を企図する. この 2 人ゼロ和行列ゲームを解くことで，双方の最適戦略が求められる. このゲームの均衡解を求めるには，次の線形計画問題を解けばよい.

$$
\begin{aligned}
\max. &\quad \Lambda \\
s.t. &\quad \Sigma_{j=1}^{n} \overline{SSKP(PT_{xj}, PP_{yi})}\, c_{xj} \geq \Lambda, \quad i = 1, \cdots, m, \\
&\quad \Sigma_{j=1}^{n} c_{xj} = 1, \\
&\quad c_{xj} \geq 0, \quad j = 1, \cdots, n.
\end{aligned}
\qquad (6.20)
$$

ここで $c_{xj}(; j = 1, \cdots, n)$ はテロリスト戦略 PT_{xj} の選択確率を表す変数であり，その和は 1 となる. この定式化からわかるように，テロリスト側は各戦略に対する $\overline{SSKP(PT_{xj}, PP_{yi})}$ の期待値 Λ の最大化を企図している. これを解けば，テロリスト戦略の選択に関する最適混合戦略が得られる. さらには (6.20) の双対問題を解くことで，PKO 側の最適混合戦略を得ることができる. 次節ではこのモデルに従って，双方の最適戦略について数値例を通して検証していく.

表6.1: 支払行列

テロリスト戦略 PTxj / PKO戦略 PPyi	PT$_{x1}$	PT$_{x2}$	$\cdots$	PT$_{xn}$
PP$_{y1}$				
PP$_{y2}$				
$\vdots$			$\overline{\text{SSKP}(\text{PTxj, PPyi})}$	
PP$_{ym}$				

6.3 数値例

前節までに構築したIEDモデルを用いてPKO側，テロリスト側の最適戦術を検討する．まずモデルに入力する初期パラメータ値を設定し，典型的な状況で数値解を確認する．

6.3.1 パラメータ設定

以下のパラメータを標準的な値として設定し計算する．
[PKO側のパラメータ標準値]
(1) 車両通過位置 $y_c = 8$[m]
(2) 起爆タイミングの標準偏差 $\sigma_v = 30$[m]
(3) 車両サイズ　$2W = 2.4[m], 2L = 6.8[m]$
(4) 車両強度 $r_x, r_y = 1[m]$
(5) 車列構成台数 $N = 1$ [台]　　　　　とする．

また通過タイミング暴露状況 I については以下の数値 (いずれも近似値) を用いる．まず，基準となるエントロピーに関しては，二者択一の状況 (通過する／しない) が一番不確定な状況として，以下をエントロピーの最小基準値とする．

$$H_{(1/2)} = -\frac{1}{2}\ln\left(\frac{1}{2}\right) + \left(-\frac{1}{2}\ln\left(\frac{1}{2}\right)\right) = \ln 2 = 0.69. \tag{6.21}$$

これに対し，例えば，5日間の作戦期間を想定する，つまり120時間で中心の60時刻± 1時間 ($\sigma = 1$) にPKO車両が通過する，正規分布型の情報暴露を想定する場合のエントロピーは

(6.13) より

$$H_n = -\int_0^{120} \frac{1}{\sqrt{2\pi}} \exp\left(-\frac{(t-60)^2}{2}\right) \ln\left(\frac{1}{\sqrt{2\pi}} \exp\left(-\frac{(t-60)^2}{2}\right)\right) dt = 1.42 \quad (6.22)$$

となる．指数分布の場合には，今から 120 時間後までのいずれかの時刻で PKO 車両が通過することになり，その場合のエントロピーは，平均 60 時刻に相当する $\lambda = 1/60$ を (6.14) に入力して，

$$H_{ex} = -\int_0^{120} \frac{1}{60} \exp\left(-\frac{t}{60}\right) \ln\left(\frac{1}{60} \exp\left(-\frac{t}{60}\right)\right) dt = 4.13 \quad (6.23)$$

となる．また一様分布のエントロピー Hu は (6.15) に $t_U - t_L = 120$ を代入することで

$$H_u = -\int_0^{120} \frac{1}{120} \ln\left(\frac{1}{120}\right) dt = 4.8 \quad (6.24)$$

となる．よって (6.17) から (6.19) の 3 重積分の前にかけられる SSKP を割引く係数として以下を採用する．

$I_n = (H \text{ 二者択一})/(H \text{ 正規分布}) = 0.49$

$I_{ex} = (H \text{ 二者択一})/(H \text{ 指数分布}) = 0.17$

$I_U = (H \text{ 二者択一})/(H \text{ 一様分布}) = 0.14$

(6) ただし，標準的には，正規分布型の通過タイミング情報暴露を仮定した $I_n = 0.49$ を採用する．以上のパラメータ値を PKO 車両側の標準値とする．

[テロリスト側のパラメータ設定]

(1) IED 位置　1 個のみ $(\mu_x, \mu_y) = (0,0)$，2 個目があるとき $(\mu_x, \mu_y) = (20,15)$ に追加設置．

(2) 炸薬量の威力の標準偏差 $(\sigma_x, \sigma_y) = (7.5, 7.5)$ [m]

(3) 反応範囲 $(x_{cL}, x_{cU}) = (-13, 33)$ [m]，起爆タイミング $\mu = 0$ [m]

以上のパラメータ値をテロリスト側の標準値とする．

　上記の各パラメータ値を設定する際に規定した状況を以下に説明する．PKO 軍車両 1 台 (幅 2.4m，全長 6.8m) は幅 15m の道路上を時速 30km/h にて走行している．これに対してテロリストは危害半径が 7.5m の IED を原点 $(0,0)$ あるいは $(20,15)$ の 1 or 2 カ所に設置する．2 つの場所への設置で挟み込む形にして被害を拡大させようと企図する．車両位置 x_c が，早くても $-13m$ から，遅くとも $33m$ の位置までには起爆する．起爆タイミングはほぼ外さないこととし，μ は 0m とした．PKO 車両は IED の存在に予め気づくことはできないが，通常は道の中心付近を走行すると考えられるため，y_c は 8m を基準とする．こうした状況を基準とし，両者がとりうるパラメータ値を変更することで，最適戦略がどのように変化するかを見ていく．

6.3.2　数値分析による戦略の検証

6.3.2.1　IED が1つの場合の走行レーンと起爆タイミングとの関係

　IED を原点 $(0,0)$ に設置し，PKO 車両は道路際からの距離 y_c を 10～4 [m] の2m 間隔のいずれかのレーンで通過するとする． $y_c = (12 - 2i)[\mathrm{m}]$ を通過する戦略を $yi(; i = 1, \cdots, 4)$ とし，その選択確率を $c_{y1}, \cdots, c_{y4}$ とする． 一方，テロリスト側は起爆タイミングの平均位置 μ を選択する． $\mu = 0[\mathrm{m}]$ から 4m 間隔で 20[m] までに起爆する戦略を実行でき，$\mu = 4(j-1)[\mathrm{m}]$ を選択する戦略を $xj(; j = 1, \cdots, 6)$，その選択確率を c_{xj} とする． 道路の片側にしか IED を仕掛けられる場所がない状況を通行するとすれば，PKO 車両は，IED からなるべく離れて通過する戦略をとるのが最も安全 (=SSKP が小さい) と考えられる． 一方，テロリスト側は IED が1つしか設置できないため，起爆のタイミングは，IED の真横を車両が通過するタイミング $(\mu = 0)$ で起爆する戦略が最適である (=SSKP を最大化できる) ことが予想される．こうしたほぼ自明な状況について検討することで，モデルの妥当性について確認する．

　これらの $[\mu, y_c]$ の組み合わせに対する支払い行列 $(SSKP(\mu, y_c))$ は，表 6.2 のようになった． またこのパラメータのときの危害関数 $f(x, y)$ を Mathematica® を用いて2次元グラフ化すると，図 6.3 が描ける． 設定から明らかなように原点 $(0,0)$ 付近で被害が極大となる様子が見られる．

　この行列ゲームを解くことで (計算するまでもないが) $c_{x1} = 1, c_{y1} = 1$ が得られた． これより， $\mu = 0[m], y_c = 10[m]$ という純粋戦略どおしで最適になることがわかる． 表 6.2 からわかるように，IED を原点に設置する場合は，y_c が増加するほど，SSKP は低下し，被害は減少していく． (ゲーム理論的には，支払い行列において，上の行ほど PKO 車両にとっての優越戦略である．) テロリストは平均起爆タイミング位置 μ が IED の真横，すなわち，μ が 0 に近いほど，SSKP が増加でき，被害を増大できること (左の列ほど，テロリストの優越戦略となること．) を意味している． 以上より両者の最適戦略は，表 6.2 の色をつけた部分の1点が鞍点となり決定されることになる． また，その戦略に対するゲームの支払い (単位長さあたりの SSKP) は， $\Lambda = 1.18 \times 10^{-5}$ となる．

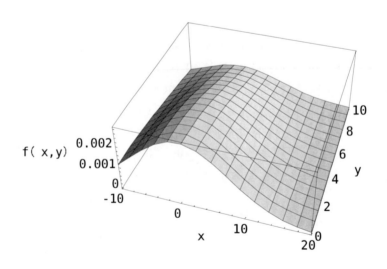

図 6.3: 危害関数 $f(x, y)$ のグラフ (x 軸：左→右，y 軸：下→上)

表 6.2: $[\mu, y_c]$ の組に対する単位長あたりの $SSKP(\mu, y_c) \times 10^{-5}$

テロリスト戦略 μ PKO戦略 y_c	0	4	8	12	16	20
10	1.18	1.17	1.15	1.10	1.04	0.97
8	1.62	1.61	1.58	1.51	1.43	1.33
6	2.07	2.06	2.02	1.94	1.83	1.70
4	2.47	2.46	2.41	2.31	2.19	2.03

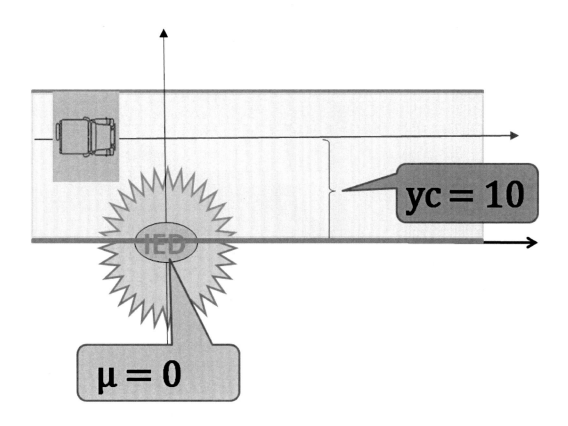

図 6.4: PKO 車両通行位置 y_c とテロリスト起爆タイミング μ の最適戦略

6.3.2.2　IEDが2つ設置された場合の走行レーン y_c と起爆タイミング μ との関係

　IEDを2つにし，PKO車両側・テロリスト側ともに前のケースと同様，通過レーン $\{y_c\}$ 及び起爆タイミング $\{\mu\}$ の戦略が選択できる状況とする．**6.3.2.1** 節より，1つのIEDが仕掛けられた状況では，道路際から遠ざかるほど，被害を減らせることが容易にわかった．以下では，テロリスト側はIEDを2個使用し，PKO車両を道路の反対側の道路際からも挟み込む形でIED攻撃することで，PKO側が道路の端から距離をとる戦略を封じる状況を想定する．このケースでは，IEDを $(0,0)$ および $(20,15)$ の2ヶ所に設置すると仮定する．

　2つのIEDを仕掛けて同時に爆発させることができる場合，危害の様子は図6.5のような複雑な被害がもたらされる形状になる．こうした被害が予想される場面で，はたして道路際からどれだけの距離で通過するのが最善かは，容易には予想できない．

　こうした状況で，前のケースと同様にSSKPの支払い行列を計算すると，表6.3が得られ，この上で行列ゲームを解いてみると，$(c_{x3}, c_{x4}) = (0.6, 0.4), (c_{y1}, c_{y4}) = (0.6, 0.4)$ という，両者とも混合戦略が，最適解となる結果が得られた．また，それらの戦略の組に対するゲームの値として，$\Lambda = 3.28 \times 10^{-5}$ が求められた．

　この結果から読み取れることは，威力が大きいIEDが2つ仕掛けられ同時に爆破できる場合には，2つのIEDからの相乗効果により，それらの中心付近で被害を極大化でき，テロリストは2つのIEDの中央付近に車両が差し掛かった時点で起爆するのがよい，ということである．対するPKO車両は，2つのIEDにより被害が増大するものの，これを少しでも軽減するために，道路の真ん中を避け，左右いずれかの端を $(0.6, 0.4)$ の確率で選択して走行するのが最善であることがわかる．こうした結論は，図6.5をパッと見ただけでは容易に決断できず，まさにゲーム理論モデルによる恩恵が得られているといえる．

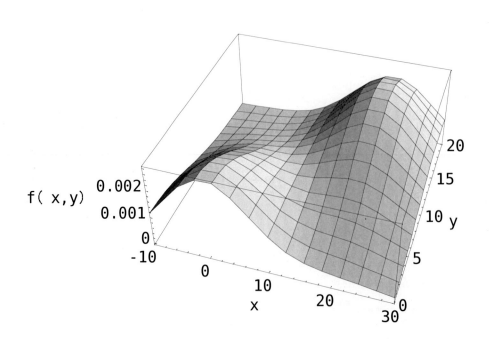

図 6.5: 危害関数 $f(x,y)$ のグラフ（x 軸：左→右，y 軸：下→上）

表 6.3: 単位長あたりの $SSKP(\mu, y_c) \times 10^{-5}$

テロリスト戦略 μ / PKO 戦略 yc	0	4	8	12	16	20
10	3.06	3.19	3.28	3.32	3.31	3.25
8	3.14	3.24	3.30	3.31	3.27	3.18
6	3.22	3.29	3.32	3.29	3.22	3.10
4	3.28	3.33	3.32	3.26	3.16	3.01

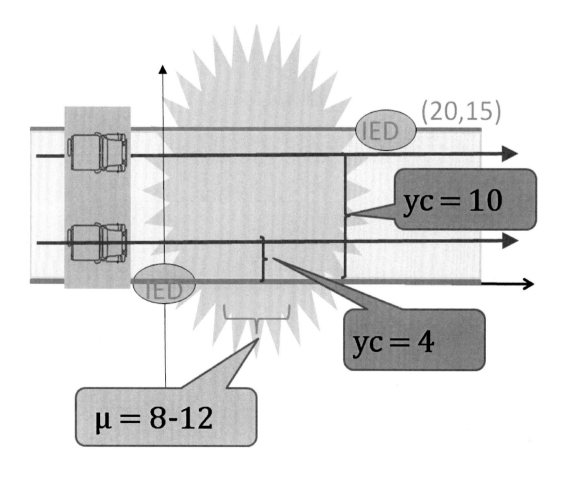

図 6.6: PKO 車両通行位置 y_c とテロリスト起爆タイミング μ の最適戦略

6.3.2.3　爆発の威力を低下させた場合の走行レーン y_c と起爆タイミング μ との関係

　前節と同じく，2 つの IED が仕掛けられているが，いずれの IED とも爆薬量が減少し，危害域の標準偏差が $(\sigma_x, \sigma_y) = (3[m], 3[m])$ と短くなる場合を想定する．それ以外の PKO 側・テロリスト側双方が選択するパラメータ値は前ケースと同様とする．こうした爆撃が想定されるのは，例えば，車両に危害を加えることではなく威嚇を主目的とする場合や，手榴弾や対人地雷程度の比較的小規模な爆弾しか IED を作成するために入手できない状況に相当すると考えた．

　危害域が (3,3) となる時の危害関数 $f(x, y)$ をグラフ化すると，以下の図 6.7 のようになる．図から明らかなように，爆薬量を減らすことで被害の範囲が IED 周辺のみに局在化され，2 つの危害域の山が，ほぼ独立した形で出現している．こうした危害が想定されている道路を通過しようとする際は，道路の中央付近を通過するのがもっとも安全な経路となることが予想される．

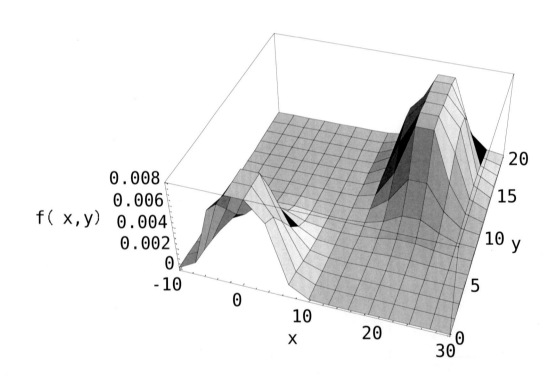

図 6.7: 危害関数 $f(x, y)$ のグラフ（ x 軸：左→右，y 軸：下→上)

　これまでの数値例と同様，$[\mu, y_c]$ の組み合わせに対する支払い行列は，以下の表 6.4 に示すとおりとなる．

　この行列ゲームの解として $(c_{x2}, c_{x3}, c_{x4}, c_{x5}, c_{x6}) = (0.2, 0.2, 0.2, 0.2, 0.2)$, $c_{y2} = 1$ という最適混合戦略が得られた．また，$\Lambda = 0.12 \times 10^{-5}$ がその戦略に対するゲームの値となった．図での事前の考察のとおり，PKO 車両は道路の中央付近を通行するのが最適戦略であり，一方，テロリストは 2 つの爆弾からの効果が薄く広がるような，比較的長い区間のどこかで起爆させることが，脆弱ながらも爆撃効果を生む最善の戦略となる．

表 6.4: 単位長あたりの $SSKP(\mu, y_c) \times 10^{-5}$

テロリスト戦略 μ / PKO戦略 y_c	0	4	8	12	16	20
10	0.26	0.28	0.30	0.31	0.32	0.32
8	0.11	0.12	0.12	0.12	0.12	0.12
6	0.19	0.19	0.19	0.18	0.17	0.16
4	0.51	0.51	0.49	0.47	0.45	0.41

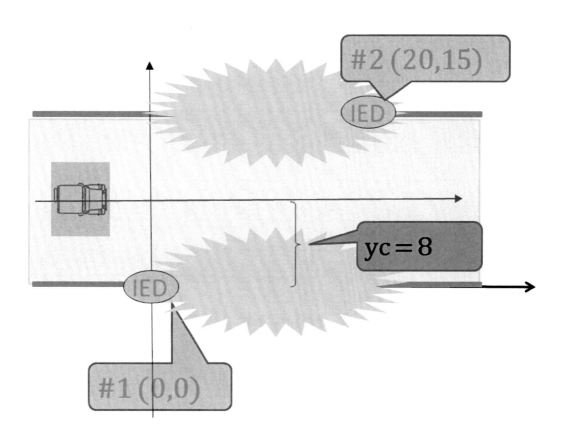

図 6.8: PKO 車両通行位置 y_c とテロリスト起爆タイミング μ の最適戦略

6.3.2.4　通過タイミング情報の暴露状況 I と起爆タイミング μ の関係

　PKO側は，パラメータ設定 (6) 情報の暴露のしかた I を正規分布，指数分布，一様分布と変化させる戦略をとり，テロリスト側は **6.3.2.2** 節と同様，2つのIEDを同時起爆させる戦略をとる状況とする．現実の状況ではテロリスト側は事前に入手したPKO車両の通過に関する情報に基づいて，IEDを設置するはずである．PKO側にとっても，テロリスト側にとっても，情報は最重要なファクターと言える．情報がいかに被害に影響を及ぼすかを検証する目的で，こうした情報暴露の差があるときの被害状況の確認を試みた．

　この場合，PKO側はもっとも車両情報が隠蔽されている状態といえる一様分布 I_U が最適戦略となり，テロリスト側は **6.3.2.2** 節の結果から μ が8と12が最適な戦略であると予想される．この (μ, I) の組み合わせに対する支払い行列 (SSKP) は以下の表6.5となる．

　この行列ゲームの解を求めれば $(c_{x3}, c_{x4}) = (0.47, 0.53), c_{y3} = 1$ が最適混合戦略となる．また，その最適戦略に対するゲームの値は，$\Lambda = 0.98 \times 10^{-5}$ となる．

　通過情報暴露の程度 I を考慮する場合，パラメータ設定 (6) での計算のとおり，もともとのSSKPに，後から暴露状況に応じた I_n, I_{ex}, I_U をSSKPに掛けて，SSKPを割り引いて評価する．この場合，正規分布よりも指数分布，指数分布よりも一様分布の方が，割引の程度が大きくなっていくので，SSKPを最小に評価する一様分布 I_U の形で情報暴露することが，PKO側にとって最善策となる．すなわち，PKO軍の最適戦略は，通過情報を一様に暴露することであり，簡単に言えば，いつ通るか分からず，ただ一定期間中にPKO軍車両が来ることしか暴露されていない状況である．テロリストにしてみれば，気を抜けない状況ともいえる．定量的評価するまでもない，きわめて当たり前なことを確認したに過ぎないが，情報の秘匿性が被害に大きな影響を与えうることを改めて示唆している．機密保持は極めて重要である．

表6.5: $[\mu, I]$ の組に対する単位長あたりの $SSKP(\mu, I) \times 10^{-5}$

テロリスト戦略 μ PKO戦略 I	0	4	8	12	16	20
正規分布 0.49	3.14	3.24	3.30	3.31	3.27	3.18
指数分布 0.17	1.08	1.11	1.13	1.14	1.12	1.09
一様分布 0.14	0.93	0.96	0.98	0.98	0.97	0.94

6.3.2.5 複数台の車両により車列が構成される場合

最後に複数台の車両で移動する警護車列に対する IED 攻撃でのゲームの結果について示す. 設定する状況は次のとおりとする.

- 車列を構成する車両数を $N = 3$ 台とする. なお, 2 台目の車両中心位置をこの車列の重心位置とする.

- 車両間隔は 1-2 台目間と 2-3 台目間を均等に, $D = 10, 20[m]$ の 2 ケースを想定する.

- 道路際からの距離 (通行レーン) として, $y_c = 4[m]$ もしくは $y_c = 8[m]$ の 2 レーンのみを想定する.

- これまでの検討例と同様に, 1 つもしくは 2 つの IED が $(\mu_x, \mu_y) = (0, 0), (20, 15)$ に設置されているとする.

- 爆弾の効果は $\sigma_x = \sigma_y = 18, 15, 12, 7.5, 3[m]$ (等方向性で 5 パターンを想定する.)

こうした条件の下での運行状況を図 6.9 に示す. また, どのタイミング $(x = \mu)$ で IED を起爆すればよいか, (6.9) 式により各セルに入る平均化した SSKP を計算し, 行列ゲームを解いた結果 (最適戦略のみ) を表 6.6 にまとめる. テロリスト側の起爆タイミングの視点で考察する.

[IED が 1 つの場合]

ある程度の威力のある IED を起爆させる場合は, テロリストは, 重心が原点付近にある場合に起爆させればよいことが分かる. これは, 3 台平均での車両がこうむる被害で定義された結果であり, 警護車列は中間車両が最も被害が大きいことが予想される. 従って, 警護車列側は, 前後車両に VIP を (密かに) 乗車させることで, VIP の生存性・安全性を高めることが期待できるので, そうした運用を実行することが, よりよい作戦ということができよう. 威力が弱い IED($\sigma_x = \sigma_y = 3[m]$) で, しかも車両間隔が長い ($D = 20[m]$) 場合は, 爆撃効果が薄まってしまう. このような場合は, $\mu = -20, 0, 20$ のいずれかで起爆させる, すなわち, 前, 中, 後ろの車両位置が, IED のちょうど真横を通過する瞬間に起爆させるのが最適戦略であることがわかる. つまり, テロリストとしては, 1/3 の確率でいずれかの車両に絞って攻撃を仕掛けるのが最適な戦略となる.

[IED が 2 つの場合]

2 つの爆弾が設置され, 同時起爆される場合は, 1 つの IED の場合とは異なり, 相乗効果のダメージが期待できるので, 道路際からの距離に応じて, 最適な起爆タイミング μ が存在する. 被害規模が比較的大きい IED 設置が予想される場合, 道路際からの距離が近い $y_c = 4[m]$ のケースでは, 重心位置が, 2 つの爆弾のほぼ中間の $\mu = 8[m]$ で, 一方, ほぼ道路中央の $y_c = 8[m]$ で進んでいる場合には, $\mu = 12[m]$ で起爆させれば, 被害を極大できることが分かった. ただし, 道路中央付近の $y_c = 8[m]$ を進んでいる場合でも, 爆弾効果が薄まる, すなわち, 狭い間隔での小規模 IED 攻撃のケースや, 広い間隔で中規模 IED 攻撃のケースでは, 起爆タイミングが $\mu = 8, 12[m]$ で拮抗している, テロリストにすれば, この程度の幅のあるタイミングで起爆させればよいという戦略となっている. さらに, テロリストにとっては攻撃効果が極めて低い小規模 IED($\sigma_x = \sigma_y = 7.5, 3$) 攻撃で, さらに車間距離も長い ($D = 20[m]$) 場合には, 1 つの IED の場合と同様, 3 台のうちのいずれか 1 台に目標を絞った攻撃を実行するのが最適であることがわかる.

　以上のように，車列に対する攻撃を分析してみると，わずかなパラメータのみを動かしただけでも，双方の最適戦略が大きく異なる．それぞれの場合の戦略は，それなりに妥当性のある説明で見ることができる．これまでの車列運用では，「なんとなく」の感覚で，適切と判断した車列運用を行ってきたと思われる．しかし，このモデルが訴えるように，(SSKPの数値的な差はわずかかもしれないが，) ゲーム論的な分析を経ることで，定量的な運用判断指針を与え，より安全性を高めた単独運行やVIP護送のような車列運行での最適方針が科学的に決定できる．(ただし，事前に様々なパラメータ組み合わせによる，大量のシミュレーションを検討する必要はあるが．)

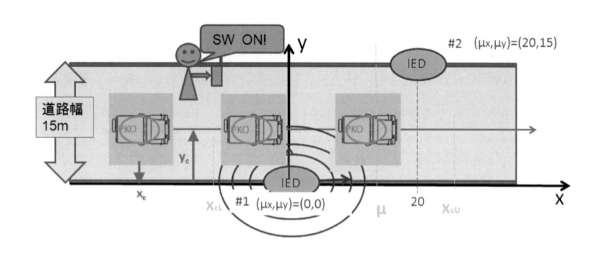

図 6.9: 3台で構成する車列による通行イメージ

表 6.6: 車列の重心位置が以下のポイントでテロリストは SW ON すべき

IED×1のときの起爆タイミング μ			IED×2のときの起爆タイミング μ		
yc=4[m]	D [m]		yc=4[m]	D[m]	
σx=σy [m]	10	20	σx=σy [m]	10	20
18	0	-4, 0, 4	18	8	8
15	0	-4, 0, 4	15	8	8
12	0	-4, 0, 4	12	8	8
7.5	0	0	7.5	4	0
3	0	-20, 0, 20	3	0	0
yc=8[m]	D[m]		yc=8[m]	D[m]	
σx=σy [m]	10	20	σx=σy [m]	10	20
18	0	-4, 0, 4	18	12	12
15	0	-4, 0, 4	15	12	8, 12
12	0	-4, 0, 4	12	12	8, 12
7.5	0	0	7.5	12	-20, 0, 20
3	-8, -4, 0, 4, 8	-20, 0, 20	3	8, 12	-20, 0, 20

6.4 おわりに

本章では，情勢不安定な地域でPKO部隊の車両を運行する際に，車両に対するIED攻撃を想定して，より安全な運行方法を検討する目的で，SSKPを支払いとする2人ゼロ和ゲームモデルを設定し，数値的な検証を試みた．これまでの数値的な検討結果から，現実的な運行状況を，定量的に解析するための基盤が確立でき，より安全に運用改善できるモデルの準備ができているものと考える．ただし，今回の数値的な検討は，比較的単純なIEDとの対峙状況を設定しているにすぎない．原則的に，PKO車両側は，IEDに対して距離をとって通行し，一方のテロリスト側は，真横を通過する瞬間に起爆させる，といった至極当然の結果が得られている．

本モデルを活用すれば，IEDの配置や個数を増減させる様々なパターンの攻撃にも対応できるだろう．また，モデルのパラメータ値として変化させていないものも多々ある．そうした様々なパラメータ変化を組み合わせた，複雑な攻撃状況下では，直観とは異なる運行方針が得られるかもしれない．系統的な分析を実施すれば，新たな知見が得られるかもしれない．このモデルを利用して様々な状況を分析してみる努力をもう少し続けなければならない．

最後に，いまさらながら，これまでの検討で触れてこなかった重大なポイントについて説明したい．それは，本モデルを実用化するためには，IEDそのものの規模や設置場所を，あらかじめ予想可能としなければならない点である．2人ゼロ和ゲームの前提として，相手の選択の余地がゲームの土俵に上げられていることである．PKO側では，自らの装備や運行方針をあらかじめ設定することができるが，敵であるテロリストが用いるIEDの数や規模，配置を運行開始前にある程度把握できるものだろうか？ あるいは，通行しようとしている道路上で，通過直前に，瞬時に，確度をもって把握することができるものだろうか？

そこが予想できなければ，これまで検討してきたゲーム理論モデルは成立しない．ゲームモデルで方針を導くために必要となる十分なデータ収集を，現場でハンドルを切り，アクセル操作をして通過する直前までに，できる限り行わなければならない．IEDが仕掛けられているかもしれない道路を安全に通行していくための準備として，必要な努力や技術的課題を以下にまとめる．

- 準備段階：基礎データの収集
  車両対爆弾の基礎データを収集すること
  現地に残留・流通する砲弾，爆弾，地雷などは様々な火薬成分や炸薬量で製造されている．そうした弾薬の爆発規模と運用する車両との位置関係，車体強度，あるいは通過速度などの関係を，実車やシミュレーションを利用してデータブック化する必要がある．こうした物理的な実験データ集は，PKOに参加する自衛隊部隊のみならず，国内外の対テロ行動に活用できることから，警察，公安，皇宮警察，海上保安庁など組織横断的に統合した爆弾の爆発効果が人体や建物，乗り物に対してどの程度の被害を及ぼすか見積もったデータ集を整備する必要がある．爆発の際の態勢と被害半径 $\sigma_x, \sigma_y, r_x, r_y$ との関係など，出来る限り正確に数値化する努力が必要である．さらに，模擬環境での車両通過のタイミングで実際に起爆させて，基礎的な x_{cL}, x_{cU} の把握や通過速度に応じた σ_v や μ の決定具合など，実機によるシミュレーションも必要であろう．人間固有の生理的な実験を通して，テロリスト側の特性も把握しておく必要がある．

- 運行ルートを決め，不審物の存在を予測する
  例えば，東京において，迎賓館から皇居まで要人を移動させるような場合には，付近

を一時的に通行止めにして，また，周辺の要所に警官を配置し警護に充てる，といった措置がとられるだろう．この際には，数百人規模の保安要員が一定期間，任務に充当されるし，事前の計画策定や，事前のルート上の不審物のチェックなどで非常に多くの警備コストが割かれるはずである．一方，本モデルを適用とする環境は脆弱である．ルート上の警備要員の配置はおろか，事前に不審物のチェックを行う要員もいない．そうしたルートを通過していく際には，定常的に通行が実施されているのであれば，日々の通行時の様子と，当日の様子の微妙な違いを感じ取るしかない．ネット上のマップサービスで通過していく道路環境の確認程度はできるかもしれない．しかし，不審物が仕掛けられている膨大な可能性を漏らさずに把握していくためには，例えば自動運転のための3次元マップ技術を応用して，日々のパトロールでの画像環境変化の差分情報から，新たに仕掛けられたIEDの存在の可能性を通過直前に予測できるようなシステム構築ができるかもしれない．

● そうした事前のデータ収集や通過直前の状況観察に基づく予測手法といった情報環境がある程度整えば，テロリストの手の内もある程度予測でき，提案するモデルを活用して被害の低減を図ることが期待できると思われる．モデルを活用する際の計算負荷が大きければ，経路をいくつかの有限区間に分割し，その各区間ごとの運行で本モデルを適用すればよい．ただし，この際に重要となるのは，環境情報の処理速度と計算結果に基づく運転技術との関係である．ネットワーク上での地図環境が急速に発展していること，車載できる計算機の能力が向上していること，自動運転もすでにほぼ実用化されるいることなども併せて想像すれば，本モデルにより安全性が高められるルートでの運行が，オンステーション中に実現できるかもしれない．

第7章 宇宙空間の安全確保に向けた3次元基準経路設定問題

　第2章で扱った2次元平面上での海上監視活動の基準経路を構成する方法を3次元に拡張して，3次元空間内で基準経路を構成する方法へと展開することを試みる [19]．その結果を，地球周辺の宇宙空間に浮遊する様々な残骸物 (スペースデブリ) に効率的に近接する経路を構成する手段として応用する可能性について検討する．

7.1 　監視経路設定問題の3次元への拡張

　第2章で議論した，海上監視活動において監視基準経路を構成する際の物理的な特徴を改めてまとめてみると次のようになる．
　監視飛行基準経路を設定すること，とは，

- ある密度場中において，対象物 (＝予想される艦船) の存在密度情報 (関数) が与えられており，

- その対象物を発見する確率が，基準路から遠ざかるに連れ，非増加の関数として表現されており，

- 2つの関数の積に基づく目的となる数量 (2章では，期待発見船舶数) を局所最大化するように，初期基準路の端点を再配置していく方法　　　　　　　　　　であった．

　こうした監視基準経路設定の考え方を，2次元平面内から3次元空間へと拡張することを，以下で考えてみた．もちろん，2章で検討した海上監視での経路設定でも，飛行高度を加味すれば，厳密には3次元空間内での経路設定問題として捉えるのが適当であったが，広域を監視するという任務の特性上，ある程度の高高度を維持して飛行を続ける運用が大半なので，2次元平面内の問題として考えた．また，監視範囲の緯度・経度が，ともに数度程度の範囲での周回経路ということからも，2次元の問題として議論するのが妥当であると判断した．
　では，3次元に拡張して考えなければならない状況はあるだろうか？
　3次元的な運動を検討する領域として容易に思い浮かぶのは海中である．ただ，海中では観測者 (例えば潜水艦) が対象物 (鯨？ 岩？ 潜水艦？) を発見する際には，光学的な原理に頼る，逆3乗の法則は使えない．また，監視経路問題での設定のように，圧倒的に高速で移動する観測者 (航空機) と，ほぼ静止しているとみなせる対象物 (艦船など) との関係は成立しない．双方とも同程度の速度でしか移動できないので，密度場中を高速移動しながら観測していくという，状況設定自体が明らかに違うと思われる．
　思考を巡らせ様々な場面を考え続けて，思い至った1つの応用領域が，地球近傍の，それでも，地表からは十分に遠い宇宙空間である [11], [56].

7.1.1 これまでの宇宙開発状況とその問題点

1957年に旧ソ連が人工衛星スプートニク1号を打ち上げ，人類は宇宙空間への進出を開始した．その後の60年以上にわたり，世界各国は宇宙空間への進出競争を繰り広げている．小動物や人間を搭載した衛星の開発，月への有人飛行や太陽系内惑星への観測飛行，さらには，周回軌道上での長期滞在可能な宇宙基地の建設といった段階にまで発展してきている．こうした輝かしい成果とは裏腹に，ロケットが空に打ち上がったまま降りてこなくなった瞬間から，地球からごく近い宇宙空間で新たな環境問題が発生し，近年，急速にその危機感が認識されるようになってきた．重力と遠心力がバランスする地球周回軌道付近を漂う宇宙のゴミ，スペースデブリの問題である．

これまでに宇宙空間に打ち上げられた物体は，比較的低い軌道を飛行するものであれば，地球の重力圏に再突入して，落下したり気体分子との衝突による摩擦熱で燃え尽きたりしていた．一方，より高い軌道を目指して投入された物体は，なかなか地上に落下してこない．地球の引力圏内に引き込まれるまでの時間は，物体が飛行する高度や地球に対する相対速度により異なり，高度200kmの円軌道を飛行する物体で数日，高度2000kmにもなると20000年以上もその軌道に位置し続けることになる．さらに，気象衛星や通信衛星が飛行する約36000km上空の静止軌道上では，実に100万年以上も軌道に位置し続けてしまう．

こうした静止軌道上に存在する衛星のうちの95％は故障や爆発により使用不能であり，わずか5％のみが運用されているに過ぎない．宇宙を漂うデブリは，大きい物体はロケットの燃焼物から，小さいものではビスや塗料の破片に至るまで，様々な大きさの物体が存在している．この中には動力源として核エネルギーを採用している衛星の残骸すら含まれている．

こうした物体は，自律制御ができないために，個々のデブリへの対応は困難な課題である．偶発的にこれらの物体どうしが衝突した場合には，たとえ小さな物体であっても相対速度があまりにも大きい(秒速数km〜数十km)ために，衝突の瞬間に超高温・高圧の状態になる．圧力は数M bar(大気圧の100万倍程度)となり気体と液体の混合した物質が噴出する．こうした状態は火薬などの爆発と同じ現象であり，わずか80gのデブリが1kgのTNT火薬と同じ威力を有するとされる．小さなデブリは，衝突の瞬間に気化する可能性が高いが，大きなデブリは，さらに小さな破片へと分裂してしまう．このため，地上から300〜1000km程度の低中位軌道に人工の小惑星帯が形成されてしまっている．

このようなスペースデブリが，現在も含めた近い将来の宇宙開発で深刻な問題となることは，現実的にも認識されるようになってきた．宇宙開発が始まったころは，「ビッグスカイセオリー」という考え方に立ち，宇宙のような広い3次元空間では，2つの物体が偶然ぶつかるような現象は，極めてまれな事象だと考えられていた．しかし，宇宙開発が進むとその考え方は，成り立たなくなってきている．1983年7月スペースシャトル7号機は，窓にわずかな閃光と鋭い音を捉えた．地上に帰還した後に窓ガラスを調べると深さ0.5mmで3層構造の窓ガラスの一番外側の層に傷を受けたことが確認された．1996年7月にはスーツケース大のゴミがフランスの小型衛星に衝突し，長さ6mの姿勢安定用の腕(ブーム)をもぎ取った可能性が有ることが確認されている．

こうした状況下で，今後も，安全で実りある宇宙開発を実施し続けていくためには，スペースデブリ対策を真剣に考えなければならない．より大型化する宇宙機を安全に運行させるためには，デブリ位置を局限し，それらとの衝突を回避するための方策の検討が必要である．また，今後の宇宙開発において，積極的にデブリを回収したり，デブリの発生を抑制する開発計画が考慮されねばならない．

7.1.2 スペースデブリへの対応

米空軍宇宙司令部 (North American Aerospace Defense Command;NORAD) を中心とする観測網では，天体望遠鏡やレーダによりスペースデブリを捕捉し続け，10cm 程度以上の大小さまざまな物体の運動を常時把握している．これらのデータは，ロケット等の打ち上げ時刻の調整に役立てられている．しかし，10cm 程度以下の物体は，レーダの測定限界以下のために捕捉不能であり，空の一部を1区画とした，望遠鏡による局所的な光条の密度から推定して，空間密度を推定しているのが現状である．これらの小破片数の方が圧倒的に多い．観測データに基づくと，スペースシャトルが 10cm 以上の物体に衝突する確率は，現在では $1/10^6$ であるが，1cm 程度以下の物体により損傷する確率は 1/3000 であり，デブリがこれからも増加し続けるならば，次世代には 1/10 程度まで増大すると見込まれている．

米航空宇宙局 (National Aeronautics and Space Administration;NASA) では，これらのスペースデブリを削減する方策を 1970 年代から検討している．SF 的な考え方ではあるが，レーザー銃等を照射して，デブリの運動を変化させ，より低軌道へ撃ち落としたり，より小さな破片にすることが検討されている．また，大きなマットや掃除機のような飛行物体で回収する方法も検討されている．(これまでのシャトル飛行で，様々な衛星の回収作業を行ったのもこの検討の一環である．) こうした，各方面でのデブリに対する諸方策を受けて，1992 年に国際宇宙航空アカデミー (IAA) でデブリ抑制のための方策が，3 分類されてまとめられた．

現時点でも費用を要さないで実現できる [カテゴリー1] に含まれる方策には，意図的にデブリを爆破や衝突させることを禁止したり，使用期限の切れた静止衛星を，低軌道へと移動させることで，軌道滞在時間を短くすることなどが含まれている．現時点での技術開発は不要であるが，ハード・ソフトに変更を要する対策は，[カテゴリー2] としてまとめられ，その中には，現在計画中や将来のロケット・使用済み衛星のうち，平均高度 2000km 以下のものは 3 ヶ月以内に除去すること，2000km 以上のものは，より安全な高い軌道へと離脱させることなどが記されている．さらに，今後の技術開発を要する [カテゴリー3] には，上に述べた軌道上での回収衛星やレーザーを利用した積極的なデブリの除去等がまとめられている．

日本では，JAXA を中心として，数百メートルにも及ぶ導電性の網 (テザー) を展開してデブリに巻きつかせ，地球磁場との相互作用により生じる起電力で網内に電流を発生させ運動エネルギーを熱エネルギーに変換し，デブリの速度を減殺させつつ，次第に地球の重力圏に落下させる計画が立ち上げられ，現在，宇宙空間での実証段階にまで進んできている [36].

7.1.3 3次元基準経路を設定して対応する

IAA 等でまとめられているデブリ対策のうち，特に [カテゴリー3] に属する方策を実現するためには，浮遊するデリブに次々と軌道を合わせて回収 (あるいは撃墜，テザーの絡みつき等) 活動をする衛星の運用が必要であり，現時点でも技術的にあと一歩のレベルにまで来ていると思われる．そのような衛星が開発されれば，次はその効率的な運用方針を決定する必要がある．この場面で，2 次元の監視経路設定問題で提案した方法を 3 次元に拡張した手法が利用できると考えた．

浮遊するデブリに接近する場合，デブリに対しどのような対応 (回収・撃墜や，単なるデブリ素材の確認作業を行う等) をとるにせよ，小破片のさらなる増加を防ぐため，また作業効率からも，比較的大きなデブリから作業を進められることが予想される．

　デブリに接近する宇宙機は，比較的大きなデブリ密度が高い空間に接近するように最初に投入されるだろう．個々のデブリ座標は，監視網のカタログデータから概位が把握されているが，常時その位置を変えており，また様々な要素により摂動が加わっているため，対応時のデブリ位置は，密度場的な捉え方をするのが都合がよいと考えられる．また，デブリに宇宙機が接近する場面では，望遠鏡や赤外線センサ，レーダ等により正確な位置を把握し，その後に，軌道を合わせて相対速度を小さくし，レーザー照射や回収を実行する等の対応をとることになるので，まず，何らかのセンサによる発見確率的な表現も自然に受け入れられるであろう．こうした環境下での，宇宙機の効率的な運航を考える場合，宇宙機の 1 飛行，あるいは 1 運用期間あたりに遭遇するスペースデブリ数が大きいほど運用効率が上がると考えられることから，目的関数は第 2 章のモデルと同様，**1 飛行 (運用期間) あたりに発見するデブリ数** と考えるのが妥当であろう．

　なお，運航上の制約として，搭載燃料や電池等のエネルギー制約，回収デブリを搭載する容積制限や搭載するテザーの質量等のペイロードの制約などが考えられる．エネルギー制約に関しては，周回軌道を飛行する限り，慣性飛行を続けるので燃料を消費せず，従って，燃料制約は考えにくい．むしろ，デブリに軌道を合わせる時に姿勢・位置制御のために噴射する必要があり，そうした (噴射回数) × (噴射時間) が制約になると考えられる．また，ペイロード制約に関しては，技術的に未知の部分が多く，以下の議論では，当面は考慮しない．

　宇宙空間でスペースデブリを発見する際の発見確率は，地球上で空から海を眺めて船舶が相対的に平行直線運動をしつつ発見される状況とは多少異なる．(付録 **D** 参照)

　しかし，宇宙機が搭載する捜索センサは，航空機の場合と同様に，望遠鏡や赤外線センサなどの光学機器，レーダといった，地球上の捜索センサと同じ機材が採用されると考えられる．これらのセンサは進行方向に対し円錐形にスキャンしていると仮定する．こうした捜索状況で，デブリは，"ねじれの位置関係にある相対直線運動" を行うと考えるのが現実的な状況であろう (付録 **D** 参照)．このため，基準経路からデブリまでの距離は，デブリ探知時刻からデブリ最接近 (回収) 時刻まで変化し続け，2 者間の距離の変化を含めた瞬間探知率を考慮しなければならない．しかし，静止軌道上でのデブリに接近する様子は，従来の設定と同様な，相対的に平行な直線運動を行っているという仮定も成立すると考えられる．

　以下では，最も単純な例ではあるが，2 次元の場合と同様，物体が進行方向に対し平行移動する状況での効率的な接近経路の確立を 3 次元基準経路問題として扱う．

7.2　定式化と目的関数値・偏導関数値の表現

7.2.1　3 次元基準経路設定問題の定式化

　基本的な定式化は，以下に示すとおり，2 次元の監視径路設定問題の場合と同じであり，解法も従来同様，ニュートン法を採用する．ただし，空間が 3 次元に広がったために，発見確率やデブリ密度の表現が従来とは異なる．目的関数値や偏導関数値は，2 次元の場合のように，基準直線分経路の両側の捜索センサレンジ内の長方形領域で求めるのではなく，捜索センサが宇宙機の前方を円錐形状に捜索していることから，進行方向に向かって線分経路を軸として広がる，半径一定のチューブ状領域内で計算する必要がある．(図 7.1 参照) また，個々のデブリ j の位置は，密度中心 $(\alpha_j, \beta_j, \gamma_j)$ を中心として広がる 3 次元正規密度関数として表現されると仮定する．このとき，2 次元の場合と同様に計算の簡略化のため，端点付近

での球面領域での数値積分は省略し，連続する円筒領域内のみで目的関数値や偏導関数値を計算するものとする．

以下，逆3乗法則に基づく発見確率で，回収機の進行方向に対し目標が平行に入射してくる状況で，3次元的な基準経路を構成する問題を設定する（ 付録D 参照 ）．

3次元空間内の2点 $X_i = (x_i, y_i, z_i), X_{i+1} = (x_{i+1}, y_{i+1}, z_{i+1})$ を端点とする線分と，3次元空間内の点 (x, y, z) との距離を l とする．また，目的関数値，偏導関数値を計算する領域 V_i は線分 $X_i X_{i+1}$ を中心軸とする半径 R の円柱状の領域である．このとき，3次元基準経路設定問題は，2次元問題での定式化からの自然な拡張で，以下のように定式化される．(制約条件は当面加味しない．)

[**3次元基準経路設定問題**]

$$\text{最大化} \quad I(X) = \iiint_V d(x, y, z) g(x, y, z) \, dx dy dz \tag{7.1}$$

$$\approx \sum_{i=1}^{n} \iiint_{V_i} d(x, y, z) g(l(x, y, z, x_i, y_i, z_i, x_{i+1}, y_{i+1}, z_{i+1})) \, dx dy dz \tag{7.2}$$

ただし，

$X = (x_1, y_1, z_1, \cdots, x_n, y_n, z_n)$

$$d(x, y, z) = \sum_{j=1}^{m} h_j(x, y, z) \qquad (j = 1, \cdots, m; m \text{ は対象空間に存在する予想目標数}) \tag{7.3}$$

$$h_j(x, y, z) = \frac{1}{(2\pi)^{3/2} \sigma_{xj} \sigma_{yj} \sigma_{zj}} e^{-\frac{1}{2}[(\frac{x-\alpha_j}{\sigma_{xj}})^2 + (\frac{y-\beta_j}{\sigma_{yj}})^2 + (\frac{z-\gamma_j}{\sigma_{zj}})^2]}$$

$$g(l(x, y, z, x_i, y_i, z_i, x_{i+1}, y_{i+1}, z_{i+1})) = \begin{cases} 1 - \exp\left(-k \cdot \dfrac{\sqrt{R^2 - l^2}}{Rl^2}\right) & (0 < l \leq R \text{ のとき}) \\ 1 & (l = 0 \text{ のとき}) \\ 0 & (l > R \text{ のとき}) \end{cases} \tag{7.4}$$

$$l(x, y, z, x_i, y_i, z_i, x_{i+1}, y_{i+1}, z_{i+1}) \tag{7.5}$$

$$= \begin{cases} \sqrt{(x - x_i)^2 + (y - y_i)^2 + (z - z_i)^2} \\ \quad ((x_{i+1} - x_i)(x_i - x) + (y_{i+1} - y_i)(y_i - y) + (z_{i+1} - z_i)(z_i - z) \geq 0 \text{ のとき}) \\ \sqrt{(x - x_{i+1})^2 + (y - y_{i+1})^2 + (z - z_{i+1})^2} \\ \quad ((x_{i+1} - x_i)(x_{i+1} - x) + (y_{i+1} - y_i)(y_{i+1} - y) + (z_{i+1} - z_i)(z_{i+1} - z) \leq 0 \text{ のとき}) \\ \sqrt{\dfrac{(x_{21} y_{10} - y_{21} x_{10})^2 + (y_{21} z_{10} - z_{21} y_{10})^2 + (z_{21} x_{10} - x_{21} z_{10})^2}{x_{21}^2 + y_{21}^2 + z_{21}^2}} \\ \quad (\text{それ以外のとき}) \end{cases}$$

(7.4) 式で k は正定数，また l の最後の式で $x_{21} = x_{i+1} - x_i, x_{10} = x_i - x (; y, z$ についても同様) などと簡略表記した．

7.2.2　目的関数値の表現

(7.2) 式の円柱領域 V_i を，中心軸に垂直に幅 h ごとに分割し，複数個の高さ h の小円柱に分割する．(全部がピッタリ h にスライスできることは無いので，最後の小円柱幅は h 以

下で構わない.)　分割する切断面, すなわち, 小円柱の上下の面で, 軸に垂直な半径 R の円盤面内に数値積分するための近似式 (付録 C　参照) を適用して計算される数値積分値を, 連続的に $S_p, S_{p+1}(; p = 1, \cdots, q-1)$ とする. (S_1 は点 X_i を中心とする円盤内の値であり, S_q は点 X_{i+1} を中心とする円盤内の値とする.) このとき, 円柱状領域 V_i を分割して S_p 面と S_{p+1} 面 に挟まれた (最終分割円柱以外は高さが h の) 小円柱での目的関数値 OB_p は, 円錐台・角錐台の体積公式を参考にすれば

$$OB_p = \left(S_p + \sqrt{S_p S_{p+1}} + S_{p+1}\right) \times h/3$$

で与えられる. (もちろん切断分割された, 最終の小円柱では h はその小円柱の高さ h' に置き換え, $OB_{q-1} = \left(S_{q-1} + \sqrt{S_{q-1} S_q} + S_q\right) \times h'/3$ と計算する.)　よって V_i での目的関数値は, これらを OB_1 から OB_{q-1} まで合計したもの, すなわち,

$$\iiint_{V_i} d(x,y,z) g(l(x,y,z,x_i,y_i,z_i,x_{i+1},y_{i+1},z_{i+1}))\, dxdydz = \sum_{p=1}^{q-1} OB_p$$

により求められる.

7.2.3　偏導関数値の計算方法

偏導関数値を計算する際に, 2 次元監視経路問題の場合には積分記号下での微分に関して Leibnitz の公式が利用できた (付録 B　参照). この公式は, より高次の重積分に対しても成り立つ [49]. しかし, 円筒内領域に対し偏導関数値を計算する場合に, Leibnitz の公式を適用することは領域の形が異なるために不可能である. 以下では, この困難を解消し, Leibnitz の公式を適用可能とするために, 円柱領域を前節同様, 小円柱領域に分割し, さらにその小円柱を小さな直方体領域に変換し, 変換された直方体ごとの上下面で偏導関数値を計算することを考える.

まず, 領域 V_i に関する目的関数を, 極座標に変換して書き直す.

$$\begin{cases} x &=& l \cos\theta \sin\phi, \\ y &=& l \sin\theta \sin\phi, \\ z &=& l \cos\phi. \end{cases}$$

このとき, 目的関数は, 以下の式 (7.6) で表される. l は小円柱の上面 (あるいは下面) の円盤中心からの距離である.

$$\iiint_{V_i} \left[1 - \exp\left(-k\frac{\sqrt{R^2 - (x^2 + y^2 + z^2)}}{R(x^2 + y^2 + z^2)}\right)\right] d(x,y,z) dxdydz. \tag{7.6}$$

さらに円柱領域を直方体領域に変換するために以下のような変換を実施する. 変換する座標系のイメージを図 7.1 に示す.

$$\begin{cases} u &=& x|x|, \\ v &=& y|y|, \\ z &=& z. \end{cases} \tag{7.7}$$

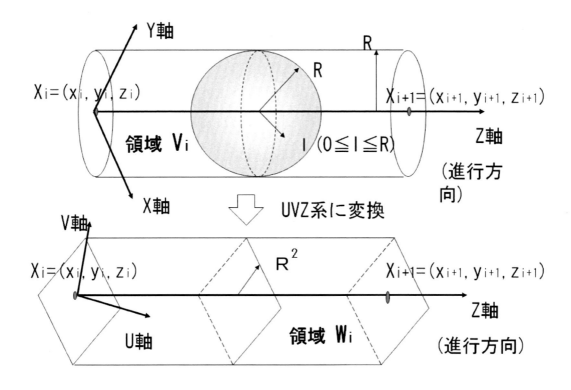

図 7.1: 円筒領域を直方体領域に変換する

　この変換された直方体領域 W_i に対し偏微分を行う際には，3次元の Leibnitz の公式が適用可能となり，目的関数である3重積分を端点座標 $x_i, y_i, z_i, x_{i+1}, y_{i+1}, z_{i+1}$ 等により偏微分することは，被積分関数自体をそれぞれの変数により偏微分したものを，3重積分することに置き換えられる．このように変換することで，線分 $X_i X_{i+1}$ に垂直な円盤面は，垂直な正方形面に変換され，円盤内の，中心軸からの距離が l(一定)（$0 \le l \le R$）である円周上の点は，発見確率 $g(l(x, y, z, x_i, y_i, z_i, x_{i+1}, y_{i+1}, z_{i+1}))$ が一定のまま，新たな uvz 座標系で表現された直方体 W_i 内で軸に垂直な $|u| + |v| = l^2$ の正方形の辺上に変換され，その上で一定の発見確率となる．(1:1に写像される．) さらに，(7.7) 式による変換の結果，円柱領域表面で発見確率が0であったものは，直方体領域の表面でも発見確率が0となり，積分領域境界からの付加項が消去される．

　実際の偏導関数値の計算には，前節同様に，軸に垂直に切断した面での導関数値を考え，切断された角柱状の領域ごとに偏導関数値を求め，領域全体 W_i で合計する．変換前の V_i における，軸に垂直に切断した円盤面と，変換後の W_i の軸に垂直で V_i と同じ z の値で切断した正方形面とでは，上述の考察から導関数値が等しく，さらに Cavalieri の原理 (高さが等しく，切断面の面積が等しい立体の体積は等しい．) から考えれば，偏導関数値は，V_i で求めても，W_i で求めても，同じ値になることが保証される．分割された角柱状領域の上下面での偏導関数値 (後述) を T_p, T_{p+1} とすると，分割された角柱ごとの偏導関数値 DV_p は

$$DV_p = \begin{cases} \left(T_p + \sqrt{T_p T_{p+1}} + T_{p+1}\right) \times h/3, & (T_p > 0, T_{p+1} > 0 \text{ の場合}) \\ \left(T_p - \sqrt{T_p T_{p+1}} + T_{p+1}\right) \times h/3, & (T_p < 0, T_{p+1} < 0 \text{ の場合}) \\ (T_p + T_{p+1}) \times h/2. & (\text{それ以外}) \end{cases}$$

で求め，各直方体領域 W_i の偏導関数値は，切断領域ごとでの DV_p を合計した

$$\sum_{p=1}^{q-1} DV_p$$

で表現される．ただし，最終分割された角柱領域 DV_{q-1} の扱いは，目的関数値の計算の場合と同様に扱う．

実際の1階・2階の各偏導関数は，以下のような簡単な形にまとめることができる．(以下では，簡単のために $\sigma_{xj} = \sigma_{yj} = \sigma_{zj} = \sigma$ とおいた．また $d(x,y,z)$ は，式変形の途中より，変換された領域での関数であることを明示するために，単一の密度関数 (デブリ番号 j) で代表的に表現している．)

$$
\begin{aligned}
&\frac{\partial}{\partial x_i} \iiint_{V_i} \left[1 - \exp\left(-k\frac{\sqrt{R^2 - (x^2+y^2+z^2)}}{R(x^2+y^2+z^2)} \right) \right] d(x,y,z)dxdydz \\
&= \frac{\partial}{\partial x_i} \iiint_{W_i} \left[1 - \exp\left(-k\frac{\sqrt{R^2 - (|u|+|v|+z^2)}}{R(|u|+|v|+z^2)} \right) \right] \frac{1}{(\sqrt{2\pi}\sigma)^3} e^{-\frac{(z-\gamma_j)^2}{2\sigma^2}} e^{-\frac{(\frac{|u|}{u}\sqrt{|u|}-\alpha_j)^2 + (\frac{|v|}{v}\sqrt{|v|}-\beta_j)^2}{2\sigma^2}} \\
&\quad \times \frac{\partial(x,y,z)}{\partial(u,v,z)} dudvdz \\
&= \iiint_{W_i} \frac{1}{(\sqrt{2\pi}\sigma)^3} e^{-\frac{(z-\gamma_j)^2}{2\sigma^2}} e^{-\frac{(\frac{|u|}{u}\sqrt{|u|}-\alpha_j)^2 + (\frac{|v|}{v}\sqrt{|v|}-\beta_j)^2}{2\sigma^2}} \frac{1}{4\sqrt{|u||v|}} dudvdz \\
&\quad \times \frac{\partial}{\partial x_i} \left[1 - \exp\left(-k\frac{\sqrt{R^2 - l^2}}{Rl^2} \right) \right] \\
&= \iiint_{W_i} \frac{1}{(\sqrt{2\pi}\sigma)^3} e^{-\frac{(z-\gamma_j)^2}{2\sigma^2}} e^{-\frac{(\frac{|u|}{u}\sqrt{|u|}-\alpha_j)^2 + (\frac{|v|}{v}\sqrt{|v|}-\beta_j)^2}{2\sigma^2}} \frac{dudvdz}{4\sqrt{|u||v|}} \\
&\quad \times \frac{\partial}{\partial l} \left[1 - \exp\left(-k\frac{\sqrt{R^2 - l^2}}{Rl^2} \right) \right] \cdot \frac{\partial l}{\partial x_i} \\
&= \iiint_{W_i} \frac{1}{(\sqrt{2\pi}\sigma)^3} e^{-\frac{(z-\gamma_j)^2}{2\sigma^2}} e^{-\frac{(\frac{|u|}{u}\sqrt{|u|}-\alpha_j)^2 + (\frac{|v|}{v}\sqrt{|v|}-\beta_j)^2}{2\sigma^2}} \frac{dudvdz}{4\sqrt{|u||v|}} \\
&\quad \times \left(-\exp\left(-k\frac{\sqrt{R^2 - l^2}}{Rl^2} \right) \cdot \frac{k}{R} \cdot \frac{2R^2 - l^2}{l^3\sqrt{R^2 - l^2}} \right) \cdot \frac{\partial l}{\partial x_i}.
\end{aligned}
$$

$$(7.8$$

$y_i, z_i, x_{i+1}, y_{i+1}, z_{i+1}$ に関する1階の偏導関数も，(7.8) 式の最後の $\partial l/\partial x_i$ を l に関するそれぞれの変数での偏導関数 (7.9) - (7.14) に置き換えることで，同様に求めることができる．以下 $*_{21} = *_{i+1} - *_i (* = x, y, z), x_{20} = x_{i+1} - u, x_{10} = x_i - u, y_{20} = y_{i+1} - v, y_{10} = y_i - v, z_{20} = z_{i+1} - z, z_{10} = z_i - z$ と略記するとして，各変数による l の1階の偏導関数を表現する．

$$\frac{\partial l}{\partial x_i} = \frac{(x_{21}x_{20} + y_{21}y_{20} + z_{21}z_{20})[y_{21}(y_{21}x_{10} - x_{21}y_{10}) + z_{21}(z_{21}x_{10} - x_{21}z_{10})]}{l[x_{21}^2 + y_{21}^2 + z_{21}^2]^2}. \quad (7.9)$$

$$\frac{\partial l}{\partial y_i} = \frac{(y_{21}y_{20} + z_{21}z_{20} + x_{21}x_{20})[z_{21}(z_{21}y_{10} - y_{21}z_{10}) + x_{21}(x_{21}y_{10} - y_{21}x_{10})]}{l[y_{21}^2 + z_{21}^2 + x_{21}^2]^2}. \quad (7.10)$$

$$\frac{\partial l}{\partial z_i} = \frac{(z_{21}z_{20} + x_{21}x_{20} + y_{21}y_{20})[x_{21}(x_{21}z_{10} - z_{21}x_{10}) + y_{21}(y_{21}z_{10} - z_{21}y_{10})]}{l[z_{21}^2 + x_{21}^2 + y_{21}^2]^2}. \quad (7.11)$$

1つ後の端点 X_{i+1} の変数 $x_{i+1}, y_{i+1}, z_{i+1}$ で偏微分すると，以下のようになる．

$$\frac{\partial l}{\partial x_{i+1}} = -\frac{(x_{21}x_{10} + y_{21}y_{10} + z_{21}z_{10})[y_{21}(y_{21}x_{10} - x_{21}y_{10}) + z_{21}(z_{21}x_{10} - x_{21}z_{10})]}{l[x_{21}^2 + y_{21}^2 + z_{21}^2]^2}. \quad (7.12)$$

$$\frac{\partial l}{\partial y_{i+1}} = -\frac{(y_{21}y_{10} + z_{21}z_{10} + x_{21}x_{10})[z_{21}(z_{21}y_{10} - y_{21}z_{10}) + x_{21}(x_{21}y_{10} - y_{21}x_{10})]}{l[y_{21}^2 + z_{21}^2 + x_{21}^2]^2}. \quad (7.13)$$

$$\frac{\partial l}{\partial z_{i+1}} = -\frac{(z_{21}z_{10} + x_{21}x_{10} + y_{21}y_{10})[x_{21}(x_{21}z_{10} - z_{21}x_{10}) + y_{21}(y_{21}z_{10} - z_{21}y_{10})]}{l[z_{21}^2 + x_{21}^2 + y_{21}^2]^2}. \quad (7.14)$$

さらにこれらより2階の偏導関数値も同様にして求めることができる．

$$\frac{\partial^2}{\partial x_i^2}\iiint_{V_i}\left[1 - \exp\left(-k\frac{\sqrt{R^2 - (x^2 + y^2 + z^2)}}{R(x^2 + y^2 + z^2)}\right)\right]d(x,y,z)dxdydz$$

$$= \iiint_{W_i}\frac{1}{(\sqrt{2\pi}\sigma)^3}e^{-\frac{(z-\gamma_j)^2}{2\sigma^2}}e^{-\frac{(\frac{|u|}{u}\sqrt{|u|}-\alpha_j)^2 + (\frac{|v|}{v}\sqrt{|v|}-\beta_j)^2}{2\sigma^2}}\frac{dudvdz}{4\sqrt{|u||v|}}$$

$$\times\frac{\partial}{\partial x_i}\left[-\exp\left(-k\frac{\sqrt{R^2 - l^2}}{Rl^2}\right)\cdot\frac{k}{R}\cdot\frac{2R^2 - l^2}{l^3\sqrt{R^2 - l^2}}\cdot\frac{\partial l}{\partial x_i}\right]$$

$$= \iiint_{W_i}\frac{1}{(\sqrt{2\pi}\sigma)^3}e^{-\frac{(z-\gamma_j)^2}{2\sigma^2}}e^{-\frac{(\frac{|u|}{u}\sqrt{|u|}-\alpha_j)^2 + \frac{|v|}{v}\sqrt{|v|}-\beta_j)^2}{2\sigma^2}}\frac{dudvdz}{4\sqrt{|u||v|}}\cdot\left(-\exp\left(-k\frac{\sqrt{R^2 - l^2}}{Rl^2}\right)\cdot\frac{k}{R}\right)$$

$$\times\left\{\left[\frac{9R^2l^2 - 6R^4 - 2l^4}{l^4(R^2 - l^2)^{3/2}} + \frac{k}{R}\cdot\frac{(2R^2 - l^2)^2}{l^6(R^2 - l^2)}\right]\left(\frac{\partial l}{\partial x_i}\right)^2 + \frac{2R^2 - l^2}{l^3\sqrt{R^2 - l^2}}\cdot\frac{\partial^2 l}{\partial x_i^2}\right\}. \quad (7.15)$$

$$\frac{\partial^2 l}{\partial x_i^2} = \Big(\big[[(x_{21}y_{10} - y_{21}x_{10})^2 + (y_{21}z_{10} - z_{21}y_{10})^2 + (z_{21}x_{10} - x_{21}z_{10})^2]$$

$$\times\big[(x_{21}^2 + y_{21}^2 + z_{21}^2)\cdot\{(x_{20}x_{21} + y_{20}y_{21} + z_{20}z_{21})^2 - x_{20}^2(x_{21}^2 + y_{21}^2 + z_{21}^2)\}$$

$$+4x_{21}(x_{20}x_{21} + y_{20}y_{21} + z_{20}z_{21})\{y_{21}(y_{21}x_{10} - x_{21}y_{10}) + z_{21}(z_{21}x_{10} - x_{21}z_{10})\}\big]$$

$$-(x_{20}x_{21} + y_{20}y_{21} + z_{20}z_{21})^2[y_{21}(y_{21}x_{10} - x_{21}y_{10}) + z_{21}(z_{21}x_{10} - x_{21}z_{10})]^2\Big)$$

$$/ \ \left(l^3(x_{21}^2 + y_{21}^2 + z_{21}^2)^4\right). \quad (7.16)$$

$$\frac{\partial^2 l}{\partial y_i^2} = \Big(\big[[(y_{21}z_{10} - z_{21}y_{10})^2 + (z_{21}x_{10} - x_{21}z_{10})^2 + (x_{21}y_{10} - y_{21}x_{10})^2]$$

$$\times\big[(x_{21}^2 + y_{21}^2 + z_{21}^2)\cdot\{(y_{20}y_{21} + z_{20}z_{21} + x_{20}x_{21})^2 - y_{20}^2(x_{21}^2 + y_{21}^2 + z_{21}^2)\}$$

$$+4y_{21}(y_{20}y_{21} + z_{20}z_{21} + x_{20}x_{21})\{z_{21}(z_{21}y_{10} - y_{21}z_{10}) + x_{21}(x_{21}y_{10} - y_{21}x_{10})\}\big]$$

$$-(y_{20}y_{21} + z_{20}z_{21} + x_{20}x_{21})^2[z_{21}(z_{21}y_{10} - y_{21}z_{10}) + x_{21}(x_{21}y_{10} - y_{21}x_{10})]^2\Big)$$

$$/ \ \left(l^3(x_{21}^2 + y_{21}^2 + z_{21}^2)^4\right). \quad (7.17)$$

$$
\begin{aligned}
\frac{\partial^2 l}{\partial z_i^2} =\ & \Big(\big[(z_{21}x_{10} - x_{21}z_{10})^2 + (x_{21}y_{10} - y_{21}x_{10})^2 + (y_{21}z_{10} - z_{21}y_{10})^2 \big] \\
& \times \big[(x_{21}^2 + y_{21}^2 + z_{21}^2) \cdot \big\{ (z_{20}z_{21} + x_{20}x_{21} + y_{20}y_{21})^2 - z_{20}^2(x_{21}^2 + y_{21}^2 + z_{21}^2) \big\} \\
& \quad + 4z_{21}(z_{20}z_{21} + x_{20}x_{21} + y_{20}y_{21}) \big\{ x_{21}(x_{21}z_{10} - z_{21}x_{10}) + y_{21}(y_{21}z_{10} - z_{21}y_{10}) \big\} \big] \\
& - (z_{20}z_{21} + x_{20}x_{21} + y_{20}y_{21})^2 [x_{21}(x_{21}z_{10} - z_{21}x_{10}) + y_{21}(y_{21}z_{10} - z_{21}y_{10})]^2 \Big) \\
& /\ \Big(l^3(x_{21}^2 + y_{21}^2 + z_{21}^2)^4 \Big).
\end{aligned}
\tag{7.18}
$$

$$
\begin{aligned}
\frac{\partial^2 l}{\partial x_i \partial y_i} =\ & \Big(\big[(x_{21}y_{10} - y_{21}x_{10})^2 + (y_{21}z_{10} - z_{21}y_{10})^2 + (z_{21}x_{10} - x_{21}z_{10})^2 \big] \\
\times\ & \big[(x_{21}^2 + y_{21}^2 + z_{21}^2) \cdot \big\{ 2(x_{20}x_{21} + y_{20}y_{21} + z_{20}z_{21})(x_{20}y_{21} - y_{20}x_{21}) - x_{20}y_{20}(x_{21}^2 + y_{21}^2 + z_{21}^2) \big\} \\
+\ & 4x_{21}(x_{20}x_{21} + y_{20}y_{21} + z_{20}z_{21}) \big\{ z_{21}(z_{21}y_{10} - y_{21}z_{10}) + x_{21}(x_{21}y_{10} - y_{21}x_{10}) \big\} \big] \\
-\ & (x_{20}x_{21} + y_{20}y_{21} + z_{20}z_{21})^2 \\
\times\ & [y_{21}(y_{21}x_{10} - x_{21}y_{10}) + z_{21}(z_{21}x_{10} - x_{21}z_{10})][z_{21}(z_{21}y_{10} - y_{21}z_{10}) + x_{21}(x_{21}y_{10} - y_{21}x_{10})] \Big) \\
/\ & \Big(l^3(x_{21}^2 + y_{21}^2 + z_{21}^2)^4 \Big) \\
=\ & \frac{\partial^2 l}{\partial y_i \partial x_i}.
\end{aligned}
\tag{7.19}
$$

$$
\begin{aligned}
\frac{\partial^2 l}{\partial y_i \partial z_i} =\ & \Big(\big[(x_{21}y_{10} - y_{21}x_{10})^2 + (y_{21}z_{10} - z_{21}y_{10})^2 + (z_{21}x_{10} - x_{21}z_{10})^2 \big] \\
\times\ & \big[(x_{21}^2 + y_{21}^2 + z_{21}^2) \cdot \big\{ 2(x_{20}x_{21} + y_{20}y_{21} + z_{20}z_{21})(y_{20}z_{21} - z_{20}y_{21}) - y_{20}z_{20}(x_{21}^2 + y_{21}^2 + z_{21}^2) \big\} \\
+\ & 4y_{21}(x_{20}x_{21} + y_{20}y_{21} + z_{20}z_{21}) \big\{ x_{21}(x_{21}z_{10} - z_{21}x_{10}) + y_{21}(y_{21}z_{10} - z_{21}y_{10}) \big\} \big] \\
-\ & (x_{20}x_{21} + y_{20}y_{21} + z_{20}z_{21})^2 \\
\times\ & [z_{21}(z_{21}y_{10} - y_{21}z_{10}) + x_{21}(x_{21}y_{10} - y_{21}x_{10})][x_{21}(x_{21}z_{10} - z_{21}x_{10}) + y_{21}(y_{21}z_{10} - z_{21}y_{10})] \Big) \\
/\ & \Big(l^3(x_{21}^2 + y_{21}^2 + z_{21}^2)^4 \Big) \\
=\ & \frac{\partial^2 l}{\partial z_i \partial y_i}.
\end{aligned}
\tag{7.20}
$$

$$
\begin{aligned}
\frac{\partial^2 l}{\partial z_i \partial x_i} =\ & \Big(\big[(x_{21}y_{10} - y_{21}x_{10})^2 + (y_{21}z_{10} - z_{21}y_{10})^2 + (z_{21}x_{10} - x_{21}z_{10})^2 \big] \\
\times\ & \big[(x_{21}^2 + y_{21}^2 + z_{21}^2) \cdot \big\{ 2(x_{20}x_{21} + y_{20}y_{21} + z_{20}z_{21})(z_{20}x_{21} - x_{20}z_{21}) - z_{20}x_{20}(x_{21}^2 + y_{21}^2 + z_{21}^2) \big\} \\
+\ & 4z_{21}(x_{20}x_{21} + y_{20}y_{21} + z_{20}z_{21}) \big\{ y_{21}(y_{21}x_{10} - x_{21}y_{10}) + z_{21}(z_{21}x_{10} - x_{21}z_{10}) \big\} \big] \\
-\ & (x_{20}x_{21} + y_{20}y_{21} + z_{20}z_{21})^2 \\
\times\ & [x_{21}(x_{21}z_{10} - z_{21}x_{10}) + y_{21}(y_{21}z_{10} - z_{21}y_{10})][y_{21}(y_{21}x_{10} - x_{21}y_{10}) + z_{21}(z_{21}x_{10} - x_{21}z_{10})] \Big) \\
/\ & \Big(l^3(x_{21}^2 + y_{21}^2 + z_{21}^2)^4 \Big) \\
=\ & \frac{\partial^2 l}{\partial x_i \partial z_i}.
\end{aligned}
\tag{7.21}
$$

$x_{i+1}, y_{i+1}, z_{i+1}$ に関しても同様に求められる.

$$
\begin{aligned}
\frac{\partial^2 l}{\partial x_{i+1}^2} =\ & \Big([[(x_{21}y_{10} - y_{21}x_{10})^2 + (y_{21}z_{10} - z_{21}y_{10})^2 + (z_{21}x_{10} - x_{21}z_{10})^2] \\
& \times \big[(x_{21}^2 + y_{21}^2 + z_{21}^2) \cdot \{ -(y_{10}y_{21} + z_{10}z_{21})^2 + x_{10}^2(y_{21}^2 + z_{21}^2) \} \\
& + 4x_{21}(x_{10}x_{21} + y_{10}y_{21} + z_{10}z_{21})\{ y_{21}(y_{21}x_{10} - x_{21}y_{10}) + z_{21}(z_{21}x_{10} - x_{21}z_{10})\}\big] \\
& - (x_{10}x_{21} + y_{10}y_{21} + z_{10}z_{21})^2 [y_{21}(y_{21}x_{10} - x_{21}y_{10}) + z_{21}(z_{21}x_{10} - x_{21}z_{10})]^2 \Big) \\
& /\ \Big(l^3(x_{21}^2 + y_{21}^2 + z_{21}^2)^4 \Big).
\end{aligned} \tag{7.22}
$$

$$
\begin{aligned}
\frac{\partial^2 l}{\partial y_{i+1}^2} =\ & \Big([[(y_{21}z_{10} - z_{21}y_{10})^2 + (z_{21}x_{10} - x_{21}z_{10})^2 + (x_{21}y_{10} - y_{21}x_{10})^2] \\
& \times \big[(x_{21}^2 + y_{21}^2 + z_{21}^2) \cdot \{ -(z_{10}z_{21} + x_{10}x_{21})^2 + y_{10}^2(x_{21}^2 + z_{21}^2) \} \\
& + 4y_{21}(y_{10}y_{21} + z_{10}z_{21} + x_{10}x_{21})\{ z_{21}(z_{21}y_{10} - y_{21}z_{10}) + x_{21}(x_{21}y_{10} - y_{21}x_{10})\}\big] \\
& - (y_{10}y_{21} + z_{10}z_{21} + x_{10}x_{21})^2 [z_{21}(z_{21}y_{10} - y_{21}z_{10}) + x_{21}(x_{21}y_{10} - y_{21}x_{10})]^2 \Big) \\
& /\ \Big(l^3(x_{21}^2 + y_{21}^2 + z_{21}^2)^4 \Big).
\end{aligned} \tag{7.23}
$$

$$
\begin{aligned}
\frac{\partial^2 l}{\partial z_{i+1}^2} =\ & \Big([[(z_{21}x_{10} - x_{21}z_{10})^2 + (x_{21}y_{10} - y_{21}x_{10})^2 + (y_{21}z_{10} - z_{21}y_{10})^2] \\
& \times \big[(x_{21}^2 + y_{21}^2 + z_{21}^2) \cdot \{ -(x_{10}x_{21} + y_{10}y_{21})^2 + z_{10}^2(x_{21}^2 + y_{21}^2) \} \\
& + 4z_{21}(z_{10}z_{21} + x_{10}x_{21} + y_{10}y_{21})\{ x_{21}(x_{21}z_{10} - z_{21}x_{10}) + y_{21}(y_{21}z_{10} - z_{21}y_{10})\}\big] \\
& - (z_{10}z_{21} + x_{10}x_{21} + y_{10}y_{21})^2 [x_{21}(x_{21}z_{10} - z_{21}x_{10}) + y_{21}(y_{21}z_{10} - z_{21}y_{10})]^2 \Big) \\
& /\ \Big(l^3(x_{21}^2 + y_{21}^2 + z_{21}^2)^4 \Big).
\end{aligned} \tag{7.24}
$$

$$
\begin{aligned}
& \frac{\partial^2 l}{\partial x_{i+1}\partial y_{i+1}} = \Big([[(x_{21}y_{10} - y_{21}x_{10})^2 + (y_{21}z_{10} - z_{21}y_{10})^2 + (z_{21}x_{10} - x_{21}z_{10})^2] \\
\times\ & \big[(x_{21}^2 + y_{21}^2 + z_{21}^2) \cdot \{ 2(x_{10}x_{21} + y_{10}y_{21} + z_{10}z_{21})(x_{10}y_{21} - y_{10}x_{21}) - x_{10}y_{10}(x_{21}^2 + y_{21}^2 + z_{21}^2) \} \\
+\ & 4x_{21}(x_{10}x_{21} + y_{10}y_{21} + z_{10}z_{21})\{ z_{21}(z_{21}y_{10} - y_{21}z_{10}) + x_{21}(x_{21}y_{10} - y_{21}x_{10})\}\big] \\
-\ & (x_{10}x_{21} + y_{10}y_{21} + z_{10}z_{21})^2 \\
\times\ & [y_{21}(y_{21}x_{10} - x_{21}y_{10}) + z_{21}(z_{21}x_{10} - x_{21}z_{10})][z_{21}(z_{21}y_{10} - y_{21}z_{10}) + x_{21}(x_{21}y_{10} - y_{21}x_{10})] \Big) \\
/\ & \Big(l^3(x_{21}^2 + y_{21}^2 + z_{21}^2)^4 \Big) \\
=\ & \frac{\partial^2 l}{\partial y_{i+1}\partial x_{i+1}}.
\end{aligned} \tag{7.25}
$$

$$\frac{\partial^2 l}{\partial y_{i+1}\partial z_{i+1}} = \Big([[(x_{21}y_{10}-y_{21}x_{10})^2+(y_{21}z_{10}-z_{21}y_{10})^2+(z_{21}x_{10}-x_{21}z_{10})^2]$$

$$\times\quad [(x_{21}^2+y_{21}^2+z_{21}^2)\cdot\{2(x_{10}x_{21}+y_{10}y_{21}+z_{10}z_{21})(y_{10}z_{21}-z_{10}y_{21})-y_{10}z_{10}(x_{21}^2+y_{21}^2+z_{21}^2)\}$$

$$+\quad 4y_{21}(x_{10}x_{21}+y_{10}y_{21}+z_{10}z_{21})\{x_{21}(x_{21}z_{10}-z_{21}x_{10})+y_{21}(y_{21}z_{10}-z_{21}y_{10})\}]$$

$$-\quad (x_{10}x_{21}+y_{10}y_{21}+z_{10}z_{21})^2$$

$$\times\quad [z_{21}(z_{21}y_{10}-y_{21}z_{10})+x_{21}(x_{21}y_{10}-y_{21}x_{10})][x_{21}(x_{21}z_{10}-z_{21}x_{10})+y_{21}(y_{21}z_{10}-z_{21}y_{10})]\Big)$$

$$/\quad \Big(l^3(x_{21}^2+y_{21}^2+z_{21}^2)^4\Big)$$

$$=\quad \frac{\partial^2 l}{\partial z_{i+1}\partial y_{i+1}}. \tag{7.26}$$

$$\frac{\partial^2 l}{\partial z_{i+1}\partial x_{i+1}} = \Big([[(x_{21}y_{10}-y_{21}x_{10})^2+(y_{21}z_{10}-z_{21}y_{10})^2+(z_{21}x_{10}-x_{21}z_{10})^2]$$

$$\times\quad [(x_{21}^2+y_{21}^2+z_{21}^2)\cdot\{2(x_{10}x_{21}+y_{10}y_{21}+z_{10}z_{21})(z_{10}x_{21}-x_{10}z_{21})-z_{10}x_{10}(x_{21}^2+y_{21}^2+z_{21}^2)\}$$

$$+\quad 4z_{21}(x_{10}x_{21}+y_{10}y_{21}+z_{10}z_{21})\{y_{21}(y_{21}x_{10}-x_{21}y_{10})+z_{21}(z_{21}x_{10}-x_{21}z_{10})\}]$$

$$-\quad (x_{10}x_{21}+y_{10}y_{21}+z_{10}z_{21})^2$$

$$\times\quad [x_{21}(x_{21}z_{10}-z_{21}x_{10})+y_{21}(y_{21}z_{10}-z_{21}y_{10})][y_{21}(y_{21}x_{10}-x_{21}y_{10})+z_{21}(z_{21}x_{10}-x_{21}z_{10})]\Big)$$

$$/\quad \Big(l^3(x_{21}^2+y_{21}^2+z_{21}^2)^4\Big)$$

$$=\quad \frac{\partial^2 l}{\partial x_{i+1}\partial z_{i+1}}. \tag{7.27}$$

1 階の偏導関数と同様に，(7.15) 式の $\partial l/\partial x_i, \partial^2 l/\partial x_i^2$ を (7.9)-(7.14) 及び (7.16)-(7.27) で表現される，l についてのそれぞれの変数ごとの 1 階・2 階偏導関数に置き換えることで，領域 W_i での 2 階の偏導関数が表現される.

　以上より，目的関数の $x_i, y_i, z_i, x_{i+1}, y_{i+1}, z_{i+1}$ に関する 1 階・2 階の偏導関数値が求められることから，3 次元のヘッセ行列を作り，ニュートン方向を決定することで，端点の局所最適化を図ることが可能となる.

　ν 回目の反復時に探索を行うニュートン方向 $\mathbf{d_i}^{(\nu)}$ は以下により与えられ，その方向に黄金分割比によるラインサーチを行い，局所最大化を図る.

$$\mathbf{d_i}^{(\nu)} = \begin{bmatrix} \frac{\partial^2 I}{\partial x_i^{(\nu)2}} & \frac{\partial^2 I}{\partial x_i^{(\nu)}\partial y_i^{(\nu)}} & \frac{\partial^2 I}{\partial x_i^{(\nu)}\partial z_i^{(\nu)}} \\ \frac{\partial^2 I}{\partial y_i^{(\nu)}\partial x_i^{(\nu)}} & \frac{\partial^2 I}{\partial y_i^{(\nu)2}} & \frac{\partial^2 I}{\partial y_i^{(\nu)}\partial z_i^{(\nu)}} \\ \frac{\partial^2 I}{\partial z_i^{(\nu)}\partial x_i^{(\nu)}} & \frac{\partial^2 I}{\partial z_i^{(\nu)}\partial y_i^{(\nu)}} & \frac{\partial^2 I}{\partial z_i^{(\nu)2}} \end{bmatrix}^{-1} \begin{bmatrix} \frac{\partial I}{\partial x_i^{(\nu)}} \\ \frac{\partial I}{\partial y_i^{(\nu)}} \\ \frac{\partial I}{\partial z_i^{(\nu)}} \end{bmatrix} = \frac{1}{D}\begin{bmatrix} A_{11}\frac{\partial I}{\partial x_i^{(\nu)}}+A_{21}\frac{\partial I}{\partial y_i^{(\nu)}}+A_{31}\frac{\partial I}{\partial z_i^{(\nu)}} \\ A_{12}\frac{\partial I}{\partial x_i^{(\nu)}}+A_{22}\frac{\partial I}{\partial y_i^{(\nu)}}+A_{32}\frac{\partial I}{\partial z_i^{(\nu)}} \\ A_{13}\frac{\partial I}{\partial x_i^{(\nu)}}+A_{23}\frac{\partial I}{\partial y_i^{(\nu)}}+A_{33}\frac{\partial I}{\partial z_i^{(\nu)}} \end{bmatrix}.$$

　ただし，

$$D = \left| \frac{\partial^2 I}{\partial x_i^{(\nu)2}}\frac{\partial^2 I}{\partial y_i^{(\nu)2}}\frac{\partial^2 I}{\partial z_i^{(\nu)2}}+2\frac{\partial^2 I}{\partial x_i^{(\nu)}\partial y_i^{(\nu)}}\frac{\partial^2 I}{\partial y_i^{(\nu)}\partial z_i^{(\nu)}}\frac{\partial^2 I}{\partial z_i^{(\nu)}\partial x_i^{(\nu)}} \right.$$
$$\left. -\frac{\partial^2 I}{\partial x_i^{(\nu)2}}\left(\frac{\partial^2 I}{\partial y_i^{(\nu)}\partial z_i^{(\nu)}}\right)^2-\frac{\partial^2 I}{\partial y_i^{(\nu)2}}\left(\frac{\partial^2 I}{\partial z_i^{(\nu)}\partial x_i^{(\nu)}}\right)^2-\frac{\partial^2 I}{\partial z_i^{(\nu)2}}\left(\frac{\partial^2 I}{\partial x_i^{(\nu)}\partial y_i^{(\nu)}}\right)^2 \right|$$

である. なお，$A_{mn}(m,n=1,2,3)$ により，ヘッセ行列の余因子を表す.

7.3 数値例

　図 7.2 のような半径 36000 の円軌道付近で，各軸方向に位置誤差 $\sigma_{xj} = \sigma_{yj} = \sigma_{zj} (\equiv \sigma$ とする) で揺らいでいる 50 個のデブリ (+ で表示) を考える (100 個の場合も別に考える．)．これらのデータは，乱数を利用して発生させたものである．これらの物体に接近するための宇宙機は捜索センサレンジ $R = 5000$ の捜索能力を有すると仮定する．さらに，(7.4) 式の発見確率パラメータ $k = 50000$ とした．初期経路例として図 7.2 の $n = 12$ 端点 ($\diamond$ で表示) で構成される閉軌道を与える．こうした設定状況に対し，第 2 章で提案した，端点の移動に制限を加えないニュートン法を適用し，デブリ数が 50 個,100 個，$\sigma = 6500, 3000$ の場合の結果を図 7.3〜7.6 に示す．また，同様の初期条件で，端点の移動可能領域を線分 Voronoi 領域に制限した場合の結果を図 7.7〜7.10 に示す．

　終了判定条件は各反復ごとの端点の移動量の合計が

$$\sum_{i=1}^{n} \sqrt{(x_i^{(\nu+1)} - x_i^{(\nu)})^2 + (y_i^{(\nu+1)} - y_i^{(\nu)})^2 + (z_i^{(\nu+1)} - z_i^{(\nu)})^2} \le 1000$$

となった場合とした．

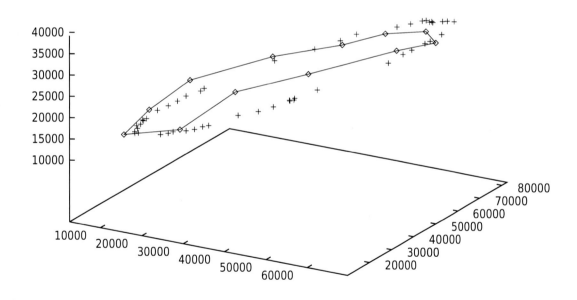

図 7.2: 初期経路とデブリ位置 (デブリ数 50 個)

$\sigma = 6500$ の場合

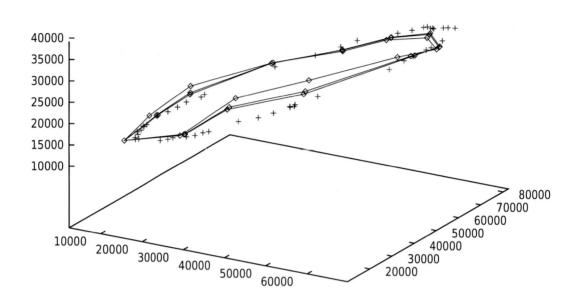

図 7.3: 端点の移動に制限を加えない Newton 法による変化の様子 (デブリ数 = 50)

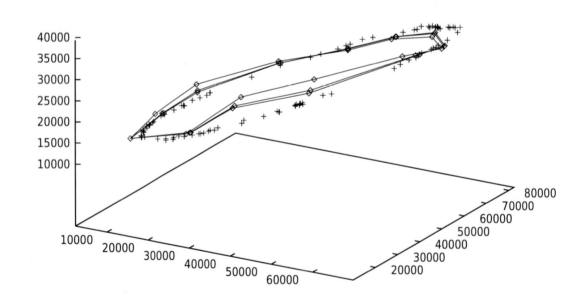

図 7.4: 端点の移動に制限を加えない Newton 法による変化の様子 (デブリ数 = 100)

表 7.1: 端点移動に制限を設けないニュートン法での結果 ($\sigma = 6500$)

	発 見 デ ブ リ 数		計算時間
	当 初	3 反復終了時	／反復 (秒)
50 デブリ	4.21	4.69	5.81
100 デブリ	8.41	9.39	9.83

$\sigma = 3000$ の場合

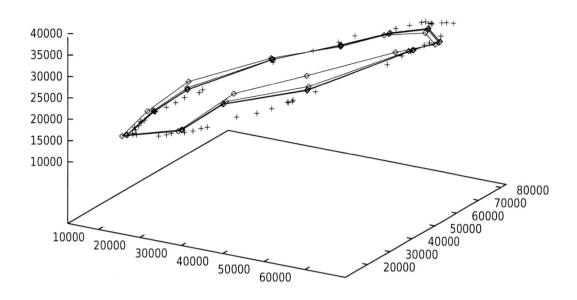

図 7.5: 端点の移動に制限を加えない Newton 法による変化の様子 (デブリ数 = 50)

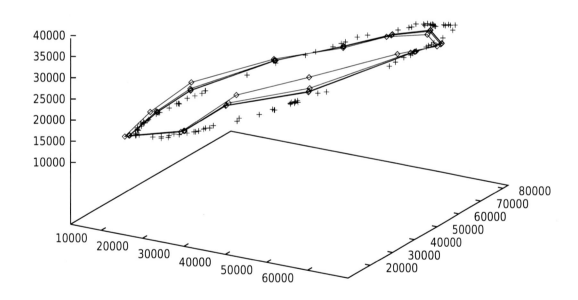

図 7.6: 端点の移動に制限を加えない Newton 法による変化の様子 (デブリ数 = 100)

表 7.2: 端点移動に制限を設けないニュートン法での結果 ($\sigma = 3000$)

| | 発 見 デ ブ リ 数 | | 計算時間 |
	当 初	3反復終了時	／反復 (秒)
50 デブリ	10.21	14.85	6.79
100 デブリ	20.43	29.74	12.71

[考察〜端点の移動に制限を設けないニュートン法の場合]

　3次元に拡張した基準経路設定問題でも，2次元の場合と同様に，初期経路を構成する端点が，近傍のデブリ位置に近接する振る舞いをし，かつ，期待発見デブリ数も増加していることから，今回の3次元への拡張が有効に機能していることがうかがえる．1反復あたりの計算時間に関しては，2次元での計算例とくらべても1.5倍程度になっているにすぎない．この背景には，近似計算を行う際の被積分関数値を計算する代表点の数が大幅に減少したことで，円柱(あるいは変換された直方体，以下同じ)領域で軸に垂直な面内での計算負荷が大幅に減少したこと，さらには，円柱領域を厚さ h ごとに切断し，その分割された小さな円柱の上下面でしか目的関数値や導関数値を計算していないため，厚さ方向の情報が大雑把に捉えられ，計算量も大幅に軽減されているためと考えられる．こうした粗い代表点の取り方の影響で，目的関数値・導関数値は，2次元の場合に比し，かなり粗い精度で求められている．しかし，端点が移動する方向を見る限り，粗い精度の計算であっても良好な振る舞いをしていることがうかがえる．ちなみに，軸方向に分割する細かさを2倍(円柱の厚さを1/2)にしてみたところ，目的関数値・導関数値は，有効数字の3桁目が変化する程度であり，細かくすることの効果がほとんどないことが，予備的な数値実験から認められた．

[考察〜端点の移動可能域を線分 Voronoi 領域に制限したニュートン法の場合]

　端点の移動可能域を制限した場合でも，図7.3〜7.6同様に，端点が近傍のデブリ位置に近接する振る舞いをしている．接近する速さは，端点の移動可能域を線分 Voronoi 領域に制限した場合の方が速い．このため，両者の3反復終了時点での目的関数値の増分を比較した場合，移動可能域を制限した場合の方が大きいことが表7.3,7.4よりうかがえる．1反復あたりの計算時間は移動可能域を制限した方が約1/3以下となっている．反復回数に関しては，$\sigma = 6500$ で，デブリ数が50個の場合は5回まで，100個の場合は3回までで正常終了している．$\sigma = 3000$ では，デブリ数が50個,100個の場合いずれにおいても4回の反復回数で正常終了している．

　こうしたことから，3次元の基準経路設定問題においても，端点の移動可能域を制限した場合の方が，端点を自由に振る舞わせる場合に比し，良好な結果が得られることがわかる．

σ = 6500 の場合

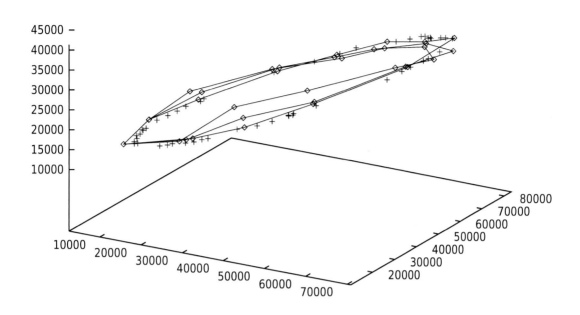

図 7.7: 線分 Voronoi 領域分割した局所 Newton 法による移動の様子 (デブリ数 = 50)

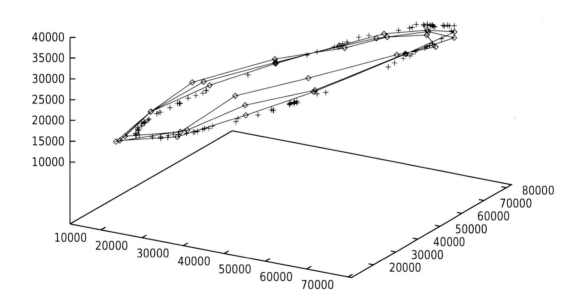

図 7.8: 線分 Voronoi 領域分割した局所 Newton 法による移動の様子 (デブリ数 = 100)

表 7.3: 端点移動可能域を線分 Voronoi 領域に制限したニュートン法での結果 (σ = 6500)

	発　見　デ　ブ　リ　数		計算時間
	当　初	3 反復終了時	／反復 (秒)
50 デブリ	2.82	4.38	1.62
100 デブリ	5.36	8.93	2.83

$\sigma = 3000$ の場合

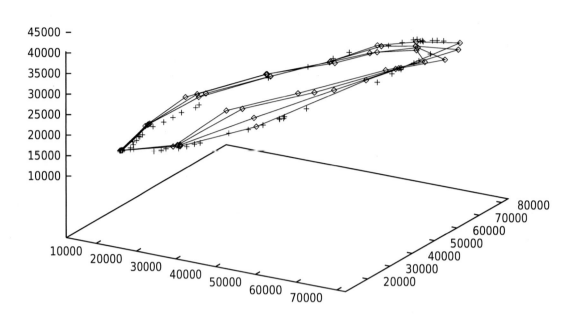

図 7.9: 線分 Voronoi 領域分割した局所 Newton 法による移動の様子 (デブリ数 = 50)

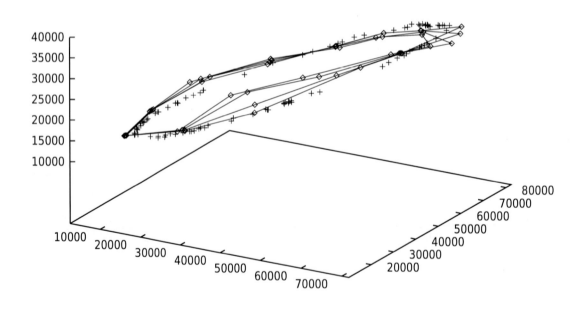

図 7.10: 線分 Voronoi 領域分割した局所 Newton 法による移動の様子 (デブリ数 = 100)

表 7.4: 端点移動可能域を線分 Voronoi 領域に制限したニュートン法での結果 ($\sigma = 3000$)

	発 見 デ ブ リ 数		計算時間
	当　初	3 反復終了時	／反復 (秒)
50 デブリ	8.31	16.27	1.68
100 デブリ	16.14	32.12	3.00

7.4 本章の結論と今後の課題

本章では，海上監視の基準経路を構築する2次元平面での手法を3次元空間に拡張して，静止軌道付近を浮遊するスペースデブリに対応する3次元での基準経路設定方法を提案した．宇宙開発により生じ始めたスペースデブリの問題は，もともとはミリタリーORの範疇ではなく，すべての人類が共有する全世界の人々共通の課題であった．本研究を実施した20年前には，わが国においても，また，自衛隊としても，スペースデブリに対する関心は低かったと思われる．しかし，近年，宇宙空間への進出が可能な国々においては，宇宙領域における優位性，特に軍事的な優位性を確保しようとすることが，喫緊の課題となってきている．

こうした情勢の中で，わが国においても，2020年になって航空自衛隊に宇宙作戦隊が新設された．ただし，部隊ができたばかりなので監視機材の取得もままならず，本格的な活動が開始されるまでには，まだ数年を要するようである．主な所掌業務としては，日本の人工衛星をスペースデブリから守るための監視任務を担うとのことで，いよいよ，我が国の防衛面においても宇宙空間へと関心を寄せる時代になりつつある．そして，ゆくゆくは，監視業務のみならず，JAXAや米軍とも協力して，スペースデブリの削減するための具体的な行動にも参加していただきたいと願う．その際に，本章で構築したモデルが多少の参考になれば幸いである．

最後に，3次元経路設定手法の今後の課題について，いくつか述べておきたい．

今回の検討では，2次元での手法をそのまま拡張して3次元モデルを構成した．その際の運航経路として，2次元の場合と同様，直線分を連接する経路とした．しかし，試算したような静止周回軌道は，ほぼ円周のような軌道であるので，そうした空間での移動が果たして直線的に近似してもよいのか？　という疑問がある．空気抵抗が無い空間を慣性で移動する限りは直線移動的な振る舞いかもしれないが，実際は円弧の一部を移動している，と捉えることが正しいのかもしれない．

また，発見法則も計算が簡単な逆3乗法則を援用したが，海上を通過する艦船が引き起こす白波を探知することをモデル化したこの法則を，宇宙空間での発見事象に適用することは，妥当ではないだろう．この点に関しては，採用すべき妥当な発見法則を見いだせるように，付録Dでいくつかの発見法則の例を示しているので，参照していただきたい．

数値計算を実施する際に，区分線分領域ごとでの目的関数値や偏導関数値を求める際の近似計算の精度が粗かったことも改善の余地がある．対象領域をさらに細かく区切ったり，採用すべき近似公式を変更したりする努力が必要である．

以上述べてきた3次元基準経路設定モデルの課題を踏まえつつ，モデルの実用化には，デブリに何らかの作用をする宇宙機の開発を待つことと，その運用形態を把握する必要がある．宇宙機の細部の運用イメージを取り込みつつ，実際の移動形態，デブリの観測方法，デブリへの対応と運行上の制約などを理解してモデルに組み込み，本モデルの実任務での活用を目指したい．

第8章　これからの日本のミリタリーOR

　前章までに，冷戦体制崩壊後の日本の防衛環境に関係すると思われる，ミリタリーORが適用可能そうないくつかの場面を想定し，解決するための数理モデルを構築・分析して，より良い運用方針を示してきた．取り上げた問題を抽出した期間は，冷戦崩壊後のわずか20年程度の期間である．この間にも，世界の軍事情勢を取り巻く状況は激変し，様々な問題が生じていることは，これまで取り上げてきた問題からも明らかであろう．また，ここで取り上げた話題は，個人的な視点に基づいて，わずかな事案から切り出したに過ぎない．取り上げた話題以外にも分析の対象として取り上げて，モデル構築して検討しなければならない事案が多々あることかと思う．

　防衛・軍事における問題は，人類の存続と共に永遠に尽きることがない問題であり，ミリタリーORを検討しなければならない戦術的な運用場面は，それぞれの時代で新たに生じてくるであろう．各時代の分析担当者は，こうした場面から登場してくるであろう新たな問題への挑戦者であり続けてほしい．本書を締めくくるにあたり，即応的かつ実現可能性のある日本のミリタリーORを遂行していく上で，必要と思われる視点や考え方，進め方や備えるべき資質について，思うところをまとめて述べておきたい．

8.1　ミリタリーORの特徴

　最終章にもなって，いまさらミリタリーORとは，という話は，おかしいと思われるかもしれないが，他の書物でもまとまった記述が見受けられないので，ミリタリーORについて簡単に特徴をまとめておきたい．

　ミリタリーORの対象は，まさにミリタリー(軍事)におけるオペレーション(作戦や任務の遂行)である．軍事作戦や訓練といった，純粋に軍事的な問題から，民間でも実施されている物資調達・補給や経理事務などのいわゆる後方業務にまで及び，広範で様々な階層の予測や計画や運用を対象として，的確に，また，効率よく実施するための回答の提供を目指した分析を実施する．軍事部門が対象とする環境は，地上であり，海上や海中であり，また空中や宇宙でもある．さらに最近ではコンピュータ・通信・(センサ)ネットワークも対象となってきている．さらにさらに拡大し，停戦・平和時の治安維持であったり，災害救難であったり，国際的・社会的な場での実際の行動やプレゼンスなど，ソフトな対応までもが対象と考えられている．物資調達等の後方支援業務は，民間企業や公共部門と同じく，計画立案から実施計画策定，運用の実施とそのサポートなどを，正確に，迅速に遂行していかなければならない．ミリタリー組織は，自己完結型の組織とよく言われる．それは，人間が生活する上で必要な衣・食・住を，独立した自らの組織でまかない，町や社会的な機能などの仕組みを構築し維持していく術や資源を保有しているからである．こうした特性から，これまでに社会の各分野で考案・利用されてきた，ありとあらゆる問題に対するORの考え方や解決手法が，自衛隊活動のどこかで活用されるはずである．

このような特性を持った組織運営を分析対象としていることから，ミリタリー OR を実践するためには，OR が対象とする，あらゆる領域での考え方やモデル構築の段取り，そこでの分析手法に，まんべんなく精通していることが望ましい．有事の際の正面作戦はもとより，平時でも必要な捜索や救難活動などを含む災害派遣でも，制限された時間内で，最適ではないかもしれないが，ベターな回答ができるよう，広範な知識の取得，論理的な構成力と数理的な分析能力の涵養に努めなければならない．

ただし，モデル構築したり，分析を実施したりする際には，あまり神経質にならずに，ある程度のレベルの回答が得られればそれで良し，とする気持ちのゆとりも必要であろう．それは，ミリタリー OR の問題への回答時間が一般的に短く制限されているためである．時間が許すならば，研究室や事務所といった，整然とした環境で実現できるような精緻なレベルの回答を模索し，提供してもよいだろうが，軍事 OR の回答が要求される環境は一刻の猶予もない，自然環境に大きく支配される戦場である．そこでの運用改善を検討する場合は，まずは，すぐに実行できそうな改善を望むべきである．より優れた改善を高望みすることは，後回しにして，目の前で起こっている問題状況を見極め，安全に，低リスクで，簡単に改善できそうな要素を抽出して到達目標を設定し，その目標に近づくためには，どのような行動をとるのが妥当であるか？ といった，一連のストーリーを描けることが実用的なミリタリー OR では要求される．

逆に言えば，計算結果の細かな議論をしなければならないようなミリタリー OR モデルは，実運用での利用の観点からは，あまり意味がないと考える．理論モデルとしては正しいかもしれないが，混沌とした自然環境下で分析結果を反映するような精緻な運用は，たぶん実現不可能と思われ，精緻な計算結果が，現実に起こる事象を超越することになりかねない．モデルを扱う際は，現実に見合ったレベルのモデルを構築し，ほどほどの計算精度で回答とする，といったバランス感覚も重要である．

あまりロジカルではないかもしれないけれども，とりあえずの改善策のようなものを回答できることが重要である．

問題解決のための糸口としては，対象となる運用で，運用者がコントロール可能な行動，具体的には，移動したり，捜索したり，発射したり，潜んだり，・・・といった単純な要素を仮に実行すると，状況がどのように変化するか？ を予想し，その予想結果から，その行動を実施すべきか否かを判断することが，モデル構築の一助となるであろう．さらにそうした行動に付随して，速度計や高度計，時計など様々な測定器でデータ収集が実現できる状況であれば，とりあえずデータを収集し，結果の再現性が把握できれば，なお良い．自然環境の中では，データ収集もままならず，得られるデータ精度も整然とした環境で収集されるデータとは比較にならないほど粗く再現性が乏しいだろう．構築モデルに沿って悪条件下で収集されたデータから何らかの計算を実施する際には，誤差伝播の観点から，得られる計算結果は，精度が一番粗いデータ精度に支配されることを理解すべきである．したがって，実運用の改善では，せいぜい 10% 程度の改善を目指し，現実が多少なりとも改善されれば，まずはそれで良しとする，おおらかな気持ちが大切である．

8.2　日本固有の環境に基づいたミリタリーOR分析

[地政学的な環境から見た必要な分析]

　第1章で見たように，日本の領界及び周辺の海空域では，本書で取り上げきれていない国内・国際問題が山積している．アジアの東の端に位置するわが国は，アジアのみならず世界をも，経済や科学技術の分野でリードしている．一方，軍事的には，第2次世界大戦でのアジア各国での戦争行為への反省と補償を，戦後継続的に実施し，東アジア地域の平和と安定の維持に貢献している．また，米国との間には日米安全保障条約に基づく強固な日米間の相互防衛強力態勢を長年にわたり築き上げてきて，米国との協力体制の下で，西太平洋地域やアジアにおける軍事的に安定な環境の維持にも努めている．

　一方で，最近隣の国々との間には，長年，解決には至っていない，いくつかの不安定要素を抱えており，なかには深刻度を増している問題もある．中国，韓国，ロシアとの間には境界線への圧力や日本固有領土に対する不法占拠問題を抱えている．解決交渉では一進一退し，現時点まで根本的な解決には至っていない．さらに近年では，中国の海洋進出戦略のために，南シナ海や東シナ海，太平洋地域における軍事的バランスに混乱が引き起こされている．南シナ海においては，国際ルールを無視した一方的な領有権の主張が展開され，周辺諸国との間に軋轢が生じている．原油を中東に依存しているわが国においては，原油の運搬路である南西航路帯でのシーレーン防衛が重要な任務である．したがって，南シナ海やインド半島近海の領有権や制海権，ペルシャ湾やホルムズ海峡の海賊の問題などには常に注目して，積極的な対応策の検討とその実施を常に考えておく必要がある．

　朝鮮半島では，北朝鮮による核実験や大陸間弾道弾開発のための発射実験が頻繁に実施されるようになり，緊張が一方的に高められつつある．万が一に備え，複層でのミサイル迎撃態勢をできるだけ早期に整備し，運用開始を実現すべきである．同時に，非核化・開発中止に向けて，北朝鮮との交渉を各国と連携して粘り強く進めていく必要がある．さらには長年の懸案である拉致された日本人を帰国させる問題，日本海の我が国EEZ内における違法操漁の問題，朝鮮半島有事や南北朝鮮統一時に押し寄せる可能性のある難民の問題など，最新の情勢変化に対応できるようなシミュレーションを繰り返し更新し続けていく必要がある．

　極東アジアの視点を世界規模に拡大すれば，日本の世界的な地位の向上を目指して，汗をかく自衛隊活動が求められるようになってきた．世界各地へのPKO任務派遣，限定的ながら集団的自衛権の行使が可能になるなど，急激な勢いで，自衛隊の活動範囲が変更される法律が整備されている．こうした行使範囲の拡大に応じた実部隊の運用限界を把握し，その範疇で最大限の能力発揮可能な行動をシミュレーションした運用モデルをイメージし続けていく必要がある．

[実施時期と規模に応じて様々なレベルの分析が必要]

　こうした周辺の状況から，日本のミリタリーORが実施すべき分析は，まず，領空や領海といった水際での対処を目的とした領空侵犯対処やミサイル防衛，シーレーン防衛が必要である．さらには，蓋然性が低いものの，敵国部隊が着上陸して侵攻するような事態に対処するための陸海空横断的なOR分析も必要である．また，いまや世界各地にPKO部隊が展開している状況を踏まえれば，現地で活動するPKO部隊を支援するような海賊対処や海域警備から，基地警備，道路や公共財などの整備のための後方業務なども現地のOR分析の対象となる．もちろん，これらはすでに運用されているので，事前に検討が行われ，日々の業務からもノウハウや情報が更新されるので業務改善が図られていることと思う．それ以外にも，中長期的な国際情勢変化や近隣諸国の軍事力増強状況に呼応した，わが国の防衛力整備計画

や国政のあり方分析，といった大きなスケールの話題も検討されていくべきであろう．こうした国際的で複雑な問題への対応は，防衛省内のみならず，外務省や他の機関と共同して政治的，経済的な状況も勘案されて検討すべきことと思う．さらには，将来を見越して必要になるであろう新たな装備品の開発，運用場面での最適性の検討なども含めた装備品分析も，ミリタリー OR の対象となり実施されているはずである．本書で扱ったような日々の細かな運用の OR にも努力が傾注され，細かな改善が実現されるように分析要員の補強が望まれる．

現業の運用・訓練といった実務レベルの分析，将来取得すべきシステム分析やマクロな情勢分析，装備開発予測，大小様々な分析と運用改善，これらをバランスよく実施することがミリタリー OR には強く求められていると思われる．防衛省・自衛隊に所属する OR 担当者は，組織の制約上，十分なマンパワーが配置されているとはいえないかもしれないが，検討対象となる事案の規模や期間の面で多様な広がりを持つ案件に柔軟に対応して，業務を遂行していただきたい．

[積極的な戦闘行為まで含めるような欧米型の OR ではない]

OR の起源をたどれば，イギリスにおける，ドイツから飛来する爆撃機やミサイルに対処するためのレーダ網の配置の検討や，U ボート攻撃から連合国側の艦船を守るための運用研究などが端緒であった．現在においても，そうした流れを汲んだ，正面作戦の戦闘場面での作戦研究が盛んに実施されていることと思う．

一方，現在の日本の軍事の基本は専守防衛である．戦後日本が実施してきた OR も，専守防衛をベースとする方針が貫かれてきた．これまでも，そしてこれからも，表立って戦うことを主眼に置いた欧米型の研究とは一線を画する立場の意識が潮流となるべきである．自虐的ではあるが，日本のミリタリー OR が目指すべきは，戦闘状況に至らしめないように導く OR であるべきであり，実際の戦闘を分析するための OR は，むしろ副次的な立場にあるべきである．ただし，防衛力整備での装備品の調達などでは，取得予定の装備品と外国の装備との間で交戦することを想定して，選考をしているものと思われる．したがって，戦わないことを大前提にしつつも，実際に戦った場合はどのような犠牲を払うことになるかを検証するために，あらかじめ様々な状況設定でのシミュレーションしておく必要はある．その上で，戦わない状況に持っていくような道筋を考えることが，日本で OR 実務を進めていく上のロジックとして重要であると考える．

交戦以外の運用の OR を考えてみれば，平時での定常的業務や訓練，災害派遣での運用の改善，あるいはグレーな状況への対応，具体的には本書でも取り上げたような不審船対応やテロ・疫病の水際阻止などへの対応が，今後拡充しなければならない部分であると考える．直近の課題としては，G7 などの数年に 1 回開催される国際会議やオリンピック・パラリンピック，大阪万博など国際的なスポーツや文化的イベントでの警備支援などでの自衛隊の活動に対する分析も必要かもしれない．これらの非戦闘的な部分での運用改善は，防衛関連のヒト・モノ・カネを効率的に運用することにもつながるので，コスト面からの重要な研究対象であるともいえる．

さらには，何度か触れたように，自衛隊の海外派遣業務や集団的自衛権の行使に伴う協同対処要請が増大傾向にある．領域警備，駆けつけ警護・宿営地の警備，TMD での共同対処，海域の哨戒任務，プレゼンス，海賊対処，治安維持，復興支援，こうした領域で安全安心な環境構築のための OR，情勢が不安定な環境での，復興活動をサポートしつつ，安全な社会の再構築までを手伝うワイドスペクトラムな OR を計画し，実践していかなければならないだろう．

8.3　日本のミリタリー OR を実施する際に要請される資質

[実戦経験がない中でのモデル作りとデータ収集]

　第 2 次世界大戦終了後に日本にミリタリー OR が導入されて以降，幸いなことに戦争を経験することが無いまま，今日まで至っている．ミリタリー OR を実践する上でミリタリー OR 先進国と異なる点は，実戦データがないことである．国内の他の行政機関や産業分野が OR を実践する際には，実務を通じて，容易に運用データの入手が可能である．一方，ミリタリー分野においては，訓練や後方業務のデータは日々取得できるものの，他国の軍隊と交戦して，対応した結果の実戦データは入手できない．模擬訓練などから，実際の交戦状況と同じ環境で同様の作戦を実施し，データを入手することは可能であろうが，生死をかけて戦うような極度の緊張状況で得られる運用データとはおのずから質が異なるはずである．米軍では，正面作戦が実施されている現場に OR 担当を配置させ，実データ収集に努めているようである．

　実戦経験がない中で，できるだけ想像力を膨らませて戦闘シーンを描き出し，戦闘モデルを構築していく能力が必要である．平和を標榜する観点から実戦データが取れない状況は望ましいことではある．が，もし，他国の軍隊と協同した運用機会が与えられ，実データ (に近いもの) を得る機会が与えられたならば，積極的に関与して，データ収集に努めるべきである．また，訓練データであっても，どのようなカテゴリーのデータが取得可能か？　装備品開発時のメーカーによるカタログデータでも，どのようなものが取得可能か，把握しておくだけでも価値がある．ビッグデータが扱える環境が整いつつある中で，訓練・実戦を問わず，データ収集・活用を心がけ，様々な切り口からそうしたデータの活用を試み，よりよい部隊運用を心掛けていく意識が大切である．

[専門分野だけではなく，科学技術分野全般に対し理解しようとする姿勢や努力が大切]

　OR はその設立状況からも分かるように，様々な分野の知識や技術の共同作業として実施される．OR の起源となった英国のブラケットサーカスは，数学，物理学，電気や気象，生理学など，作戦遂行の際に関係すると思われる各分野の専門家を集めて結成された．我が国の現在のミリタリー OR 組織を考えると，行政組織の定員削減方針により，慢性的な人手不足状態になっていると思われる．要員数が少ないならば，必然的に個人の資質の増大でカバーするしかなくなる．大多数のミリタリー OR 担当者は，OR を専門的に，あるいは，電気工学や物理学，数学などの分野を修めて仕事をされている方がほとんどだと思われる．

　現在の人員状況を考えれば，大学等で学んだ，各要員の専門分野 (OR や数学や情報工学) だけでは足りずに，各担当業務に特化した分野ごとの知識や考え方，モデルの構築方法，計算手法の習得に努めなければならない．

　ミリタリー運用において陸海空を問わず共通して必要になると思われる知識として，まず，目標を捜索し，位置を正確に見積もり，攻撃を実施するための捜索理論や射撃・爆撃理論，さらにはそれらの背景にある確率論の知識は不可欠である．捜索するためには，空間の物理的な特性 (光学的知識や電波伝搬や水中での音響伝播の原理) とそれらの媒質を情報が伝わってくる際の送受信のメカニズム (視覚の原理，電波・音波の送受信機の知識，アンテナ，レーダ，ソナーの原理など) について，よく理解する必要がある．また，現代戦においては，機能ごとに特化した部隊が全体としてシステム的に連節され作戦を遂行するので，作戦情報を各プラットフォーム間で交換するためのネットワーク機材に関する知識やその原理や限界についても把握しておく必要がある．さらには使用する武器の特性に関する知識，具体的には，砲弾の発射方法やその原理，発射の手順や各操作に要する時間，有効な危害規模などの物理

的な数値，長時間の継戦での戦闘員の疲労蓄積に伴う反応能力の低下など肉体面・精神面での疲労具合と戦闘能力の影響など，データ化されている広い関連知識とともに，実際の運用の様子が想像できるようにしておくとなお良い．このように考えてくると，単なる学問的な素養のみならず，戦闘現場に付随する物理的な知識，装備品運用に関する知識，さらには，運用者の立場に立った人間工学的な知識の修得も目指すような修養が必要である．

[リサーチリサーチでは不十分]

　前節で述べたように，日本で組み立てられるべき戦闘場面のミリタリー OR は，欧米型のものとは一線を画すべきである．より安全サイドに立ち，できるだけ戦闘行為に至らしめないように配慮してモデルを作り込まねばならない．この点から，日本独自の思想を背景としたモデルづくりが必要であると考える．もちろん，海外のミリタリー OR 研究やミリタリーOR 以外の一般的な OR 分野の研究手法や考え方は参考になると思うが，そうしたものを参考にしたとしても，モデルを作りあげた後に，再度，日本独特の安全思考・リスク回避の思想に沿ったモデルとなっているか，再確認する必要があると考える．逆に言えば，海外で研究されたミリタリー OR を理解し，改良するだけでは不十分である．日本風に一味加えるか，全くのオリジナルなモデルづくりが日本のミリタリー OR には求められている．

　繰り返しになるが，日本の防衛環境での OR 問題の扱われ方は，過去からの経緯・道徳観や法制上の制約が多いために特殊である．したがって，そうした枠内で活動する自衛隊が行う業務に関する OR 自体も特別な配慮が必要である．このため，分析対象や方法論，制約条件などにも日本独自なものが多くなってしまうことをあらかじめ理解しておく必要がある．

[そのモデル設定／パラメータ設定は妥当だろうか？]

　検討対象の状況に即したモデルを構築するとともに，定式化と解決手法を探す作業をほぼ同時並行的に実施していく．OR の実務は，たぶん，このように実施されることがほとんどだろう．モデルづくり・定式化を進める中で，状況を記述するために必要なパラメータを設定し，モデルに盛り込んでいく．その際に，安易にパラメータを設定してモデル化を進めてはならない．パラメータを盛り込む際には，パラメータ値を取得するまでの過程に留意しつつ，計測可能性について確認することが大切である．例えば，交戦モデルを構築する際に，様々なセンサからデータが直接採取でき (速度，加速度，温度，気圧など)，それらをモデルへの入力パラメータとして採用してするならば話は単純であるが，様々な計測データ値を組み合わせて計算した結果として，パラメータ値が確定されるような場合には，パラメータ値を計算する過程に必要なデータの一部が欠損しただけでも，入力パラメータ値は確定しない．また，複数の計測値からパラメータ値が決定されるような場合，パラメータ値の精度 (有効ケタ) は，一番精度が悪い測定値のケタでしか精度保証がないため，モデルの出力も，そのケタまでしか精度保証されないことを理解する必要がある．パラメータ値を入力して計算した結果，保証精度以上のかなり細かなケタまで検討する必要がある場合には，モデルも計算プロセスも答え (出力パラメータ値) も正しいかもしれないが，精度保証がない数値 (ケタ) での議論は無意味である．また，実際の運用でも，そうした細かな精度のオペレーションが実現できるか疑問であるし，いくらウデの良いオペレータでも，ハンドル等に代表される機器の制御コントローラで，制御限界以上の操作はできないはずであるから，モデルの構築段階に戻ってモデル作りや定式化が妥当であるか再考した方がよい．

　戦略レベルの大きな話題を扱うモデルでは，必然的に入力パラメータ数も多く必要になりがちである．パラメータ数を絞ると，ざっくりとした大きくまとめたパラメータに頼ることになる．パラメータ値を確定するまでのプロセスに曖昧性がある場合は，注意が必要である．

特に，モデルのパラメータ値が示量性ではなく，示性性の場合は，絶望的である．例えば，幸福度，国力，経済力，有効力，××指数など，あまりにもマクロでぼんやりとした入力パラメータでは，パラメータ値を決定するまでのプロセスで異論が挟まれやすく，モデルを扱う個人ごとの主観で入力値が異なる可能性が多々ある．出力される結果にも異議が生じやすく，モデルの信憑性が問われることになりがちである．

　示性性の抽象的なパラメータを取り込んだ OR モデルは，入力データの意義や特性について，意思決定者に説明する際には伝わりにくい．理解する途中でいったん疑義が生じると，分析結果も素直に受け入れてもらえない．数理モデルに対する嫌悪感だけでなく，OR 分析者に対する不信感も抱かれかねない．そうならないためにも，OR 分析者は，意思決定者との間に溝を生じさせぬように，説明に供するモデルを慎重に設定し，ユーザ (=意思決定者) の認識レベルに沿った用語を選択するとともに思考プロセスを根気よく説明し，ユーザの適切な理解とユーザからのレスポンスが得られるように努めなければならない．

　ミリタリー OR を実践する人は，このようなモデルの選定と実運用データとのバランスをよく認識し，実用的で意味があるモデルの構築と計算の実施可能性に常に留意し，分析結果を正当に伝えるようにしなければならない．

　本書の各章では，現在の日本のミリタリー部門で想起される問題を取り上げてモデル化し，それぞれで適当と思われる OR 手法を用いて分析した．いずれの分析モデルとも，実際の利用を考えて，訓練データや様々な機材から得られるデータを入力パラメータ値として設計し，モデルの実運用までに必要なプロセスも併せて示して即応性に配慮したつもりである．

　OR による分析は，時代や組織を問わず，計画立案や運用実施でのイメージを提供し，より良いあり方を提言する．為政者や指揮官が意思決定を行う際の判断材料を提供するという点で，中枢組織の脇を固める存在である．数量的な議論が必要な意思決定場面では，深さの違いはあれ，OR 的な分析支援は実施され続けるであろう．科学的な思考プロセスを経ることで，より効果が期待される意思決定に寄与できると考えるからである．日本を取り巻くミリタリー OR の，目の前の問題にも，これから登場してくる問題にも，短時間で有効な回答を提供できるように，分析者自身のミリタリー OR による解決能力を高めていっていただきたいと願う．

付録A　逆3乗法則下での発見確率

A.1　逆3乗の法則

　飛行機から航海中の船舶を発見する場合，その発見確率は，両者の間の距離の3乗に逆比例するという法則があり，これを「逆3乗の法則」と呼ぶ．この法則は，経験上，極めて精度の高い近似式であることが一般的に知られている．その考え方は以下のとおりである．

　目視や光学的装置により遠隔した物体を視認する場合，その物体が観測者に対し張る立体角が大きいほど容易に視認できると考えられる．視軸に垂直な平面への，その物体の投影面積を A，物体までの直線距離を s とすると，立体角は近似的に A/s^2 で表すことができる．これより，発見確率 γ が立体角に比例するという単純な関係式

$$\gamma = k \cdot A/s^2 \quad (k : 定数)$$

が成立すると仮定する．

　今，飛行機から航行中の船舶が海面に立てる白波を発見する場合を考える．図のように変数を取る．

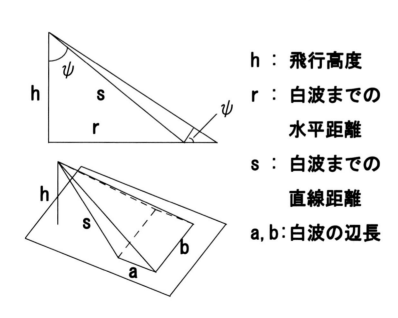

h ： 飛行高度
r ： 白波までの
　　水平距離
s ： 白波までの
　　直線距離
a, b：白波の辺長

図 A.1: 逆3乗発見法則

　白波を長方形で近似すると，その視軸に垂直な平面への投影面積 A は，

$$A = ab \, \cos \, \psi = \frac{abh}{s}$$

である．このとき，発見確率の式より

$$\gamma = k \cdot A/s^2 = \frac{kab}{s^3}h = (kab)\frac{h}{(r^2 + h^2)^{3/2}} = kab\frac{h}{r^3(1 + \frac{h^2}{r^2})^{3/2}}$$

が得られる．発見事象が生起する際は，一般に $h \ll r$ ゆえ，近似的に

$$\gamma = c \cdot \frac{h}{r^3} \qquad (c : 定数)$$

となる．この発見確率 γ を以下では「瞬間探知確率密度」と呼ぶことにする．

比例定数 c は気象条件，白波と海面とのコントラスト，観測機材の性能，船舶の速力等により影響を受ける．

次に，時間に関し連続的に捜索を行う際の発見確率を求める．捜索開始時点 $t = 0$ から捜索を始める．任意の時刻 t について，それまで発見が 起こらない 確率を $Q(t)$ とする．このとき，時刻 $t + \delta t$ まで発見が生起しない場合を考えてみると，それは，

(1)   時間 $(0, t)$ で発見が起きず，かつ，微小時間 δt 経過後の，

(2)   時間 $(t, t + \delta t)$ でも発見が起きない場合である．

これらより微小時間 δt 経過後の未探知確率 $Q(t + \delta t)$ に関し，以下の関係が成り立つ．

$$Q(t + \delta t) = Q(t) \cdot (1 - \gamma \delta t) \quad (\gamma : 瞬間探知確率密度)$$

$Q(t)$ について整理して，極限をとることで微分方程式が得られる．得られた微分方程式を解くことによって，

$$Q(t) = C \cdot e^{-\int_0^t \gamma dt} \qquad (C は定数.)$$

と求められる．ここで初期条件 $Q(0) = 1$ より $C = 1$ である．これより時刻 t までに発見が 起こる 確率 $P(t)$ は，以下の結果となる．

$$P(t) = 1 - Q(t) = 1 - e^{-\int_0^t \gamma dt}$$

A.2   逆 3 乗の法則下での発見確率

図 A.2 のような探索者・目標とも定進路定速力運動を行う場合を考える．探索者の相対速度をゼロとして，座標原点 $(0, 0)$ に静止しているとする．このとき，目標の相対進路は直線となる．相対速力を w とし，これは一定値となる．

瞬間探知確率密度 γ に関する仮定より，

$$\gamma = c \cdot \frac{h}{r^3} = c \cdot \frac{h}{(x^2 + w^2 t^2)^{3/2}} \equiv \gamma(t)$$

$t = t_0$ から $t = t_1$ までの相対経路を C とすると，そこでの発見確率は，

$$P(C) = 1 - e^{-\int_{t_0}^{t_1} \gamma(t)dt} = 1 - \exp\{-\frac{1}{x^2} \cdot \frac{ch}{w}(\sin \theta_1 - \sin \theta_0)\} \tag{A.1}$$

である [50]．ただし，

$$\theta_i = \tan^{-1}\frac{wt_i}{x} \quad (i = 0, 1)$$

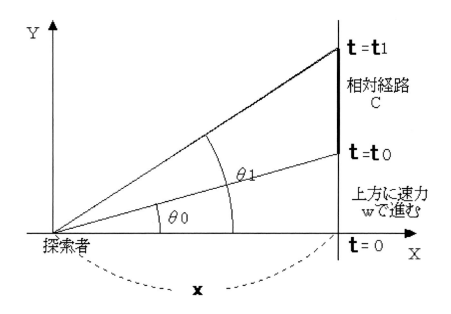

図 A.2: 目標が定進路・定速力で航過する様子

付 録B　2次元でのLeibnitzの公式の証明

積分記号下で微分を行う際，以下の公式が既知である．

[Leibnitzの公式 (1次元)]

$$\phi(\alpha) = \int_{u_1}^{u_2} f(x, \alpha) dx \qquad (a \leq \alpha \leq b) \qquad とする.$$

ここで，u_1, u_2 はパラメータ α に依存する．このとき，$f(x, \alpha)$ が長方形領域 $u_1 \leq x \leq u_2, a \leq \alpha \leq b$ で連続かつその領域で連続な偏導関数 $\partial f / \partial \alpha$ が存在し，そして，u_1, u_2 が α について連続な関数であり，かつ，連続な導関数を持つならば，以下の関係が成り立つ．

$$\frac{d\phi}{d\alpha} = \int_{u_1}^{u_2} \frac{\partial f}{\partial \alpha} dx + f(u_2, \alpha) \frac{du_2}{d\alpha} - f(u_1, \alpha) \frac{du_1}{d\alpha}$$

u_2, u_1 が定数の時は，第2項以下はなくなる．

[Leibnitzの公式の2次元への拡張]
今，検討の対象となっている問題で，目的関数

$$\int\int (1 - e^{-F(x,y)})\, d(x,y) dx dy$$

（$(1 - e^{-F(x,y)})$：探知確率, $d(x,y)$：存在密度関数 ）

の偏導関数を計算したい．そのためには，分割された経路である，2点 $(x_i, y_i), (x_{i+1}, y_{i+1})$ を端点とする線分での目的関数の偏導関数

$$\frac{\partial}{\partial x_i} \int\int (1 - e^{-F'(x,y,x_i,y_i,x_{i+1},y_{i+1})}) d(x,y) dx dy$$

が計算できればよい．

◎ $F'(x, y, x_i, y_i, x_{i+1}, y_{i+1})$ に関する仮定；積分領域で連続であり，そこで $x_i, y_i, x_{i+1}, y_{i+1}$ の各パラメータに対し連続な2階の偏導関数を持つと仮定する．

◎被積分関数について考える．　$(1 - e^{-F'(x,y,x_i,y_i,x_{i+1},y_{i+1})})$　は領域で連続であるために，

$d(x,y)$ が連続であれば，被積分関数（$(1 - e^{-F'}) \cdot d$ ）は，積分領域で連続　である．

◎次に，x_i に関する偏微分を考える．$\frac{\partial}{\partial x_i}(1 - e^{-F'(x,y,x_i,y_i,x_{i+1},y_{i+1})})d(x,y)$ は，d の部分が x_i（及び y_i, x_{i+1}, y_{i+1}）に依存しないので，$(1 - e^{-F'(x,y,x_i,y_i,x_{i+1},y_{i+1})})$ の部分のみを x_i に関して偏微分すれば良く，$\frac{\partial}{\partial x_i}(1 - e^{-F(x,y,x_i,y_i,x_{i+1},y_{i+1})})$ が領域で連続であることから，

被積分関数の偏導関数は積分領域で連続 である．さらに，"閉区間で連続な関数はその領域で一様連続である"ので，

被積分関数並びにその偏導関数は，積分領域で一様連続 である．

以上の考察に基づき，以下で Leibnitz の公式の 2 次元への拡張を示す．

今，経路の端点座標 x_i が微小変化 Δx_i することによる，積分領域の変化を考える．適当な座標系を 2 次元平面に導入して，積分領域を考慮した目的関数を以下のように表現する．

$$\int_{u_1}^{u_2}\int_{v_1}^{v_2} f(x,y,x_i,y_i,x_{i+1},y_{i+1})dxdy \qquad (f \equiv (1 - e^{-F'(x,y,x_i,y_i,x_{i+1},y_{i+1})}) \times d(x,y))$$

ここで積分領域の上下限 u_2, u_1, v_2, v_1 はいずれも x_i（及び y_i, x_{i+1}, y_{i+1}）の関数である．このとき，まず，端点座標 x_i の微小変化 Δx_i を考え，その変化による目的関数の微小変化を $\Delta I(x_i)$ とする．なお他のパラメータ y_i, x_{i+1}, y_{i+1} の微小変化による目的関数の変化も同様に考えられるので，ここでは，x_i の微小変化のみで議論を進める．以下，標記の簡略化のために，目的関数を $\iint f(x,y,x_i,y_i,x_{i+1},y_{i+1})\,dx\,dy = I(x_i,y_i,x_{i+1},y_{i+1})$ とおく．

$$\Delta I(x_i) = \int_{u_1+\Delta u_1}^{u_2+\Delta u_2}\int_{v_1+\Delta v_1}^{v_2+\Delta v_2} f(x,y,x_i+\Delta x_i,y_i,x_{i+1},y_{i+1})dxdy - \int_{u_1}^{u_2}\int_{v_1}^{v_2} f(x,y,x_i,y_i,x_{i+1},y_{i+1})dxdy$$

ここで

$$
\begin{aligned}
\int_{u_1+\Delta u_1}^{u_2+\Delta u_2}\int_{v_1+\Delta v_1}^{v_2+\Delta v_2} &= \left[\int_{u_1}^{u_2} + \int_{u_2}^{u_2+\Delta u_2} - \int_{u_1}^{u_1+\Delta u_1}\right]\left[\int_{v_1}^{v_2} + \int_{v_2}^{v_2+\Delta v_2} - \int_{v_1}^{v_1+\Delta v_1}\right] \\
&= {}_{(1)}\int_{u_1}^{u_2}\int_{v_1}^{v_2} + {}_{(2)}\int_{u_1}^{u_2}\int_{v_2}^{v_2+\Delta v_2} - {}_{(3)}\int_{u_1}^{u_2}\int_{v_1}^{v_1+\Delta v_1} \\
&\quad + {}_{(4)}\int_{u_2}^{u_2+\Delta u_2}\int_{v_1}^{v_2} + {}_{(5)}\int_{u_2}^{u_2+\Delta u_2}\int_{v_2}^{v_2+\Delta v_2} - {}_{(6)}\int_{u_2}^{u_2+\Delta u_2}\int_{v_1}^{v_1+\Delta v_1} \\
&\quad - {}_{(7)}\int_{u_1}^{u_1+\Delta u_1}\int_{v_1}^{v_2} - {}_{(8)}\int_{u_1}^{u_1+\Delta u_1}\int_{v_2}^{v_2+\Delta v_2} + {}_{(9)}\int_{u_1}^{u_1+\Delta u_1}\int_{v_1}^{v_1+\Delta v_1}
\end{aligned}
$$

である．ただし，展開式中の積分記号の前の下付き添え字 (i) （$i = 1, \cdots, 9$）は，それぞれ図 B.1 の領域中での積分を表している．

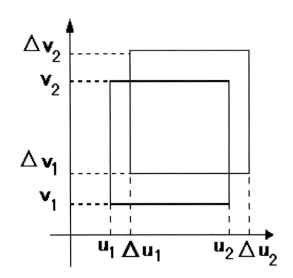

図 B.1: 微小変化 Δx_i により積分領域が変化する様子

この展開式によれば， $\Delta I(x_i)$ は以下のように書ける．

$$
\begin{aligned}
\Delta I(x_i) \quad =_{(1)} & \int_{u_1}^{u_2} \int_{v_1}^{v_2} [f(x,y,x_i+\Delta x_i,y_i,x_{i+1},y_{i+1}) - f(x,y,x_i,y_i,x_{i+1},y_{i+1})]\,dxdy \\
+_{(2)} & \int_{u_1}^{u_2} \int_{v_2}^{v_2+\Delta v_2} f(x,y,x_i+\Delta x_i,y_i,x_{i+1},y_{i+1})dxdy \\
+_{(4)} & \int_{u_2}^{u_2+\Delta u_2} \int_{v_1}^{v_2} f(x,y,x_i+\Delta x_i,y_i,x_{i+1},y_{i+1})dxdy \\
+_{(5)} & \int_{u_2}^{u_2+\Delta u_2} \int_{v_2}^{v_2+\Delta v_2} f(x,y,x_i+\Delta x_i,y_i,x_{i+1},y_{i+1})dxdy \\
+_{(9)} & \int_{u_1}^{u_1+\Delta u_1} \int_{v_1}^{v_1+\Delta v_1} f(x,y,x_i+\Delta x_i,y_i,x_{i+1},y_{i+1})dxdy \\
-_{(3)} & \int_{u_1}^{u_2} \int_{v_1}^{v_1+\Delta v_1} f(x,y,x_i+\Delta x_i,y_i,x_{i+1},y_{i+1})dxdy \\
-_{(7)} & \int_{u_1}^{u_1+\Delta u_1} \int_{v_1}^{v_2} f(x,y,x_i+\Delta x_i,y_i,x_{i+1},y_{i+1})dxdy \\
-_{(6)} & \int_{u_2}^{u_2+\Delta u_2} \int_{v_1}^{v_1+\Delta v_1} f(x,y,x_i+\Delta x_i,y_i,x_{i+1},y_{i+1})dxdy \\
-_{(8)} & \int_{u_1}^{u_1+\Delta u_1} \int_{v_2}^{v_2+\Delta v_2} f(x,y,x_i+\Delta x_i,y_i,x_{i+1},y_{i+1})dxdy
\end{aligned}
$$

[1] まず， $\Delta I(x_i)$ の (1) 項で平均値の定理を適用すれば，

$$
f(x,y,x_i+\Delta x_i,y_i,x_{i+1},y_{i+1}) - f(x,y,x_i,y_i,x_{i+1},y_{i+1}) = \Delta x_i \frac{\partial f(x,y,x_i+\theta\Delta x_i,y_i,x_{i+1},y_{i+1})}{\partial x_i}
$$

（ $0 < \theta < 1$ ）が得られる．上述の積分領域で関数 $\frac{\partial f(x,y,x_i,y_i,x_{i+1},y_{i+1})}{\partial x_i}$ が一様連続であることから，

$$
\frac{\partial f(x,y,x_i+\theta\Delta x_i,y_i,x_{i+1},y_{i+1})}{\partial x_i} = \frac{\partial f(x,y,x_i,y_i,x_{i+1},y_{i+1})}{\partial x_i} + \eta(x,y,x_i,y_i,x_{i+1},y_{i+1},\Delta x_i)
$$

と書いて，$\Delta x_i \to 0$ のとき，$\eta(x, y, x_i, y_i, x_{i+1}, y_{i+1}, \Delta x_i)$ は x, y に関し，一様に 0 に収束することが確かめられる．

（ $\forall \epsilon > 0; \exists \delta > 0,\ |\Delta x_i| < \delta \to |\eta(x, y, x_i, y_i, x_{i+1}, y_{i+1}, \Delta x_i)| < \epsilon$ ）

これより

$$\left|\int_{u_1}^{u_2}\int_{v_1}^{v_2}\eta(x, y, x_i, y_i, x_{i+1}, y_{i+1}, \Delta x_i)dxdy\right| \le \int_{u_1}^{u_2}\int_{v_1}^{v_2}|\eta(x, y, x_i, y_i, x_{i+1}, y_{i+1}, \Delta x_i)|\, dxdy$$
$$\le \int_{u_1}^{u_2}\int_{v_1}^{v_2}\epsilon\, dxdy$$
$$= \epsilon(u_2 - u_1)(v_2 - v_1)$$

が導かれ，ϵ は任意に小さくとれるので，$\Delta x_i \to 0$ のとき，

$$\int_{u_1}^{u_2}\int_{v_1}^{v_2}\eta(x, y, x_i, y_i, x_{i+1}, y_{i+1}, \Delta x_i)dxdy \to 0$$

となる．これより (1) 項は，以下のように表現される．

$$(1) = \int_{u_1}^{u_2}\int_{v_1}^{v_2}\Delta x_i \frac{\partial f(x, y, x_i + \theta\Delta x_i, y_i, x_{i+1}, y_{i+1})}{\partial x_i}dxdy$$
$$= \int_{u_1}^{u_2}\int_{v_1}^{v_2}\Delta x_i\left(\frac{\partial f(x, y, x_i, y_i, x_{i+1}, y_{i+1})}{\partial x_i} + \eta(x, y, x_i, y_i, x_{i+1}, y_{i+1}, \Delta x_i)\right)dxdy$$

Δx_i で割って極限をとると，η が 0 に収束することから，

$$\lim_{\Delta x_i \to 0}\frac{(1)}{\Delta x_i} = \int_{u_1}^{u_2}\int_{v_1}^{v_2}\frac{\partial f(x, y, x_i, y_i, x_{i+1}, y_{i+1})}{\partial x_i}dxdy$$

が導かれる．

[2]　次に，(2) 項について考える．f は連続ゆえ，累次積分に分けられる．まず，y について積分の平均値の定理を適用する．

$$(2) : \int_{u_1}^{u_2}\int_{v_2}^{v_2 + \Delta v_2}f(x, y, x_i + \Delta x_i, y_i, x_{i+1}, y_{i+1})dxdy$$
$$= \int_{u_1}^{u_2}\Delta v_2 f(x, v_2 + \theta_{2y}\Delta v_2, x_i + \Delta x_i, y_i, x_{i+1}, y_{i+1})dx \quad (0 < \theta_{2y} < 1)$$
$$= \int_{u_1}^{u_2}\Delta v_2\left[f(x, v_2, x_i, y_i, x_{i+1}, y_{i+1}) + \eta_{2y}(x, v_2, x_i, y_i, x_{i+1}, y_{i+1}, \Delta v_2, \Delta x_i)\right]dx$$

$\Delta x_i \to 0$ のとき，$\Delta v_2 \to 0$ となる．そして，このとき，$f(x, y, x_i, y_i, x_{i+1}, y_{i+1})$ の連続性より $\eta_{2y} \to 0$ とならなければならない．これより，(1) 項と同様に Δx_i で割って極限をとると，η_{2y} が 0 に収束することから，

$$\lim_{\Delta x_i \to 0}\frac{(2)}{\Delta x_i} = \lim_{\Delta x_i \to 0}\frac{\Delta v_2}{\Delta x_i}\int_{u_1}^{u_2}[f(x, v_2, x_i, y_i, x_{i+1}, y_{i+1}) + \eta_{2y}(x, v_2, x_i, y_i, x_{i+1}, y_{i+1}, \Delta v_2, \Delta x_i)]dx$$
$$\to \frac{dv_2}{dx_i}\int_{u_1}^{u_2}f(x, v_2, x_i, y_i, x_{i+1}, y_{i+1})dx$$

が導かれる．(3),(4),(7) 項も同様に，それぞれ，ある変数 ($x\ or\ y$) の積分限界での微係数値 ($\frac{d(x\ or\ y)}{dx_i}$) と，他の変数 ($y\ or\ x$) での積分 ($\int f\, dy\ or \int f\, dx$) との積となる．

　[3]　さらに積分限界の微小変化が x, y 双方の座標で生じる，たとえば (5) 項は，平均値の定理を 2 度適用することで，

$$
\begin{aligned}
(5)\ :\ & \int_{u_2}^{u_2+\Delta u_2}\int_{v_2}^{v_2+\Delta v_2} f(x, y, x_i+\Delta x_i, y_i, x_{i+1}, y_{i+1})dxdy \\
=\ & \int_{u_2}^{u_2+\Delta u_2} \Delta v_2 f(x, v_2+\theta_{2y}\Delta v_2, x_i+\Delta x_i, y_i, x_{i+1}, y_{i+1})dx \quad (0<\theta_{2y}<1) \\
=\ & \int_{u_2}^{u_2+\Delta u_2} \Delta v_2 \left[f(x, v_2, x_i, y_i, x_{i+1}, y_{i+1}) + \eta_{2y}(x, v_2, x_i, y_i, x_{i+1}, y_{i+1}, \Delta v_2, \Delta x_i) \right] dx \\
=\ & \Delta u_2 \Delta v_2 \times \\
& \left[f(u_2+\theta_{2x}\Delta u_2, v_2, x_i, y_i, x_{i+1}, y_{i+1}) + \eta_{2y}(u_2+\theta_{2x}\Delta u_2, v_2, x_i, y_i, x_{i+1}, y_{i+1}, \Delta v_2, \Delta x_i) \right]
\end{aligned}
$$

ただし，$(0<\theta_{2x}<1)$ である．

　$\Delta x_i \to 0$ のとき，$\eta_{2y} \to 0$，$\Delta u_2, \Delta v_2 \to 0$ ゆえ，(5) 項は Δx_i に比し，高位の無限小である．従って (5) 項を Δx_i で割って極限をとることで，

$$
\lim_{\Delta x_i \to 0} \frac{(5)}{\Delta x_i} \to 0
$$

である．(6),(8),(9) 項も同様である．

　以上の各項の微小変化をまとめて，x_i の微小変化量 Δx_i で割ると，$\Delta I(x_i)$ で分けた項のうち，(1),(2),(3),(4),(7) 項からの変化量が残り，以下の公式が最終的に導かれる．

$$
\begin{aligned}
\lim_{\Delta x_i \to 0} \frac{I(x_i)}{\Delta x_i} =\ & \int_{u_1}^{u_2}\int_{v_1}^{v_2} \frac{\partial f(x, y, x_i, y_i, x_{i+1}, y_{i+1})}{\partial x_i}dxdy \\
& + \frac{dv_2}{dx_i}\int_{u_1}^{u_2} f(x, v_2, x_i, y_i, x_{i+1}, y_{i+1})dx + \frac{du_2}{dx_i}\int_{v_1}^{v_2} f(u_2, y, x_i, y_i, x_{i+1}, y_{i+1})dy \\
& - \frac{dv_1}{dx_i}\int_{u_1}^{u_2} f(x, v_1, x_i, y_i, x_{i+1}, y_{i+1})dx - \frac{du_1}{dx_i}\int_{v_1}^{v_2} f(u_1, y, x_i, y_i, x_{i+1}, y_{i+1})dy \\
=\ & \frac{\partial I(x_i, y_i, x_{i+1}, y_{i+1})}{\partial x_i}
\end{aligned}
$$

　この公式は，他のパラメータ y_i, x_{i+1}, y_{i+1} で偏微分する際にも，同様に成り立つ公式である．すなわち，

$$
\begin{aligned}
\frac{\partial I(x_i, y_i, x_{i+1}, y_{i+1})}{\partial y_i} =\ & \int_{u_1}^{u_2}\int_{v_1}^{v_2} \frac{\partial f(x, y, x_i, y_i, x_{i+1}, y_{i+1})}{\partial y_i}dxdy \\
& + \frac{dv_2}{dy_i}\int_{u_1}^{u_2} f(x, v_2, x_i, y_i, x_{i+1}, y_{i+1})dx + \frac{du_2}{dy_i}\int_{v_1}^{v_2} f(u_2, y, x_i, y_i, x_{i+1}, y_{i+1})dy \\
& - \frac{dv_1}{dy_i}\int_{u_1}^{u_2} f(x, v_1, x_i, y_i, x_{i+1}, y_{i+1})dx - \frac{du_1}{dy_i}\int_{v_1}^{v_2} f(u_1, y, x_i, y_i, x_{i+1}, y_{i+1})dy
\end{aligned}
$$

$$\frac{\partial I(x_i, y_i, x_{i+1}, y_{i+1})}{\partial x_{i+1}} = \int_{u_1}^{u_2} \int_{v_1}^{v_2} \frac{\partial f(x, y, x_i, y_i, x_{i+1}, y_{i+1})}{\partial x_{i+1}} dxdy$$

$$+ \frac{dv_2}{dx_{i+1}} \int_{u_1}^{u_2} f(x, v_2, x_i, y_i, x_{i+1}, y_{i+1})dx + \frac{du_2}{dx_{i+1}} \int_{v_1}^{v_2} f(u_2, y, x_i, y_i, x_{i+1}, y_{i+1})dy$$

$$- \frac{dv_1}{dx_{i+1}} \int_{u_1}^{u_2} f(x, v_1, x_i, y_i, x_{i+1}, y_{i+1})dx - \frac{du_1}{dx_{i+1}} \int_{v_1}^{v_2} f(u_1, y, x_i, y_i, x_{i+1}, y_{i+1})dy$$

$$\frac{\partial I(x_i, y_i, x_{i+1}, y_{i+1})}{\partial y_{i+1}} = \int_{u_1}^{u_2} \int_{v_1}^{v_2} \frac{\partial f(x, y, x_i, y_i, x_{i+1}, y_{i+1})}{\partial y_{i+1}} dxdy$$

$$+ \frac{dv_2}{dy_{i+1}} \int_{u_1}^{u_2} f(x, v_2, x_i, y_i, x_{i+1}, y_{i+1})dx + \frac{du_2}{dy_{i+1}} \int_{v_1}^{v_2} f(u_2, y, x_i, y_i, x_{i+1}, y_{i+1})dy$$

$$- \frac{dv_1}{dy_{i+1}} \int_{u_1}^{u_2} f(x, v_1, x_i, y_i, x_{i+1}, y_{i+1})dx - \frac{du_1}{dy_{i+1}} \int_{v_1}^{v_2} f(u_1, y, x_i, y_i, x_{i+1}, y_{i+1})dy$$

　この公式を導出する際には, 2 点 $(x_i, y_i), (x_{i+1}, y_{i+1})$ を端点とする線分で考えたが, 経路が連続する直線分であるので, 1 つ前の, 2 点 $(x_{i-1}, y_{i-1}), (x_i, y_i)$ を端点とする線分の目的関数の偏導関数も考えなければならない. それは, 全く同様に考えられ,

$$\frac{\partial I(x_{i-1}, y_{i-1}, x_i, y_i)}{\partial x_i} = \int_{u_1'}^{u_2'} \int_{v_1'}^{v_2'} \frac{\partial f(x, y, x_{i-1}, y_{i-1}, x_i, y_i)}{\partial x_i} dxdy$$

$$+ \frac{dv_2'}{dx_i} \int_{u_1'}^{u_2'} f(x, v_2', x_{i-1}, y_{i-1}, x_i, y_i)dx + \frac{du_2'}{dx_i} \int_{v_1'}^{v_2'} f(u_2', y, x_{i-1}, y_{i-1}, x_i, y_i)dy$$

$$- \frac{dv_1'}{dx_i} \int_{u_1'}^{u_2'} f(x, v_1', x_{i-1}, y_{i-1}, x_i, y_i)dx - \frac{du_1'}{dx_i} \int_{v_1'}^{v_2'} f(u_1', y, x_{i-1}, y_{i-1}, x_i, y_i)dy$$

と書ける (他のパラメータ y_i, x_{i-1}, y_{i-1} での偏微分も同様.). (積分限界に ' を付けたのは, 前の式での議論と区別するためであり, 特別な意味はない.)

　以上が, 1 次元の Leibnitz の公式の 2 次元への拡張である.

付録C　近似計算のための公式

[矩形領域での近似公式1]

　　第2章の監視基準経路問題の目的関数値，1階・2階偏導関数値を計算機により計算する際に，正確な数値を求めることが解析的に困難であることから，近似計算に頼らざるをえない．このとき，以下の近似公式を用いた [1].

　　四角形 S （面積 $4a^2$）上での積分を四角形内の9点における関数値を用いて近似する．

$$\frac{1}{4a^2} \int \int_S f(x,y) dx dy = \sum_{i=1}^{9} w_i f(x_i, y_i) + R \quad (R は誤差項 \quad ; \quad R = O(a^6))$$

ただし，(x_i, y_i) は図 C.1 の記号を用いて表される．

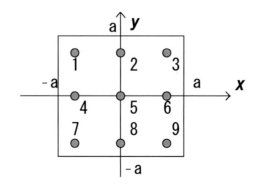

図 C.1: 関数値を計算する代表点 (矩形領域)

　　図 C.1 の座標番号 i とその座標，重み w_i の対応は以下の表のとおりである．

表 C.1: 代表点と重みの関係 (矩形領域)

i	x_i	y_i	w_i
1	$-\sqrt{\frac{3}{5}}a$	$\sqrt{\frac{3}{5}}a$	25/324
2	0	$\sqrt{\frac{3}{5}}a$	40/324
3	$\sqrt{\frac{3}{5}}a$	$\sqrt{\frac{3}{5}}a$	25/324
4	$-\sqrt{\frac{3}{5}}a$	0	40/324
5	0	0	64/324
6	$\sqrt{\frac{3}{5}}a$	0	40/324
7	$-\sqrt{\frac{3}{5}}a$	$-\sqrt{\frac{3}{5}}a$	25/324
8	0	$-\sqrt{\frac{3}{5}}a$	40/324
9	$\sqrt{\frac{3}{5}}a$	$-\sqrt{\frac{3}{5}}a$	25/324

[矩形領域での近似公式 2]

第6章で支払い行列の各セルに入る2次元平面上でのSSKPを計算する際に，正確な数値を求めることが解析的に困難であることから，近似計算に頼らざるをえない．このとき．以下の近似公式を用いた [1].

車両に見立てた四角形 S（面積 $4LW = 2L \times 2W$）上での積分を，四角形内の4点における関数値を用いて近似する．

$$\frac{1}{4LW} \int_{x_c-L}^{x_c+L} \int_{y_c-W}^{y_c+W} f(x,y)D(x,y,x_c,y_c)dxdy = \sum_{i=1}^{4} w_i f(x_i,y_i)D(x_i,y_i,x_c,y_c) + R$$

（ R は誤差項；$R = O(L^2 W^2)$ ）ただし，(x_i, y_i) は図 C.2 の記号を用いて表される．図 C.2 の座標番号 i とその座標，重み w_i の対応は以下の表 C.2 のとおりである．

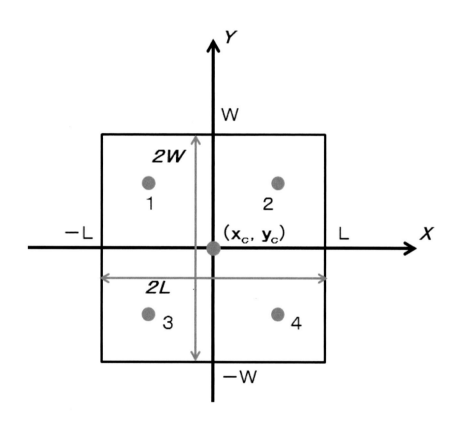

図 C.2: 関数値を計算する代表点

表 C.2: 代表点と重みの関係

i	x_i	y_i	w_i
1	$x_c - L\sqrt{\frac{1}{3}}$	$y_c + W\sqrt{\frac{1}{3}}$	1/4
2	$x_c + L\sqrt{\frac{1}{3}}$	$y_c + W\sqrt{\frac{1}{3}}$	1/4
3	$x_c - L\sqrt{\frac{1}{3}}$	$y_c - W\sqrt{\frac{1}{3}}$	1/4
4	$x_c + L\sqrt{\frac{1}{3}}$	$y_c - W\sqrt{\frac{1}{3}}$	1/4

[円盤領域での近似公式]

第7章の円柱領域内の軸に垂直に切った切断面である円盤領域 S（面積 πa^2）内での積分を，円盤内の7点における関数値を用いて近似する．

$$\frac{1}{\pi a^2}\int\int_S f(x,y)dxdy = \sum_{i=1}^{7} w_i f(x_i,y_i) + R \quad (R\,\text{は誤差項}\quad;\quad R = O(a^6))$$

ただし，(x_i,y_i) は図 C.3 の記号を用いて表される．図 C.3 の座標番号 i とその座標，重み w_i の対応は以下の表 C.3 のとおりである．

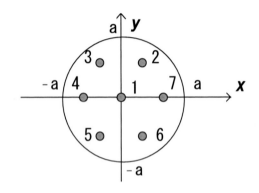

図 C.3: 関数値を計算する代表点 (円形領域)

表 C.3: 代表点と重みの関係 (円形領域)

i	x_i	y_i	w_i
1	0	0	2/8
2	$\sqrt{\frac{1}{6}}a$	$\sqrt{\frac{1}{2}}a$	1/8
3	$-\sqrt{\frac{1}{6}}a$	$\sqrt{\frac{1}{2}}a$	1/8
4	$-\sqrt{\frac{2}{3}}a$	0	1/8
5	$-\sqrt{\frac{1}{6}}a$	$-\sqrt{\frac{1}{2}}a$	1/8
6	$\sqrt{\frac{1}{6}}a$	$-\sqrt{\frac{1}{2}}a$	1/8
7	$\sqrt{\frac{2}{3}}a$	0	1/8

付 録D　斜入射するデブリの発見確率

　スペースデブリが宇宙機の捜索センサレンジ内に入射する場合は，その進行方向に対し，ある角度を成しつつ，直線的に進入してくると考えるのが現実的である．以下では，光学機器等のパッシブなセンサの特性を反映した逆2乗法則が成立するときの発見確率，逆3乗法則下での発見確率，及びレーダ等のアクティブセンサの特性を反映した逆4乗法則が成り立つ条件での発見確率の表現方法についてまとめる．なお，逆3乗法則が成立するのは，パッシブ捜索センサの捜索方向が限定されている時に，一べつ可能な捜索域(視界)内に，ある程度の有限の大きさ(面積)を持った物体が侵入してくる場合である．

　以下の議論では，上記のいずれかの法則に従う捜索センサとも，捜索位置を中心とする半径一定の球面上で，同じ瞬間探知確率密度 γ を有するものと仮定する．また連続捜索をしているときに，時刻 t_0 から時刻 t_1 までの間に目標を発見する確率 P は **A.2** 節より以下の式で与えられることは既知であるとする．

$$P = 1 - \exp\left[-\int_{t_0}^{t_1} \gamma(t)dt\right] \tag{D.1}$$

D.1　平行入射する際の逆 n 乗法則下での発見確率

　斜入射する目標の発見確率を議論する前に，まず，宇宙機が進む進行方向に対し，平行入射してくる目標の，逆 n 乗 ($n = 2, 3, 4$) 法則下での発見確率を紹介する．目標が捜索センサのレンジに進入した瞬間 t_0 からその真横を通過する時刻を t_1 ，2次元の場合と同様に後方に見送り，捜索センサのレンジから出る瞬間の時刻を t_2 とすると，進行方向に平行に進入してくる仮定から，

$$t_1 - t_0 = t_2 - t_1$$

である．また，その通過経路は，時刻 t_1 を基準に考えると対称である．(2次元の場合を参照せよ．) 従って，瞬間探知率 $\gamma(t)$ を積分する際，t_0 から t_2 までの積分は，t_0 から t_1 までの積分の2倍であり，定数差しかない．この定数差を含めて，以下では，単純に定数 k で表現している．これまでの議論同様，捜索センサの相対速度を w ，レンジを R, デブリまでの横距離を l とする．

[逆2乗法則]

　$\gamma = k/r^2$ より，以下のいずれかの表現となる．

$$P=1-\exp\left[-\frac{k}{wl}\cos^{-1}\frac{l}{R}\right]=1-\exp\left[-\frac{k}{wl}\sin^{-1}\frac{\sqrt{R^2-l^2}}{R}\right]=1-\exp\left[-\frac{k}{wl}\tan^{-1}\frac{\sqrt{R^2-l^2}}{l}\right] \tag{D.2}$$

[逆3乗法則]

$\gamma = k/r^3$ より

$$P = 1 - \exp\left[-\frac{k}{w}\frac{\sqrt{R^2 - l^2}}{Rl^2}\right] \tag{D.3}$$

[逆4乗法則]

$\gamma = k/r^4$ より

$$P = 1 - \exp\left[-\frac{k}{wl^3}\left(\cos^{-1}\frac{l}{R} + \frac{l\sqrt{R^2 - l^2}}{R^2}\right)\right] \tag{D.4}$$

今回の検討で利用したのは，最も単純な形をしている (D.3) 式である．また，(D.4) 式の $\cos^{-1}\frac{l}{R}$ の項は，(D.2) 式の場合と同様に $\sin^{-1}\frac{\sqrt{R^2 - l^2}}{R}$，または $\tan^{-1}\frac{\sqrt{R^2 - l^2}}{l}$ で置き換えることができる．

D.2　斜入射する際の逆 n 乗法則下での発見確率

　捜索センサは，図 D.1 の状況で $+z$ 方向に進行していると仮定する．捜索レンジ (半径 R の球面とする) 内に目標が入射する位置を，$A_1 = (a_1, b_1, c_1)$ とし，進行方向に垂直で真横を通過する際の位置を $A_0 = (a_0, b_0, 0)$ とする．また，相対速度ベクトルを $v = (v_a, v_b, v_c)$ とする．(以下の議論では，A_1 から A_0 まで目標が通過する際の発見確率を表現することを目的とし，A_0 を通過し，後方に見送るまでの経路での発見確率は考慮していない．)

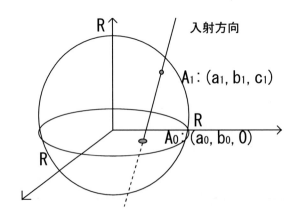

図 D.1: デブリが斜入射する際の探知から側方通過するまでの動き

入射点 A_1 から 真横 A_0 を横切るまでの時間を t_{10} とすると，次のようになる．

$$t_{10} = \frac{\sqrt{(a_1 - a_0)^2 + (b_1 - b_0)^2 + c_1^2}}{v} \tag{D.5}$$

また，A_1 点入射後の時刻 t でのデブリ座標 $(a(t), b(t), c(t))$ は次のようになる．

$$\begin{cases} a(t) = a_1 + v_a t = a_1 + v\cos\alpha\, t \\ b(t) = b_1 + v_b t = b_1 + v\cos\beta\, t \\ c(t) = c_1 + v_c t = c_1 + v\cos\gamma\, t \end{cases} \tag{D.6}$$

一方，入射角度 α, β, γ については，次のように書くことができる．

$$
\begin{cases}
\cos\alpha = (a_0 - a_1)/\sqrt{(a_1 - a_0)^2 + (b_1 - b_0)^2 + c_1^2} \\
\cos\beta = (b_0 - b_1)/\sqrt{(a_1 - a_0)^2 + (b_1 - b_0)^2 + c_1^2} \\
\cos\gamma = -c_1/\sqrt{(a_1 - a_0)^2 + (b_1 - b_0)^2 + c_1^2}
\end{cases}
\tag{D.7}
$$

これより，宇宙機とデブリとの間の距離 $r(t)$ は，次のとおりとなる．

$$
\begin{aligned}
r(t) &= \sqrt{a(t)^2 + b(t)^2 + c(t)^2} \\
&= \sqrt{a_1^2 + b_1^2 + c_1^2 + 2(a_1 v_a + b_1 v_b + c_1 v_c)t + (v_a^2 + v_b^2 + v_c^2)t^2} \\
&= \sqrt{R^2 + v^2 t^2 + 2vt(a_1 \cos\alpha + b_1 \cos\beta + c_1 \cos\gamma)} \\
&= \sqrt{R^2 + v^2 t^2 + vt\dfrac{(l^2 - R^2) - [(a_0 - a_1)^2 + (b_0 - b_1)^2 + c_1^2]}{\sqrt{(a_0 - a_1)^2 + (b_0 - b_1)^2 + c_1^2}}}
\end{aligned}
$$

以下，$\sqrt{(a_0 - a_1)^2 + (b_0 - b_1)^2 + c_1^2} \equiv \overline{A_0 A_1}$ と表記し，これは入射点 A_1 と真横を横切る際の通過点 A_0 との距離である．また，$l^2 = a_0^2 + b_0^2, R^2 = a_1^2 + b_1^2 + c_1^2$ である．上記の $r(t)$ を逆 n 乗法則の瞬間探知率の部分に代入し，航過時間で積分することで発見確率が求められる．なお，宇宙機の向首により A_0, A_1，及び l^2 が変化するので実際の計算では，線分経路 $X_i X_{i+1}$ の方向を変化させるのに対応して，これらの値を変える必要がある．

[逆 2 乗法則]

$\gamma = k/r^2(t)$ より

$$
\int \gamma(t)dt = \int_0^{t_{10}} \frac{kdt}{R^2 + vt\frac{(l^2 - R^2) - \overline{A_0 A_1}^2}{\overline{A_0 A_1}} + v^2 t^2}
\tag{D.8}
$$

[逆 3 乗法則]

$\gamma = k/r^3(t)$ より

$$
\int \gamma(t)dt = \int_0^{t_{10}} \frac{kdt}{\left[R^2 + vt\frac{(l^2 - R^2) - \overline{A_0 A_1}^2}{\overline{A_0 A_1}} + v^2 t^2\right]^{3/2}}
\tag{D.9}
$$

[逆 4 乗法則]

$\gamma = k/r^4(t)$ より

$$
\int \gamma(t)dt = \int_0^{t_{10}} \frac{kdt}{\left[R^2 + vt\frac{(l^2 - R^2) - \overline{A_0 A_1}^2}{\overline{A_0 A_1}} + v^2 t^2\right]^2}
\tag{D.10}
$$

(D.8),(D.10) は，公式

$$\int \frac{dx}{A + 2Bx + x^2} = \begin{cases} \dfrac{1}{\sqrt{AC - B^2}} \tan^{-1} \dfrac{B + Cx}{\sqrt{AC - B^2}} & (AC > B^2 \text{の場合}) \\ \dfrac{1}{2\sqrt{B^2 - AC}} \ln \left| \dfrac{Cx + B - \sqrt{B^2 - A^2}}{Cx + B + \sqrt{B^2 - AC}} \right| & (AC < B^2 \text{の場合}) \end{cases}$$

$$\int \frac{N dx}{(A + 2Bx + x^2)^p} = \frac{NB + NCx}{2(p-1)(AC - B^2)(A + 2Bx + cx^2)^{p-1}}$$
$$+ \frac{2(p-3)NC}{2(p-1)(AC - B^2)} \int \frac{dx}{(A + 2Bx + Cx^2)^{p-1}}$$

を，(D.9) は公式

$$\int \frac{dx}{\sqrt{A + Bx + Cx^2}} = \frac{1}{C} \ln \left(2\sqrt{C(A + Bx + Cx^2)} + 2Cx + B \right) \quad (C > 0 \text{の場合})$$

$$\int \frac{dx}{\sqrt{(A + Bx + Cx^2)^{2n+1}}} = \frac{2(2Cx + B)}{(2n-1)\Delta \sqrt{(A + Bx + Cx^2)^{2n-1}}}$$
$$+ \frac{8(n-1)C}{(2n-1)\Delta} \int \frac{dx}{\sqrt{(A + Bx + Cx^2)^{2n-1}}} \quad (\Delta = 4AC - B^2)$$

を利用すれば積分可能である [39]．ただし，これらの公式を適用した結果は煩雑な形となるために，今回扱う 3 次元監視経路設定問題では，もっとも単純な，デブリが平行入射し，逆 3 乗の発見法則に基づき発見事象が生起する (D.3) の場合のみを扱った．

付 録E アリーナ内の平均人数の計算方法

　円形アリーナをリング状の領域に切り分け，各リングに存在しうる平均人数の計算方法を以下に示す [25].

[第 m 輪にいる平均人数 μ_m の計算方法]

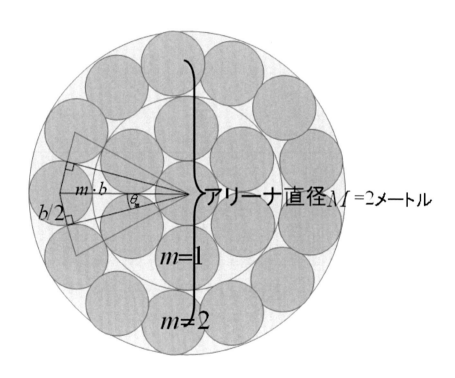

図 E.1: m 輪ごとの最大人数

　図 E.1 のように直径 $b = 0.5[\mathrm{m}]$ の小さな円を人間の体とし，m 番目の輪にいる 1 人が占める角度を $2\theta_m$ とする．$(m = 1, \ldots, M)$　このとき θ_m は次の値となる.

$$\theta_m = \sin^{-1}\left(\frac{1}{2m}\right) \tag{E.1}$$

したがって m 番目の輪に存在可能な最大人数 a_m は以下の式となる.

$$a_m = \frac{2\pi}{2\theta_m} = \frac{\pi}{\sin^{-1}(\frac{1}{2m})} \tag{E.2}$$

m 番目の輪に入る最大人数 a_m は小さな円 (人体) どおしで多少の重なりを許容して切り上げることで $h_m = \lceil a_m \rceil$ (整数) とする．($\lceil\ \rceil$ は切り上げを表す.) これより，直径 $M[\mathrm{m}]$ の

アリーナ内に自爆テロ犯を除いた収容可能な最大人数 $H(M)$ は，各輪の人数を合計した次の値となる．

$$H(M) = \sum_{m=1}^{M} h_m \tag{E.3}$$

例として $M = 10$ とすると，

$$H(M) = 6 + 13 + 19 + 26 + 32 + 38 + 44 + 51 + 57 + 63 = 349. \tag{E.4}$$

すなわち，直径 10[m] のアリーナには最大 349 名の人々を収容可能である．

　今アリーナ内に C 人いて，均一に存在しているとする．第 m 輪の人数が c_m となる確率は，パラメータ $H(M)$ と h_m による超幾何分布となる．これより，C 人がアリーナにいて，第 m 輪に c_m 人がいる確率 $P(c_m)$ は，次式で表せる．

$$P(c_m) = \frac{\binom{h_m}{c_m}\binom{H(M)-h_m}{C-c_m}}{\binom{H(M)}{C}} \tag{E.5}$$

また第 m 輪の中に入る平均人数 μ_m は，次式で求められる．

$$\mu_m = \frac{h_m}{H(M)} C \tag{E.6}$$

[第 l 輪にいる平均人数 $\mu_{m,l}$ の計算方法]

　図 E.2 のように第 m 輪で自爆するとき第 l 輪に入る平均人数 $\mu_{m,l}$ を求める際は μ_m の求め方と同様に，まず，第 l 輪に存在可能な最大の人数 $a_{m,l}$ を求める．図 E.2 は $M = 2$[m] のアリーナの $m = 2$ の輪で爆発したとき，$l = 1, 2, 3, 4$ の輪の一部に被害が生じる様子を示している．

　アリーナ上で第 l 輪の中で一人が占める角度 $2\theta_l$ で割ることによって $a_{m,l}$ を求める．(E.1)，(E.2) と同様の考え方により $a_{m,l}$ は次式のように求められる．

$$a_{m,l} = \left(180° + 2\tan^{-1}\left(\frac{y_l - r_m}{x_l}\right)\right)/2\theta_l = \left(180° + 2\tan^{-1}\left(\frac{y_l - r_m}{x_l}\right)\right)/2\sin^{-1}\left(\frac{1}{2l}\right) \tag{E.7}$$

ただし，アリーナの中心を座標の原点 $(0,0)$ としている．$r_m = 0.5 \cdot m$ であり，(x_i, y_i) は以下の 2 つの円の交点によって求める．

$$\text{アリーナの円の方程式：} \quad x^2 + y^2 = (0.5 \cdot M + 0.25)^2$$
$$\text{被害レベルの円の方程式：} \quad x^2 + (y - r_m)^2 = (0.5l)^2$$

　h_m の計算と同様に，$a_{m,l}$ を切り上げた整数値を $h_{m,l}$ とするとき，l 番目の輪に入る平均人数 $\mu_{m,l}$ は，(E.6) と同様に次の値となる．

$$\mu_{m,l} = \frac{h_{m,l}}{H(M+m)} C \tag{E.8}$$

ただし，$H(M+m) = \sum_{l=1}^{M+m} h_{m,l}$ である．

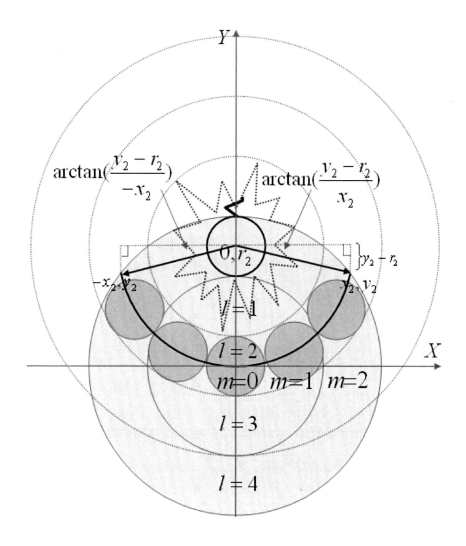

図 E.2:第 2 輪で爆発が発生するときに $l = 2$ の輪には最大 6 人が入る

例　図 E.2 のようにアリーナ直径 $M = 2$[m]，自爆位置 $m = 2$，被害レベル $l = 2$ の輪に入る最大人数 $a_{2,2}$ は，

$$a_{2,2} = \left(180° + 2\tan^{-1}\left(\frac{0.78 - 0.5 \cdot 2}{0.97578}\right)\right)/2\sin^{-1}\left(\frac{1}{2 \cdot 2}\right) = 154.6/28.955 \approx 5.34[\text{人}]. \quad (E.9)$$

よって l 番目の輪に入る最大の人数 $h_{2,2}$（整数）は，$h_{2,2} = \lceil 5.34 \rceil = 6$[人] となる．次に，切り分けた $(2+2)$ 輪に入る最大人数 $H(2 + 2)$ は，

$$H(2 + 2) = \sum_{l=1}^{2+2} h_{2,l} = \lceil 3.60 \rceil + \lceil 5.34 \rceil + \lceil 5.81 \rceil + \lceil 4.28 \rceil = 21 \text{ 人}. \quad (E.10)$$

最後に，実際のアリーナにいる人数を $C = 7$ 人とすれば，$l = 2$ 輪にいる人数の期待値 $\mu_{2,2}$ は（E.8）により，$\mu_{2,2} = 6/21 \times 7 = 2.0$ 人となる．

参考文献

[1] M.Abramowitz and I.A.Stegun(eds.): *Handbook of Mathematical Functions with Formulas, Graphs, and Mathematical Tables,* (Dover, New York, 1964).

[2] P.Albores and D.Shaw: Government Preparedness: Using Simulation to Prepare for a Terrorist Attack. *Computers & Operations Research,* **35**(2008), 1924-1943.

[3] asahi.com 日本外交官襲撃事案:
http://www2.asahi.com/special/iraqrecovery/TKY200311300060.html .

[4] 浅野哲夫, 小保方幸次: LEDA で始めるプログラミング (北陸先端科学技術大学院大学,2001).

[5] O.Berman: Location of Terror Response Facilities: A Games between State and Terrorist. *European Journal of Operational Research,* **177**(2007), 1113-1133.

[6] 防衛庁編: 防衛白書 (平成元年度版) (大蔵省印刷局,1989).

[7] 防衛白書 (平成 28 年度版) :
http://www.mod.go.jp/j/publication/wp/wp2016/w2016_00.html .

[8] ブッシュ大統領の車列警護:
http://detail.chiebukuro.yahoo.co.jp/qa_detail/q1211728012?fr=rcmd_chie_detail .

[9] G.Dantzig et.al. : Solution of a Large-Scale Traveling-Salesman Problem. *Operations Research* , **2**(1954) 393-410.

[10] I.David: Safe Distances. *Naval Research Logistics,* **48**(2001), 259-269.

[11] 平林祐子訳: 宇宙汚染 (ほるぷ出版,1992)(原著 J.Donnelly and S.Kramer: *Space Junk,* (Wayfarer Press, New York, 1990)).

[12] Global Terrorism Database: http://www.start.umd.edu/data/gtd/ .

[13] R.Hohzaki, D.Kudoh, and T.Komiya: An Inspection Game: Taking Account of Fulfillment Probabilities of Players' Aims. *Naval Research Logistics,* **53**(2006), 761-771.

[14] 飯田耕司: 接近する攻撃者と防御者との間の確率論的決闘モデル. 防衛応用のオペレーションズ・リサーチ理論 (三恵社, 2002), 214-215.

[15] 飯田耕司：戦闘の科学・軍事 OR の理論 (三恵社, 2005), 380-384.

[16] E.H.Kaplan and M.Kress: Operational Effectiveness of Suicide-Bomber-Detector Schemes: A Best-Case Analysis. *Proceedings of National Academy of Sciences of the USA*, **102**(2005), 10399-10404.

[17] 小宮享, 森雅夫: 海上監視活動における経路設定問題. *Journal of the Operations Research Society of Japan*, **41** (1998), 455-469.

[18] 小宮享, 森雅夫: 経路設定問題における対象船舶分割による局所解について. *Journal of the Operations Research Society of Japan*, **42** (1999), 352-366.

[19] 小宮享, 森雅夫: 安全な宇宙環境のために－３次元基準経路設定問題. *Journal of the Operations Research Society of Japan*, **45** (2002), 214-227.

[20] 小宮享: 爆弾テロ犯と警備員の決闘モデル. 2010年秋季研究発表会アブストラクト集 (日本OR学会, 2010), 42-43.

[21] T.Komiya, M.Polparnt, R.Hohzaki and E.Fukuda: An Optimal Dispatch Planning of Guards to Counter to a Suicide Bomber. *Scientiae Mathematicae Japonicae*, **72** (2010), 73-88.

[22] 今野 浩, 山下 浩: 非線形計画法 (日科技連,1978).

[23] N.M.Korneenko and H.Martini: Hyperplane Approximation and Related Topics. *New Trends in Discrete and Computational Geometry* In J.Pach(Editor), (Springer, Berlin, 1993), 135-161.

[24] コルメン T. 他: アルゴリズムイントロダクション3 (浅野哲夫, 梅尾博司 他訳) (近代科学社,1995).

[25] M.Kress: The Effect of Crowd Density on the Expected Number of Casualties in a Suicide Attack. *Naval Research Logistics*, **52**(2005), 22-29.

[26] K.Y.Lin and A.R.Washburn: The Effect of Decoys in IED Warfare, NPS-OR-10-007, (Navel Postgraduate School, 2010).

[27] T.Lucas: The Damage and Estimates of Fratricide and Collateral Damage. *Naval Research Logistics*, **50**(2003), 306-321.

[28] Kurt Mehlhorn and Stefan Naher: *LEDA:A Platform for Combinational and Geometric Computing*, (Cambridge University Press, 1999).

[29] メーティー・ポンパン: 自爆テロに対する最適警備員配分計画. (防衛大学校理工学研究科情報数理専攻修士論文, 平成20年).

[30] Study of Terrorism and Responses to Terrorism: http://www.start.umd.edu .

[31] 宮坂直史: テロ対策入門, (亜紀書房, 東京, 平成18年).

[32] 水町守志監修: 衛星測位システム協議会編: GPS導入ガイド, (日刊工業新聞社,1993).

[33] J.G.Morris and J.P.Norback: Linear Facility Location - Solving Extensions of the Basic Problem. *European Journal of Operational Research*, **12**(1983), 90-94.

[34] P.M.Morse and G.E.Kimball: *Methods of Operations Research*, (Wiley, New York, 1951).

[35] X.Nie, B.Rajan, D.Colin and L.Li: Optimal Placement of Suicide Bomber Detectors. *Military Operations Research*, **12**(2007), 65-78.

[36] 導電性網状テザー: http://www.nittoseimo.co.jp/blog/393.html .

[37] National Research Council of the National Academies: *Existing and Potential Standoff Explosives Detection Techniques*, (National Academies Press, Washington DC, 2004).

[38] 岡部篤行, 鈴木敦夫: 最適配置の数理, (朝倉書店,1992).

[39] 大槻義彦訳: 数学大公式集, (丸善,1983) (原著 И. С. ГРАДШТЕЙН и И. М. РЫ ЖИК: ТАБЛИЦЫ ИНТЕГРАЛОВ, СУММ, РЯДОВ И ПРОИЗБЕ - ДЕНИЙ (ИЗДАТЕЛЬСТВО ≪ НАУКА ≫ ГЛАВНАЯ РЕДАКЦИЯ, ФИЗИКО - МАТЕМАТИЧСКОЙ ЛИТЕРАТУРЫ, (МОСКВА, 1971)).

[40] W.Perry: Modeling Knowledge in Combat Models. *Military Operations Research*, **8**(2003), 43-55.

[41] 92 式地雷原処理車: https//ja.wikipedia.org/wiki/92%E5%BC%8F%E5%9C%B0%E9 %9B%B7%E5%8E%9F%E5%87%A6%E7%90%86%E8%BB%8A .

[42] 70 式地雷原爆破装置: https//ja.wikipedia.org/wiki/70%E5%BC%8F%E5%9C%B0%E9 %9B%B7%E5%8E%9F%E7%88%86%E7%A0%B4%E8%A3%85%E7%BD%AE .

[43] 坂内正夫, 角本繁, 太田守重, 林秀美: コンピュータマッピング, (昭晃堂, 1992).

[44] 桜井 明監修, 吉村 和美, 高山文雄: パソコンによるスプライン関数 データ解析／ CG ／微分方程式, (東京電機大学出版局, 1988).

[45] 産経新聞,6 月 25 日, 2005.

[46] H.Sherali and S.Kim: Variational Problems for Determining Optimal Paths of a Moving Facility. *Transportation Science*, **26**(1992), 330-345.

[47] B.W.Silverman: *Density Estimation for Statistical and Data Analysis* , (Chapman and Hall, London, 1986).

[48] 鈴木猛: 強制停船用阻止索の最適投射方法. 防衛大学校応用物理学科第 47 期卒業論文 (防衛大学校応用物理学科, 平成 15 年).

[49] スミルノフ, 彌永昌吉他共訳: 高等数学教程 3(2 巻第 1 分冊), (共立出版, 1959).

[50] 多田和夫: 探索理論, (日科技連,1973).

[51] 東都警備株式会社: http://www.tohto-security.com .

[52] A.Washburn and P.L.Ewing: Allocation of Clearance Assets in IED Warfare. *Naval Research Logistics*, **58**(2011), 180-187.

[53] ウィキペディア 民間軍事会社: http://ja.wikipedia.org/wiki/%E6%B0%91%E9%96%93 %E8%BB%8D%E4%BA%8B%E4%BC%9A%E7%A4%BE .

[54] ウィキペディア 即席爆発装置: http://ja.wikipedia.org/wiki/%E5%8D%B3%E5%B8%AD %E7%88%86%E7%99%BA%E8%A3%85%E7%BD%AE .

[55] 山本陽一朗: 車列警護の決闘モデル. 防衛大学校情報工学科第55期卒業論文 (防衛大学校情報工学科, 平成23年).

[56] 八坂哲雄: 宇宙のゴミ問題－スペース・デブリ－, (裳華房, 1997).

[57] 安江亮紀: ゲーム理論を用いたIEDに対する車両運用の最適化. 防衛大学校情報工学科第56期卒業論文 (防衛大学校情報工学科, 平成24年).

あとがき

　30年ほど前にミリタリーORと出逢い，ポスト冷戦期の防衛力整備のあり方とそこでの戦闘・紛争シーンをイメージしたモデル分析と長年付き合ってきた．防衛力運用・整備の転換期の真っただ中を過ごしてきて，自分が実施してきたORについて整理しておかなければならないことを，ぼんやりと感じていた．冷戦期終結直前までの，軍拡競争を背景とした激しい戦闘を想定するOR場面とは一線を画する，混沌とした時代の低烈度紛争を扱うORについて，新しく時代が変わり始めたころから，わずかな期間ではあったが，同じ時間軸に沿って考えることができたことは貴重な経験であり，参加できたことを嬉しく思う．この時代のミリタリーORを，個人的な記憶にも，そしてこの本で記録としても残すことができたと思う．

　昨今の世界は，経済的にはグローバル化が叫ばれつつも，主要各国の政策は真逆のナショナリズムに指向するという，不思議な展開を呈している．こうした世界情勢の潮流の中から，これまでにない，新たな軍事行動を伴う状況が生じてくると思われる．次世代のミリタリーORを担う方々には，独自の発想で，こうした新しいミリタリーORの問題を開拓していっていただきたいと期待します．当然のことながら，状況は常に変化しています．過去の研究事例は参考にはできますが，解決が迫られている目の前の問題に対しては，必ずしも有効とは限りません．ミリタリーORの極意は臨機応変，利用できる手法ならば，なんでも適用可能性を検討して，独自の視点で定式化し，解を探り，より良い打開策をできるだけ早く回答して行っていただければ，と願います．

　最後に，本書の各章に集録した研究を実際に進めていただいた皆さんにお礼を述べて締めくくります．第2章ならびに第7章に関しては，筆者が在職中に留学した際の研究をまとめ直したものです．当時の指導教官であった森雅夫先生に，心より感謝し御礼を申し上げます．その他の各章の内容は，防衛大学校での本科・研究科の学生たちが実施してくれた卒業研究を基本とし，一部補足・修正を加え，また，計算を追加してまとめたものです．第3章の仮想装備品に関する研究は，着任して初めて担当した卒研生の鈴木学生が担当してくれたものです．初めての指導学生だったので，悪戦苦闘しましたが，学生と一緒に研究するというプロセスを初めて体験できた，教官としてのデビュー作の思い出が残っています．第4章の警備員派遣計画問題は，タイ王国からの留学生だったメーティー学生によるものです．彼が学生だったころに，自爆テロを含むテロ事案が急増し始め，母国でもテロ事案が発生したことから，従来のミリタリーORで扱われてこなかった問題にチャレンジしてくれた成果です．車列警護での最悪の場合に想定される銃撃戦への対応を検討してくれたのは山本学生です．この研究の伏線としては，本文でも触れたようにイラクでの日本車両への銃撃事案があり，ORから何らかのアプローチができないか？と思っていたことが研究を始める契機となりました．第6章のIEDに対する車両運用の最適化の研究は，安江学生によるものです．基本的なSSKPの計算方法を工夫して，静止している爆弾が移動する車両に被害を及ぼすダメージを計算ができないか？という考えからスタートして，うまい具合に定式化できた結果です．スイッチを押すテロリスト側と移動していく車両側の双方に，様々な制御可能なパラメータ

があることを整理できました．限られた研究時間だったために，わずかなパラメータのみしか試算できていませんが，他のパラメータも動かせば，かなり広い分析ができる可能性があるモデルが構築できたと思います．

彼らが1年間の卒業研究として，あるいは，それ以上の時間を費やして，ミリタリーOR研究に真剣に向き合ってくれたことに対して，改めて深く謝意を申し上げます．残念ながら本書で取り上げきれなかった他の学生たちの研究成果も，真摯な姿勢で取り組んでくれた立派なものであったと思います．併せて彼らの努力にも謝意を申し上げます．

最終章は，ミリタリーORのあり方についての私見をまとめたものです．ミリタリーORに携わっている方々は，各人の認識でミリタリーORと向き合われておられると思いますが，ここでは私自身のミリタリーORへの意識を示させていただきました．現業の方々は，日々の業務と向き合われてあわただしく過ごされていることとは思われますが，時には客観的な視点から，自らのミリタリーORを見つめ直されてはいかがでしょうか．本章も含めて，ミリタリーORに対する自らの立ち位置を再度認識していただけましたら幸いです．

本書は，研究のためや予算獲得のためのORというよりも，むしろ，実践のためのミリタリーORを意識して検討した結果をまとめたものです．ORは，ミリタリーORに限らず，意思決定者の思考の補助になる材料を提供するものだという意識で長年取り組んできました．提供される問題に対する回答が意思決定者に理解できる言葉で表現されていること，また，保有する装備内で速やかに実行に移せること，そして，リスクも含めた検討結果となっていること，これらを可能な限り早く提示する義務があると思います．研究的な立場にありがちな，モデルや分析結果の提供だけでは不十分です．分析者と意思決定者との間に問題に対する意識の溝を作らないように常に配慮することを忘れずに，ORを実践していきましょう．

■著者略歴

小宮 享（こみや・とおる）

博士（工学）（東京工業大学）
元　防衛教官（防衛大学校情報工学科　准教授）
元　防衛庁技官（海上幕僚監部　分析主任研究官）
著書『ランチェスターモデル』（三恵社）

日本が直面「する」ミリタリー OR

2020 年　12 月　14 日　　初版発行

著　者　　小宮　享
定　価　　2,600 円＋税
発行所　　株式会社　三恵社
　　　　　〒462-0056 愛知県名古屋市北区中丸町 2-24-1
　　　　　TEL 052-915-5211　FAX 052-915-5019
　　　　　URL http://www.sankeisha.com